国家自然科学基金项目(41361019)、国家社会科学基金项目(08BMZ041)
教育部"新世纪优秀人才支持计划"(NCET-12-0652)共同资助

广西地质公园建设与旅游开发研究

黄 松 李燕林／著

科学出版社
北京

内 容 简 介

地质遗迹与民族文化资源共同构成民族地区最具特色的优势旅游资源，两者在应承关系上高度关联，在空间分布上密切共生。

本书是国内首部宏观尺度、区域性系统研究广西地质公园建设与旅游开发的著作。本书以联合国教科文组织"国际地球科学与地质公园计划(IGGP)"为契机，以地质遗迹与民族文化两种优势资源的整合开发为依托，以我国地质遗迹资源富集区和少数民族聚居区广西为典型研究区域，探讨生态环境极其脆弱且经济欠发达的民族地区以地质公园为载体的特色旅游资源创新开发的途径、方法与模式，为民族地区实现产业升级、结构优化与经济社会可持续发展提供支撑。

本书适合地质公园、地质遗迹管理、旅游管理和地理科学等相关方向的研究者、高校师生阅读，也可供政府相关的管理人员和旅游爱好者参考使用。

图书在版编目(CIP)数据

广西地质公园建设与旅游开发研究 / 黄松，李燕林著 . —北京：科学出版社，2015. 12

ISBN 978-7-03-046965-6

Ⅰ. ①广… Ⅱ. ①黄…②李… Ⅲ. ①地质-国家公园-建设-研究-广西②地质-国家公园-旅游资源开发-研究-广西 Ⅳ. ①S759. 93

中国版本图书馆 CIP 数据核字(2015)第 310043 号

责任编辑：郭勇斌 曾小利 / 责任校对：胡小洁
责任印制：张 伟 / 封面设计：黄华斌

科学出版社 出版

北京东黄城根北街 16 号
邮政编码：100717
http://www. sciencep. com

北京京华虎彩印刷有限公司 印刷
科学出版社发行 各地新华书店经销

*

2015 年 12 月第 一 版 开本：787×1092 1/16
2015 年 12 月第一次印刷 印张：15 1/4 插页：8
字数：361 000

定价：88. 00 元
(如有印装质量问题，我社负责调换)

目　　录

表 目 录

图 目 录

第一章 绪 论

第一节 研究背景

民族地区如何依托特色旅游资源的创新开发，实现资源优势向经济优势乃至产业优势的转变，一直是民族学界努力探求的重要命题。众多民族学研究者依托自身的学科优势，围绕民族特色资源的旅游开发展开了卓有成效的研究，取得了一大批有价值的研究成果。但对于民族地区同样极具特色的优势资源——自然旅游资源，尤其是地质遗迹资源的研究往往重视不足。

地质遗迹是地球 46 亿年演化过程的遗存，是在内外动力地质作用下形成、发展并保存下来的珍贵的、不可再生的地质自然遗产，是全人类的共同财富（Cowie，1994）。地质遗迹及其所构成的地质环境，是地球自然资源和自然环境的基础和极其重要的组成部分，对地球上生物分布和人类文明演进均有深刻影响，而兼具美学价值和科学内涵的地质遗迹则是稀缺的自然旅游资源。

1991 年 6 月，来自 30 多个国家的 150 余位地球科学家在法国迪涅（Digne）通过了《地球记忆权国际宣言》（*International Declaration of the Rights of the Memory of the Earth*），该宣言指出，地球的历史和人类的历史一样重要，号召全人类行动起来，珍惜和保护地球演化历史的见证——地质遗迹。作为对《地球记忆权国际宣言》的响应，1998 年 11 月，联合国教科文组织（UNESCO）第 29 届全体会议上通过了"创建独特地质特征的地质遗迹全球网络，将重要地质环境作为各地区可持续发展战略不可分割的一部分予以保护"的决议。1999 年 3 月，第 156 次联合国教科文组织执行局会议上，正式通过了"世界地质公园计划"（Geopark Programme），该计划将密切与联合国教科文组织世界遗产中心（World Heritage Centre）和"人与生物圈计划"（MAB）进行合作，以弥补上述计划在地质遗迹保护方面的不足。至此，"世界地质公园"成为与"世界遗产"、"人与生物圈保护区"具有同等法律地位的特定区域，开始走上国际舞台。

UNESCO 在《世界地质公园网络工作指南》（*Operational Guidelines of UNESCO Netework of Geoparks*）中对世界地质公园进行了界定，这是关于地质公园（Geopark）内涵最全面也是最权威的阐述：①地质公园是一个有明确的边界线，并且有足够大的面积使其可为当地经济发展服务的地区。它是由一系列具有特殊科学意义、稀有性和美学价值的，能够代表某一地区的地质历史、地质事件和地质作用（不论其规模大小），或者拼合成一体的多个地质遗迹所组成，它除了具有地质意义，还可能具有考古、生态学、历史或文化价值；②这些遗址彼此有联系并受到公园式的正式管理及保护，制定了采用官方的保证区域社会经济可持续发展的规划；③世界地质公园支持文化、环境可持续发展的社会经济发展，可以改善当地居民的生活条件和环境，能加强居民对居住区的认同感和促进当地的文化复兴；④可探索和验证对各种地质遗迹的保护方法；⑤可用来作为教学的工具，进行与地学各学科有关的可持续发展教育、环境教育、培训和研究；⑥世界地质公园始终处在所在国独立司法权的管辖之下；等等。

可见，UNESCO 强调建立地质公园的三项重要目的：一是保护地质遗迹及其环境；二是促进地球科学科普教育和科学研究的开展；三是合理开发地质遗迹资源，促进所在地区社会经济的可持续发展。UNESCO "世界地质公园"保护与开发相协调的目的与"世界遗产"和"人与生物圈保护区"单一保护的目的明显不同，这是地质公园最重要的特征。同时，UNESCO 强调地质公园以稀缺性地质遗迹为主体并融合深厚人文底蕴的综合性公园属性，注重地质公园在加强居民对居住区的认同感和促进当地文化复兴方面的重要作用。UNESCO "世界地质公园计划"倡导的地质公园建设以保护与开发相协调的务实理念以及与世界遗产（World Heritage）相当的巨大品牌效应得到国际地质科学联合会（International Union of Geological Sciences，IUGS）等国际学术组织和世界各国的广泛重视与积极响应。

中国和欧洲是地质公园建设开展得最好的国家和地区，尤其是中国的地质公园实践得到了 UNESCO 的高度评价。我国是世界上唯一一个由政府组织实施国家地质公园建设，并向 UNESCO 申报世界地质公园的国家（赵逊，2003）。我国的地质公园建设始于 2000 年，截至 2015 年 9 月，共有 185 处国家地质公园获得国土资源部批准命名，33 处地质公园列入"世界地质公园网络"，是拥有世界地质公园最多的国家（截至 2015 年 9 月，UNESCO 支持的"世界地质公园网络"GGN 共有 120 个成员，分布在全球 33 个国家和地区，遍布欧洲、亚洲、南美洲、北美洲、大洋洲、非洲及中东地区，世界地质公园网络成员名录见表 1-1）。中国的国土资源部组织的国家地质公园评审、建设和世界地质公园申报，成功举办首届世界地质公园大会以及 UNESCO 支持的世界地质公园网络中心落户中国，标志着我国的地质公园建设走在了世界的前列。我国的地质公园建设不仅在地质遗迹保护和地球科学普及方面取得了显著效果，更以其在拉动地方经济增长所做的突出贡献，被 UNESCO 誉为"世界的典范"（Zhao et al.，2002）。河南省焦作市云台山景区 2004 年 2 月被 UNESCO 确定为首批世界地质公园，当年"五一"黄金周门票收入即超过了北京故宫，2007 年实现旅游收入 1.8 亿元，又较 2004 年翻了一番，并带动了焦作市旅游业和第三产业的发展。短短 3 年时间，焦作市由一个资源枯竭型城市成功转型为全国知名旅游城市，"焦作现象"被称为中国旅游发展史上的奇迹。

表 1-1 世界地质公园网络成员名录

序号	国别	数量/个	地质公园名称	批准年份
1			黄山世界地质公园（Huangshan Global Geopark）	2004
2			五大连池世界地质公园（Wudalianchi Global Geopark）	2004
3			庐山世界地质公园（Lushan Global Geopark）	2004
4			云台山世界地质公园（Yuntaishan Global Geopark）	2004
5			嵩山世界地质公园（Songshan Global Geopark）	2004
6			张家界砂岩峰林世界地质公园（Zhangjiajie Sandstone Peak Forest Global Geopark）	2004
7			丹霞山世界地质公园（Danxiashan Global Geopark）	2004
8			石林世界地质公园（Stone Forest Global Geopark）	2004
9			克什克腾世界地质公园（Hexigten Global Geopark）	2005
10			雁荡山世界地质公园（Yandangshan Global Geopark）	2005
11			泰宁世界地质公园（Taining Global Geopark）	2005
12			兴文世界地质公园（Xingwen Global Geopark）	2005
13	中国（China）	33	泰山世界地质公园（Mount Taishan Global Geopark）	2006
14			王屋山-黛眉山世界地质公园（Wangwushan-Daimeishan Global Geopark）	2006
15			伏牛山世界地质公园（Funiushan Global Geopark）	2006
16			雷琼世界地质公园（Leiqiong Global Geopark）	2006
17			房山世界地质公园（Fangshan Global Geopark）	2006
18			镜泊湖世界地质公园（Jingpohu Global Geopark）	2006
19			龙虎山世界地质公园（Longhushan Global Geopark）	2008
20			自贡世界地质公园（Zigong Global Geopark）	2008
21			阿拉善沙漠世界地质公园（Alxa Desert Global Geopark）	2009
22			秦岭终南山世界地质公园（Qinling Zhongnanshan Global Geopark）	2009
23			乐业-凤山世界地质公园（Leye-Fengshan Global Geopark）	2010
24			宁德世界地质公园（Ningde Global Geopark）	2010

续表

序号	国别	数量/个	地质公园名称	批准年份
25	中国（China）	33	天柱山世界地质公园（Tianzhushan Global Geopark）	2011
26			香港世界地质公园（Hongkong Global Geopark）	2011
27			三清山世界地质公园（Sanqingshan Global Geopark）	2012
28			神农架世界地质公园（Shennongjia Global Geopark）	2013
29			延庆世界地质公园（Yanqing Global Geopark）	2013
30			大理苍山世界地质公园（Dali Mount Cangshan Global Geopark）	2014
31			昆仑山世界地质公园（Mount Kunlun Global Geopark）	2014
32			敦煌世界地质公园（Dunhuang Global Geopark）	2015
33			织金洞世界地质公园（Zhijindong Cave Global Geopark）	2015
34	奥地利（Austria）	3	艾森武尔瑾世界地质公园（Eisenwurzen Global Geopark）	2004
35			卡尔尼克阿尔卑斯世界地质公园（Carnic Alps Global Geopark）	2012
36			阿尔卑斯矿石世界地质公园（Ore of the Alps Global Geopark）	2014
37	挪威（Norway）	2	赫阿世界地质公园（Gea-Norvegica Geopark）	2006
38			岩浆世界地质公园（Magma Geopark Global Geopark）	2010
39	克罗地亚（Croatia）	1	帕普克世界地质公园（Papuk Global Geopark）	2007
40	捷克（Czech Republic）	1	波西米亚天堂世界地质公园（Bohemian Paradise Global Geopark）	2005
41	芬兰（Finland）	1	洛夸世界地质公园（Rokua Global Geopark）	2010
42	法国（France）	5	普罗旺斯高地世界地质公园（Reserve Géologique de Haute Provence Global Geopark）	2004
43			吕贝龙世界地质公园（Régional du Luberon Global Geopark）	2004
44			博日世界地质公园（Bauges Global Geopark）	2011
45			沙布莱世界地质公园（Chablais Global Geopark）	2012
46			阿德榭山世界地质公园（Monts d'Ardèche Global Geopark）	2014

续表

序号	国别	数量/个	地质公园名称	批准年份
47	德国（Germany）	5	特拉维塔世界地质公园（Nature Park Terra Vita）	2004
48			贝尔吉施–奥登瓦尔德山世界地质公园（Bergstrasse-Odenwald Global Geopark）	2004
49			埃菲尔山脉世界地质公园（Vulkaneifel Global Geopark）	2004
50			斯瓦卡阿尔比世界地质公园（Swabian Albs Global Geopark）	2005
51			布朗斯韦尔世界地质公园（Harz Braunschweiger Land Ostfalen Global Geopark）	2005
52	德国/波兰（Germany/Portland）	1	马斯喀拱形世界地质公园（Muskau Arch Global Geopark）	2011
53	希腊（Greece）	5	莱斯沃斯石化森林世界地质公园（Petrified Forest of Lesvos Global Geopark）	2004
54			普西罗芮特世界地质公园（Psiloritis Global Geopark）	2004
55			柴尔莫斯–武拉伊科斯世界地质公园（Chelmos-Vouraikos Global Geopark）	2009
56			约阿尼纳世界地质公园（Vikos-Aoos Global Geopark）	2010
57			锡蒂亚世界地质公园（Sitia Global Geopark）	2015
58	匈牙利（Hungary）	1	包科尼–巴拉顿世界地质公园（Bakony-Balaton Global Geopark）	2012
59	匈牙利/斯洛伐克（Hungary/Slovakia）	1	拉瓦卡–诺格拉德世界地质公园（Novohrad-Nograd Global Geopark）	2010
60	斯洛文尼亚（Slovenia）	1	伊德里亚世界地质公园（Idrija Global Geopark）	2013
61	斯洛文尼亚/奥地利（Slovenia/Austria）	1	卡拉万克世界地质公园（Karawanke/Karawanken Global Geopark）	2013
62	冰岛（Iceland）	2	卡特拉世界地质公园（Katla Global Geopark）	2011
63			雷克雅内斯半岛世界地质公园（Reykjanes Global Geopark）	2015
64	爱尔兰（Republic of Ireland）	2	科佩海岸世界地质公园（Copper Coast Global Geopark）	2004
65			巴伦和莫赫悬崖世界地质公园（Burren and Cliffs of Moher Global Geopark）	2011

序号	国别	数量/个	地质公园名称	批准年份
66	英国（United Kingdom）	7	北奔宁山世界地质公园（North Pennines AONB Global Geopark）	2004
67			大理石拱形洞-奎拉山脉世界地质公园（Marble Arch Caves & Cuilcagh Mountain Global Geopark）	2004
68			苏格兰西北高地世界地质公园（North West Highlands Scotland Global Geopark）	2005
69			威尔士大森林世界地质公园（Wales Forest Fawr Global Geopark）	2005
70			里维耶拉世界地质公园（English Riviera Global Geopark）	2007
71			乔蒙世界地质公园（Geo Mon Global Geopark）	2009
72			设得兰世界地质公园（Shetland Global Geopark）	2009
73	罗马尼亚（Rumania）	1	哈采格恐龙世界地质公园（Hateg Country Dinosaur Global Geopark）	2005
74	意大利（Italy）	10	马东尼世界地质公园（Madonie Global Geopark）	2004
75			贝瓜帕尔科世界地质公园（Parco del Beigua Global Geopark）	2005
76			撒丁岛世界地质公园（Sardinia Island Global Geopark）	2007
77			阿达梅洛布伦塔世界地质公园（Adamello Brenta Global Geopark）	2008
78			罗卡迪切雷拉世界地质公园（Rocca Di Cerere Global Geopark）	2008
79			奇伦托世界地质公园（Parco Nazionale del Cilento e Vallo di Diano Global Geopark）	2010
80			图斯卡世界地质公园（Tuscan Global Geopark）	2010
81			阿普安阿尔卑斯山世界地质公园（Apuan Alps Global Geopark）	2011
82			塞西亚-瓦尔格兰德世界地质公园（Sesia-Val Grande Global Geopark）	2013
83			波里诺世界地质公园（Pollino Global Geopark）	2015
84	荷兰（Netherlands）	1	洪兹吕赫世界地质公园（Hondsrug Global Geopark）	2013
85	土耳其（Turkey）	1	库拉火山世界地质公园（Kula Volcanic Global Geopark）	2013

续表

序号	国别	数量/个	地质公园名称	批准年份
86			马埃斯特世界地质公园（Maestrazgo Cultural Global Geopark）	2004
87			索夫拉韦世界地质公园（Sobrarbe Global Geopark）	2006
88			苏伯提卡斯世界地质公园（Subeticas Global Geopark）	2006
89			卡沃-德加塔世界地质公园（Cabo de Gata Global Geopark）	2006
90			巴斯克海岸世界地质公园（Basque Coast Global Geopark）	2010
91	西班牙（Spain）	11	塞维利亚北部山脉世界地质公园（Sierra Norte di Sevilla Global Geopark）	2011
92			维约尔卡斯-伊博尔-哈拉世界地质公园（Villuercas Ibores Jara Global Geopark）	2011
93			加泰罗尼亚中部世界地质公园（Central Catalonia Global Geopark）	2012
94			耶罗岛世界地质公园（El Hierro Global Geopark）	2014
95			莫利纳和阿尔托塔霍世界地质公园（Molina and Alto Tajo Global Geopark）	2014
96			兰萨罗特及奇尼霍群岛世界地质公园（Lanzarote and Chinijo Islands Global Geopark）	2015
97			纳图特乔世界地质公园（Naturtejo Global Geopark）	2006
98	葡萄牙（Portugal）	3	阿洛卡世界地质公园（Arouca Global Geopark）	2009
99			亚速尔群岛世界世界地质公园（Azores Global Geopark）	2013
100	丹麦（Denmark）	1	奥舍德世界地质公园（Odsherred Global Geopark）	2014
101	巴西（Brazil）	1	阿拉里皮世界地质公园（Araripe Global Geopark）	2006
102	加拿大（Canada）	2	石锤世界地质公园（Stonehammer Global Geopark）	2010
103			滕布勒岭世界地质公园（Tumbler Ridge Global Geopark）	2014

序号	国别	数量/个	地质公园名称	批准年份
104	日本（Japan）	8	洞爷火山口和有珠火山世界地质公园（Lake Toya and Mt. Usu Global Geopark）	2009
105			云仙火山区世界地质公园（Unzen Volcanic Area Global Geopark）	2009
106			系鱼川世界地质公园（Itoigawa Global Geopark）	2009
107			山阴海岸世界地质公园（San'in Kaigan Global Geopark）	2010
108			室户世界地质公园（Muroto Global Geopark）	2011
109			隐岐群岛世界地质公园（Oki island Global Geopark）	2013
110			阿苏世界地质公园（Aso Global Geopark）	2014
111			阿珀依山世界地质公园（Mount Apoi Global Geopark）	2015
112	韩国（Korea）	1	济州岛世界地质公园（Jeju Island Global Geopark）	2010
113	塞浦路斯（Cyprus）		特罗多斯山世界地质公园（Troodos Global Geopark）	2015
114	马来西亚（Malaysia）	1	浮罗交怡岛世界地质公园（Langkawi Island Geopark）	2007
115	越南（Vietnam）	1	董凡喀斯特高原世界地质公园（Dong Van Karst Plateau Global Geopark）	2010
116	印度尼西亚（Indonesia）	1	巴图尔世界地质公园（Batur Global Global Geopark）	2012
117	印度尼西亚（Indonesia）	1	色乌山世界地质公园（Gunung Sewu Global Geopark）	2015
118	乌拉圭（Uruguay）	2	格鲁塔 德尔 帕拉西奥世界地质公园（Grutas del Palacio Global Geopark）	2013
119			骑士领地世界地质公园（Lands of Knights Global Geopark）	2014
120	摩洛哥（Morocco）	1	姆古恩世界地质公园（M'Goun Global Geopark）	2014

资料来源：据世界地质公园网络办公室资料整理。

民族文化是各民族在其历史发展过程中创造和发展起来的具有本民族特点的物质文化和精神文化，是重要的人类文化遗产和人文旅游资源。地质遗迹与民族文化资源共同构成民族地区最富特色的优势旅游资源。两者在应承关系上高度关联，在空间分布上密切共生，地质遗迹及其自然环境构成是影响和制约民族文化产生、发展与演变的"地学基因"，而民族文化资源则是体现各民族对地质遗迹及其自然环境适应能力的创造物（如梯田、干栏式建筑等）。两者密切的相互关系，为民族地区地质遗迹与民族文化资源的整合开发创造了优越的条件。因此，生态环境极其脆弱且经济欠发达的民族地区，依托优势旅游资源的整合开发，通过特色旅游产业的创新发展关联带动第三产业，成为民族地区实现产业升级、结构优化与经济社会可持续发展的重要途径。

我国民族地区尤其是西南民族地区地质公园建设成效显著，四川省国家地质公园位居全国之首，其他西南省区如云南、贵州、广西也均居全国前列，众多地质公园在推动地方经济发展中发挥了巨大的作用。云南石林彝族自治县石林景区2004年获批世界地质公园，地质遗迹和民族文化资源的完美整合，使景区当年接待的游客数量突破200万，门票收入较上年增长51.6%，实现了石林旅游产业的创新发展与再次腾飞，成为民族地区地质公园建设的成功范例。民族地区地质公园发展的实践证明，地质公园建设是民族地区整合地质遗迹和民族文化优势资源，实现特色旅游产业创新发展的重要途径。

广西是我国地质遗迹资源富集区，以岩溶地貌（桂林山水、大化七百弄）、海岸地貌（北海银滩、京族三岛）、火山地貌（北海涠洲岛火山）、丹霞地貌（资源八角寨、桂平白石山）、花岗岩地貌（兴安猫儿山、桂平西山）、砂岩峰林地貌（金秀圣堂山）、温泉（龙胜矮岭温泉、贺州南乡温泉）为代表的地质遗迹资源在全国名列前茅。目前广西地质公园建设发展势头良好，拥有1处世界地质公园——乐业-凤山世界地质公园（河池市、百色市）以及11处国家地质公园——鹿寨香桥岩溶国家地质公园（柳州市）、资源八角寨国家地质公园（桂林市）、乐业大石围天坑群国家地质公园（百色市）、凤山岩溶国家地质公园（河池市）、大化七百弄岩溶国家地质公园（河池市）、北海涠洲岛火山国家地质公园（北海市）、桂平国家地质公园（贵港市）、宜州水上石林国家地质公园（河池市）、浦北五皇山国家地质公园（钦州市）。都安地下河地质公园（河池市）、罗城地质公园（河池市）为获得建设国家地质公园资格的地质公园。地质公园建设及其旅游开发在推动地方经济社会发展方面发挥了重要作用。同时，广西是我国典型的少数民族聚居区，主要世居有壮、瑶、苗、侗、仫佬、毛南、回、京、彝、水、仡佬等11个少数民族，民族文化资源极为丰富，拥有宁明花山崖壁画、三江程阳风雨桥、忻城莫氏土司衙署等44处全国重点文物保护单位，宜州刘三姐歌谣、三江侗族木构建筑营造技艺、田阳壮族布洛陀、平果壮族嘹歌、田林瑶族铜鼓舞、东兴京族哈节等26项国家级非物质文化遗产，绚丽多彩的民族文化是广西最富特色的人文旅游资源。

广西是中国-东盟自由贸易区建设和泛北部湾区域经济合作最重要的省区和西南地区最便捷的出海通道，而区域经济合作中最先获益的旅游业则是广西重要的支柱产业之一。广西旅游业在国家一系列利好政策的推动下，正步入发展的黄金阶段。《国务院关于加快发展旅游业的意见》（国发〔2009〕41号）中明确了"把旅游业培育成国民经济的战略性支柱产业和人民群众更加满意的现代服务业"的指导思想，成为推动我国旅游业转变发展方式、实现又好又快发展具有里程碑意义的重要文件。该文件的发布充分表明国家把发展旅游业作为新时期的重大战略举措，并把旅游业放在了国民经济和社会发展战略全局中更重要的位置。紧随其后的《国务院关于进一步促进广西经济社会发展的若干意见》（国发〔2009〕42号）中又明确提出"建设桂林、南宁、北海、梧州旅游目的地和游客集散地""建设桂林国家旅游综合改革试验区，开发建设北海涠洲岛旅游区，依托崇左大新跨国瀑布景区和凭祥友谊关景区设立中越国际旅游合作区""打造桂林国际旅游胜地"打造百色红色旅游目的地和河池生态旅游基地"等一系列加快广西旅游业发展的意见。为响应国务院号召，自治区政府发布《广西壮族自治区政府关于加快建设旅游强区的决定》，提出"加快旅游强省（区）建设步伐，打造千亿元旅游产业"的宏伟目标。上述发展战略为广西旅游业提供了绝佳的发展机遇，也使广西成为民族地区地质公园建设与旅游开发研究极具代表性的典型区域之一。

因此，以广西为典型研究区域，以联合国教科文组织实施的"世界地质公园计划"为契机，以地质遗迹与民族文化两种优势资源的整合开发为依托，以地质公园为载体，探讨民族地区特色旅游产业创造发展的途径、方法与模式，为民族地区实现产业升级、结构优化与经济社会可持续发展提供支撑，无疑具有重要的现实意义与理论价值。

第二节　研究综述

本节将对国内外地质公园相关研究进行全面梳理，在此基础上分析研究存在的不足并提出研究发展的方向，为本书的研究提供学术依据。

一、国外地质公园相关研究

1. 地质遗迹登录、评价与保护研究

地质遗迹的登录、评价与保护是世界各国学者普遍关注的研究内容，尤其是在英国、德国等欧洲国家（陶奎元，2002），该项研究为欧洲地质公园的诞生和发展奠定了基础。

英国的地质遗迹登录、评价与保护执行了三大计划：①统一地质遗迹登录办法（The National Scheme of Geological Site Documentation，NSGSD），经整理建立咨询库；②具有特殊科学意义的地质遗迹（Sites of Special Scientific Interest，SSSI），由英国自然管理局负责办理，目前已经登记遗产地 2200 处；③区域性重要地质及地貌（Regionally Important Geological and Geomorphologic Sites，RIGS），由民间团体办理，自然管理局提供经费资助。英国同时对有特殊意义的地质遗迹，作全面调查评级，并广泛开展以民间为主、政府奖励的地质遗迹保护活动。英国政府公布了《地球科学保育策略》（*Earth Science Conservation in Great Britain—A Strategy*）和《地球科学保育技术手册》，定期出版刊物《地球遗产》（*Earth Heritage*），交流信息和保护技术，介绍各种地质遗迹，推动科普与国际合作。英国自然保护委员会于1990 年研拟了一套地球遗产保护分类，将地质遗迹分为出露性景点（exposure site）、完整性景点（integrity site）两大类（范晓，2003）。前者指人工开挖或自然侵蚀暴露出来的地质遗迹露头，后者指地表或近地表（如洞穴）地质作用形成的地貌景观。对于出露性景点，如果开挖和侵蚀持续进行，可能会出现新的剖面，但不影响景点价值，其保护原则是维持露头；而完整性景点一旦遭受破坏就无法再生，其保护原则是保护资源。另外，该分类将地质遗迹按用途分为研究与教育两类；按重要性分为：国家和国际性、区域性、其他重要性、其他四个级别。ED Wilson 还提出了威胁地质遗迹的主要类型，它们几乎都是由人类活动所引起：海岸保护

工程、填土、剥蚀与不稳定边坡、工业与道路、对于地质体的挖取与采集、造林等。地质遗迹的保护技术，在于根据景点的类型、保护原则与所受威胁来规划、设计景点，确保景点的安全性与易达性，使研究与教育能顺利进行。

德国把具有特殊地质意义、观赏价值、稀有性、独特性的动植物化石、岩石矿物产地和露头、地形景观等都列入研究与保护对象，德国学者将其定义为"Geotope"，意为"自然环境中的地质特征"，它提供了研究地球以及生命演育的线索。"Geotope of Nature Conservation Value"被定义为"在 Geotope 中具有特殊地质意义、稀少性、独特性与美之性质者"，它们在学术研究上、教学以及当地的历史与地理环境保护上具有特殊的价值。"Geotope Conservation"被定义为"自然保育的一部分"，强调对具有自然保育价值的"Geotope"的保护。德国每个联邦均有各自的 Geotope 调查、评估方法与程序。Geotope 及其自然保护价值的调查与评估研究需要丰富的地质知识，因此各邦地质调查单位的地学家们担负起了这方面的责任，对具有自然保育价值之 Geotope 的保护决定和其后续的保护方法等亦由各联邦地质调查单位负责。同时，由于 Geotope 是自然地质遗产的一部分，所以在考虑具有重要意义的 Geotope 保护时，除了学术研究之外，也会考虑到大众的意见。

瑞士要求每个州对地质遗迹（Geotope）进行登录，经过登录、评价的研究工作，确定 Geotope 的重要性和价值，决定保护措施，并向社会公众提供信息。Fribourg 州的 Geotope 登录使该州的地质遗迹资源得以展现，该登录有三个目的：①促进对州内 Geotope 的了解，提供相关的详细资讯；②在研究自然环境的过程中，证明 Geotope 的重要性，并考虑其在自然遗产管理中的必要性；③提出具有重要价值、应受到特别关注的 Geotope 登录，这个登录可被用来作为研究与评价州内 Geotope 的重要参考。没有被列入登录中的 Geotope 并非不具有价值，因其可能尚未被发现或观察到。因此，对于 Fribourg 州的地学家来说，持续调查尚未被发现到的或观察到的珍贵 Geotope 是其重要的研究工作。为了使 Geotope 登录成为有价值的参考资料，必须奠基于清晰、明确的程序与稳定、精确的数据之上。Geotope 的登录程序分成五个连续的阶段，即：分类→登录→评价→选择→描述。Geotope 的相关资料被存放在架构良好的资料库中，可以方便地获取。资料库包含每个 Geotope 的确认与指定（identification and designation）、描述（所处环境与特征）、成因（形成、演育、年代与现在的活动）、演育的结果和参考资料来源等内容。相关资讯也可全放在这个资料库中，如威胁、管理规则、可视性与景观价值、生态价值、经济利益、易达性与休憩价值、文化与历史重要性等。Geotope 登录提供的资讯，并不局限于地球科学工作者使用，在 Fribourg 州，Geotope 登录对于规划者、教师、地方旅游管理部门的管理者、旅行者来说，是一个重要的资讯来源。

澳大利亚学者建立了特殊地质、地貌、古生物遗址等的分类系统，开展登录、评价的研究工作，尤其注意评估标准的国际对比（陈从喜，2004）。该项研究的目标是：①重新检验目前大洋洲遗产委员会（AHC）、大洋洲地质学会的地质遗产常设委员会（GSA）和大洋洲或海外其他团体所使用的分类系统；②建立一个统一的地质、地貌、古生物遗址等的分类系统；③提供一个系统性的架构，供国家资产登记处（Register of the National Estate）评估和了解地质遗迹之用。澳大利亚学者在地质遗迹分类研讨会上达成一致：建立一个统一的分类系统和有代表性的评估体系是必需的，其适用范围应从地方到国际，评价指标应将未来的教育、研究、参考用途都涵盖在内，国家资产登记处评估必须以 AHC 的标准为依据。

各国学者建立的地质遗迹登录、评价要求虽然不同，但都包括编号、位置、命名、特征、规模、数量、环境特征、形成、演化、年代、现今活动、经济价值、旅游价值、生态价值、历史意义、科学价值、科学普及教育价值、交通便利程度、自然环境条件、气候条件、植被、动物和水文条件等。

2. 欧洲地质公园研究

国外地质公园研究主要集中于欧洲国家，欧洲地质公园的研究和实践走出了建立国际性的世界地质公园的第一步（Eder，1999），为地质公园走向国际积累了经验（Eder，2001）。

1996 年 8 月，第 30 届国际地质大会在中国北京召开，在地质遗迹保护的分组讨论会上，法国的马丁尼（Guy Martini）和希腊的佐罗斯（Nickolus Zoulos）提出了一个非同凡响的倡议"建立欧洲地质公园（Eurogeopark）"，希望能在地质学家和公众间架设一道桥梁，普及地球科学，保护地质遗迹。该提议成功地获得欧盟的支持，以 Leader Ⅱ Programe 项目资助，强调"以发展地质旅游开发来促进地质遗迹保护，以地质遗迹保护来支持地质旅游开发"，马丁尼和佐罗斯旋即着手地质公园建设的初期准备工作，并设想把欧洲的地质公园组合成一个整体，目的是保护地质遗迹，推动地球科学知识的普及、发展区域经济和增加居民就业。2000 年 11 月在西班牙召开了第一届欧洲地质公园大会，建立了欧洲地质公园网络，由法国的 Haute Province 地质保护区、西班牙 Maestrazgo 文化公园、希腊 Lesvos 硅化木公园和德国 Vulkaneifel 欧洲地质公园作为创始成员，后又吸收了法国的 Astrobleme Rochechouan Chassenon，爱尔兰的 Copper Coast，英国的 Marble Arch and Cuilcagh Mountain，德国的 Naturpark Nordlicher Teutoburger Wald and Wiehengebirge，西班牙 Cabo de Gata 和希腊的 Psiloritis Krete 等公园组成（表 1-2）。

表 1-2　欧洲十大地质公园简表（赵汀，2003）

地质公园名称	国别	构造单元	主要地质遗迹的特征和意义
浩特地质公园 Huate Province Geopark	法国	新欧洲地块	丰富的菊石和鸟类足印，密集的菊石化石罕见，为中生代地质历史演化进程、古地理环境、古气候条件的研究提供了素材
切森隆地质公园 Astrobleme Rochechouan Chassenon Geopark	法国	中欧洲地块	2 亿年前陨石撞击形成的特殊构造地质景观和冲击坑，特有的矿物岩石等，为行星地质研究提供线索
马斯特拉哥地质公园 Maestrazgo Geopark	西班牙	中欧洲地块	中生代海陆交互相沉积和先后两级互相垂直的褶皱交切，形成反映本区地质应力变化和演化历史的奇特地质景观
卡沃-德加塔地质公园 Cabo de Gata Geopark	西班牙	新欧洲地块	位于新近纪板块边缘地带强烈的地震火山活动区，玄武岩、浊积岩、珊瑚礁均保存较好，为研究地中海地区阿尔卑斯造山运动提供依据

续表

地质公园名称	国别	构造单元	主要地质遗迹的特征和意义
勒斯沃思地质公园 Petrified Forest Lesvos Geopark	希腊	新欧洲地块	色彩斑斓的硅化木化石群,保存了各种器官,原地埋藏,不仅有保存完整的植物群落,还有保存完好的古生态环境
克里特地质公园 Psiloritis Krete Geopark	希腊	新欧洲地块	新生代阿尔卑斯运动晚期产生的拆离和大推覆构造,多色岩层的紧密褶皱,第四纪岩溶地貌,火山凝灰岩之下保存的古代文明遗迹
韦亨伯格地质公园 Nordlicher Teutohurger and Wiehengebirge Geoperk	德国	中欧洲地块	石炭纪至第四纪连续沉积剖面,2 种 11 个个体恐龙在同一地点留下足印,挽近时期冰融和冰川形成大片石海
艾菲尔地质公园 Vulkaneifel Geopark	德国	中欧洲地块	更新世火山活动、火山地貌、玛玛湖、古采矿遗址、矿泉水,研究古环境的基地
拱洞地质公园 Marble Arch and Cuikagh Mountain Geopark	英国北爱尔兰	中欧洲地块	第四纪冰川在石炭系灰岩表面刨蚀出深切的沟槽,高山草甸下有机质丰富的地下水下渗形成岩溶洞穴和地下暗河,是研究第四纪冰川、岩溶的理想场所
铜岸地质公园 Coper Coast Geopark	爱尔兰	中欧洲地块	奥陶纪火山沉积岩系及其上呈角度不整合覆盖的泥盆纪砂岩、化石丰富的石炭纪碳酸盐岩、安山岩和流纹岩岩床、岩墙及相关的铜矿古采坑

欧洲地质公园组织在法国的 Haute 省设有办事机构,负责组织欧洲地质公园的共同活动(Common Activities of the European Geopark Network),如出版刊物、建立和管理欧洲地质公园的网站、召开例行年会、举办参观交流活动、组织各成员参加展销会、推广并介绍欧洲地质公园各成员的产品和信息等,通过一系列的活动扩大了影响,加强了联系,巩固了组织。目前,欧洲地质公园网络由来自 8 个欧盟国家的地质公园组成。自2000 年 11 月在西班牙的 Molinos Maestrazgo 举办第一届欧洲地质公园大会之后,又成功举办了 7 届欧洲地质公园大会,即希腊(2001 年)、奥地利(2002 年)、希腊(2003年)、意大利(2004 年)、希腊(2005 年)、英国(2007 年)、葡萄牙(2009 年),这些会议着重讨论了欧洲地质公园活动;地质公园、欧洲和可持续发展的旅游业;地质公园的联系和经验交流;新的欧洲地质公园网络候选成员介绍;与其他国家和研究机构未来的研究合作;欧洲地质公园网络今后如何发展壮大等议题。

欧洲的地质公园研究侧重地球科学价值的挖掘,研究程度比较高,这一点充分反映在欧洲地质公园所具有的深刻地学内涵上:

从空间分布格局上看,欧洲地质公园多位于地质构造单元的边界上,如卡博地质公园、浩特地质公园位于新欧洲地块边界靠近中欧洲地块的地区,克里特地质公园位于新欧洲地块与北非冈瓦纳地块界线附近,铜岸地质公园则位于古欧洲地块与中欧洲地块的接壤处,艾菲尔地质公园位于中欧洲地块与新欧洲地块的交接处,韦亨伯格地质公园坐落于古欧洲地块靠近始欧洲地块与中欧洲地块的交接处,勒斯沃思地质公园位于新欧洲地块的东部边缘与亚洲的接壤处。

从内容的系统性、典型性和代表性来看，欧洲地质公园的地学内容极为丰富，有地层、古生物、构造、火山、岩溶、地下水、冰川、矿产、古采矿独特地貌、灾害地质、行星地质（陨石撞击）等，各地质公园反映了所在地区重要的地质历程与相关学科的重要学术价值，各个公园间联系密切，十分注意地学内涵的整体性和系统性。各公园反映的地质历史演化进程把欧洲地质历史勾画出了一个大致的轮廓，铜岸地质公园的加里东运动，艾菲尔地质公园的华力西运动，到东南部几个地质公园如卡博、克里特、勒斯沃思等记录下来的阿尔卑斯运动及随之发生的地质环境的演变。古生物记录在某个地质公园也许只能以管窥豹，但把若干地质公园中特有的古生物化石系统化，对欧洲古生物演化的进程和区域特色就一目了然了（赵汀，2003）。

从具体地质公园研究来看，欧洲地质公园在开展科学研究方面相当突出。如：瑞士对波希米亚公园做了1:1000和1:2000比例尺的地质图，对公园内各种景观都做了详细的研究与分析，为了保证攀爬项目的安全性，他们还圈出景区内的所有危岩，对其进行动态监测和力学评估，建立模型，制定出保护、治理方案。再如，意大利的西西里岛，科学家们对公元79年维苏威火山的喷发时间、喷发特点、灾害破坏等，都研究得非常清楚，甚至具体到制作出了维苏威火山爆发的动态模拟图表，以天为单位将火山爆发的破坏程度详细列出。为了做好科研工作，欧洲的地质公园大多聘请了地质专家长期针对公园景观和环境开展基础研究，有的还与当地大学和科研单位建立了合作项目，通过共同研究提高地质公园的科技含量，有的地质公园甚至成为某些重大地学问题的研究基地或中心（赵汀，2002）。如德国Vulkaneifel地质公园的Maar湖研究、Crete岛推复和拆离构造的研究等，每年都有来自世界各地的地质学家到此考察，做野外研究，组织专题讨论会，成为地球科学研究的生长点。

二、国内地质公园相关研究

中国的地质公园建设及相关研究居世界前列（Eder，1999），兴起于20世纪70年代，并于21世纪初随着地质公园建设而繁荣，以地质学和地理学为学科依托的旅游地学（陈安泽，2006），奠定了我国地质遗迹研究的学科根基。而一年一度，迄今已近30届的"中国地质学会旅游地学与地质公园研究分会学术年会"则推动研究不断走向深入，一大批高水平的研究成果在《地理学报》（中、英文版）《地理研究》《地理科学》《地质论评》《地球学报》等地理学和地质学权威刊物上发表，不断提升我国地质遗迹研究的学术地位（黄松，2015）。

1. 地质公园的内涵、特征与发展探讨

我国学者早在1985年就提出了建立地质公园的建议，2000年以来，对于全球蓬勃发展的地质公园事业，众多学者对地质公园的内涵、特征及发展等进行了分析和探讨。

不同学者以各自学科的视角对地质公园的内涵进行了界定。卢云亭（2001）从"地质"和"旅游"的视角认为：地质公园就是以地质景观为主体、具有一定市场功能和一定保护职能的旅游空间。陈安泽（2002）从"地质"和"公园"的视角认为：地质公园（Geopark）是以具有特殊科学意义、稀有性和美学观赏价值的地质遗迹为主体，并

融合其他自然景观、人文景观组合而成的一个特殊地区。是以保护地质遗迹、开展科学旅游、普及地球科学知识、促进地方经济、文化和自然环境的可持续发展为宗旨而建立的一种自然公园；国土资源部在国土资发〔2000〕77 号文中将国家地质公园（National Geopark）定义为：地质公园是以具有特殊的科学意义、稀有的自然属性、优雅的美学观赏价值，具有一定规模和分布范围的地质遗迹为主体；融合自然景观与人文景观，并具有生态、历史和文化价值；以地质遗迹保护，支持当地经济、文化和环境的可持续发展为宗旨；为人们提供具有较高科学品位的观光游览、度假休息、保健疗养、科学教育、文化娱乐的场所。同时也是地质遗迹和生态环境的重点保护区，地质科学研究与科普教育的基地。地质公园的上述内涵界定均强调了地质遗迹的主体性和保护与开发的协调性。

陈安泽（2003）对地质公园的类型进行了划分。按批准政府机构的级别可分为世界地质公园、国家地质公园、省级地质公园和县（市）级地质公园 4 个等级；按园区面积划分为特大型（>100km²）、大型（50~100km²）、中型（10~50km²）、小型（<10km²）4 类；按功能划分为科研科考主导型和审美观光主导型 2 类；按地质遗迹资源类型划分为 18 个类型。并分析和界定了地质公园的典型性、稀有性、优美性、科学价值、经济价值和社会价值等基本特征。

姜建军（2001）从地质遗迹保护、先进生产力和先进文化发展、开辟地质工作新领域、地质资源利用、科学研究和科学普及、地方经济发展 6 个方面阐述了建立国家地质公园的意义。赵逊（2003）将国际地质遗迹保护和世界地质公园的发展划分为从自发走向自觉、从分散走向联合、从国家走向世界 3 个阶段。赵汀、赵逊（2002）、李明路、姜建军（2000）、李烈荣（2001）、姜建军（2002）、陈安泽（2003）、陈从喜（2004）、后立胜（2005）等学者分析了国内外地质公园的发展状况。王鑫（2004）介绍了台湾地区的地景保育工作。

2. 地质遗迹的分类、调查、评价与成因研究

地质遗迹是地质公园建设及其旅游开发的根本，地质遗迹资源分类、调查、评价与成因研究在国内地质公园研究中开展时间最早，积累了大量的研究文献。

众多学者提出了不同的地质遗迹（景观）分类方案，但分类的原则大多以资源的形态特征及其自然属性为基础，结合其成因来进行。陈安泽（1996）把地质景观分为地质构造现象、古生物、环境地质现象、风景地貌四大类 19 类 52 亚类；冯天驷（1998）提出了山岳地貌旅游资源、岩溶洞穴旅游资源、河流峡谷旅游资源、湖泊旅游资源等 16 类地质旅游资源；李烈荣等（2002）对中国地质遗迹资源的分类、特征、成因、分布特征进行了系统论述；李京森、康宏达（1999）在编制的 1:600 万《中国旅游地质资源图》中将我国的旅游地质资源划分为 35 类，4 个旅游地质资源区和 11 个亚区。

范晓（2003）提出游客易于接受、避免过分的专业化；充分考虑中国国家地质公园中地质景观的实际类型；尽量从较直观的景观的自然分类出发；在实际应用中尽量避免不同类型的叠加和分类的不确定性；基本大类应涵盖所有的地质遗迹资源类型的地质遗迹（景观）分类原则，并建立了包括典型地层剖面、古生物景观、地质地貌景观、水体景观、地质灾害遗迹景观、地质工程景观、典型矿床及采矿遗迹景观 7 个主类 40 个亚类和若干个基本类型的地质遗迹（景观）分类系统，该系统为国土资源部《中国国家地质公园建设技术要求和工作指南》所采用。

陶奎元等（2002）在承担科技部基础专项项目《华东地区重要地质遗迹登录、鉴评与保护研究》中，建立了一套集地质遗迹登录规范与分类、评定标准于一体的完整体系，该体系包括：①地质遗迹调查登录→地质遗迹评价→确定地质遗迹保护名录和相应保护措施的动态流程；②由地层类、构造类、岩石类、矿床类、矿物类、化石类、古人类文化遗址、地质灾变、地形地貌类、在地质学发展史中具有重要意义的遗址等10个大类和38个亚类组成的地质遗迹分类系统；③由各地质遗迹类型相对重要性原则组成的定性评价系统；④由价值综合评价和条件综合评价2个综合评价层和10个评价因子层组成地质遗迹定量评价系统。方世明等（2008）建立了地质遗迹资源评价指标体系。张国庆等（2009a）提出了地质遗迹资源调查以及评价方法。

省域范围的地质遗迹资源分类、调查与评价研究以江苏、湖南、四川等省工作程度较高。周晓丹等（2001）依托江苏省首次地质遗迹系统调查，将全省具代表性的97个地质遗迹划分为16种类型，描述了各类型地质遗迹的特征，进行了定量评价和保护级别的划分。胡能勇等（2003）依托湖南省科学技术厅重点软科学项目"湖南省地质遗迹调查及旅游地质资源开发研究"，将湖南省地质遗迹分为7个大类20种，并探讨了地质遗迹的分布特征，划分了湘西北、湘东北、湘中和湘西南、湘南四个地质遗迹区。黄松（2007）依托新疆维吾尔自治区资源补偿费专项项目"新疆旅游地质遗迹资源调查"探讨了宏观尺度地质遗迹空间格局定量研究的方法，建立了多级次的新疆地质遗迹空间格局区划系统并对其特征进行了定量分析。郭建强等（2008）依托"四川省地质遗迹景观调查评价"项目，根据四川地质遗迹景观的空间分异和区域地质地貌特征，结合其形成时间、空间和成因的关联性，建立了包括20个地质遗迹分区和28个地质遗迹小区在内的四川地质遗迹景观区划系统。此外，李文田（2007）对河南省、丁华（2007）对陕西省、谷丰等（2008）对安徽省、张国庆等（2009b）对河北省的地质遗迹进行了调查研究。

地质遗迹的成因研究受到我国一些学者的关注。赵逊等（2003）探讨了中国地质公园的地学背景和空间格局，认为：①地质公园相对集中分布于中国3个地势阶梯地带；②在4个地势阶面上的地质公园，部分是由局部断裂活动影响形成的；③不少地质公园中，地质遗迹群常常不是一次地质作用的产物；④突发性地质事件对于令人心灵震撼的地质遗迹的形成常常发挥着关键作用。赵汀、赵逊等（2003）阐述了欧洲国家地质公园的地学特征，认为各个地质公园有不同的地质科学意义，这完全取决于所在地区的地质构造演化历史，欧洲地质构造分区对该区地质遗迹类型、分布和组合有明显的控制作用。黄金火（2005）探讨了中国国家地质公园空间结构，认为国家地质公园在空间分布上属于凝聚型，受中国大地构造控制，形成了东部沿海带、武夷山带、太行山-巫山-雪峰山带、环青藏高原带、秦岭带、南岭带等6个集聚带，且与周边区域的城市发展水平有关。此外，彭永祥、吴成基等（2008）进行了秦岭终南山地质遗迹的全球对比，朱学稳（2001，2003）对喀斯特天坑，郭友琴等（2004）、曹俊等（2004）对九寨沟，王凤云等（2005）对云台山，梁定益等（2005，2009）对野三坡，孙洪艳（2007）对克什克腾，李晓琴（2008）对剑门关，郭福生（2011）对龙虎山，薛滨瑞（2011）对黄河蛇曲，杨更（2012）对喀纳斯，陈安泽等（2013）对黄山花岗岩地貌等地质遗迹的成因进行了研究。

3. 地质遗迹保护开发研究

随着全球地质公园事业的蓬勃发展，地质公园保护开发成为目前我国学者关注较多的研究方向。

宏观尺度地质遗迹保护开发研究。董和金等（2002）依托湖南省科学技术厅重点软科学项目"湖南省地质遗迹调查及旅游地质资源开发研究"，对湖南省地质遗迹的保护开发提出了若干有价值的建议：①健全组织机构，设立"湖南省地质遗迹（省级地质公园）领导小组"，由省政府主管副省长任主任，省级有关部门主要负责人为成员，负责制定全省地质遗迹保护开发管理；②按地质遗迹的可利用的方式实施分类管理；③逐步建立健全地质公园立法体系，分期对全省国家级地质公园逐一立法；④建立地质遗迹名录，明确保护对象；⑤建立地质公园（地质遗迹保护区）志愿者制度，发动社会公众参与区内的保护活动。黄松（2006a，2006b）提出确定保护分类、保护形式、保护模式、保护级别、保护时序、保护分区六大地质遗迹保护开发实施步骤，以及地质公园、地质遗迹保护区及其他保护地相结合的复合型保护开发模式优选思路和 5 个优选模式，并据此建立了新疆地质遗迹保护开发备选名录。此外，王立亭（1999）对贵州省，席运宏（2000）对河南省，孙乐玲（2000）对浙江省，游再平（2001）、赖绍民等（2002）、文学菊（2004）对四川省和西部地区，陶奎元（2002）对江苏省，李双应等（2002）对安徽省，庞桂珍等（2003）对陕西省，杨斌等（2002）对山东省，尹喜霖等（2003）对黑龙江省，王卓理（2004）对河南省，傅中平等（2004）对广西壮族自治区，曹秀兰（2009）对山西省的地质遗迹保护开发进行了初步探讨。刘海龙（2010）在分析我国地质公园空间分布的基础上提出完善保护网络的建议。

具体地质公园地质遗迹保护开发研究。朱建军（1997）以河北省第一个地质遗迹保护区规划为例，探讨了建立地质遗迹保护区的工作方法：①根据地质遗迹的科学和社会经济价值确定保护目标；②根据实际情况分块、分点、分区进行不同级别、类别的保护；③采取保护区基本建设以国家财政为主，正常管理运行以地方政府为主，重要科研项目申请自然科学基金的三个经费筹措策略，这是我国较早的关于地质遗迹保护区的研究成果。吴成基等（2004）以翠华山国家地质公园为例分析了保护与利用、主景与配景、科普宣传中的科学性与通俗性、地质遗迹景观与生态环境等需要协调的七大问题。李晓琴等（2004）对龙门山国家地质公园地质遗迹保护、开发和规划进行了研究，提出了地质公园保护与开发整合模式。刘珍环（2008）选取高程、坡度、植被、土地利用、道路距离、景观等级及景观类型等因子对深圳市东部海岸地质遗迹景观的环境敏感性进行了分析，并提出景点保护建议。此外，郭建强（2004）对九寨沟、郭威等（2002）对黄河壶口瀑布、黄保健等（2004）对乐业大石围天坑群的保护开发进行了研究。罗培等（2013）探讨了华蓥山大峡谷地质公园地质遗迹资源保护与开发的社区参与模式。

4. 地质公园旅游开发与规划管理研究

在联合国教科文组织的推动下，地质公园建设取得持续发展，地质公园研究者从开始的地质学和地理学背景为主体，逐渐向旅游学、管理学、经济学等多学科发展，推动了地质公园研究进一步走向深入，地质公园旅游开发与规划管理逐渐成为重要的研究发展方向。

地质公园旅游开发研究方面，李晓琴（2005）就地质公园的功能分区、产品设计、解说系统、科学管理、投资机制和资源信息管理6个方面提出了地质公园生态旅游开发模式。陈安泽（2006）总结了地质公园旅游的发展以及对中国旅游业的贡献。胡炜霞等（2007）指出中国国家地质公园发展过程中存在数量增长相对过快、类型和地区分布不平衡、旅游品牌效应尚需提高、科普与旅游参与有待和谐等问题。文彤（2007）分析了丹霞山世界地质公园生命周期。白凯、吴成基等（2007）以陕西翠华山国家地质公园为例研究了基于地质科学含义的国家地质公园游客认知行为。严国泰（2007）探讨了国家地质公园解说规划的科学性。胡能勇等（2007）探讨了地质遗迹资源价值的内涵和构成并提出实行资产化管理的构想。黄松（2008a，2008b，2009c，2009d）依托首个地质公园旅游国家社会科学基金项目"民族地区地质公园建设与特色旅游产业创新发展研究"指出经济欠发达的民族地区在丰富的特色资源与脆弱的生态环境并存的形势下，以联合国教科文组织实施的"世界地质公园计划"为契机，以地质遗迹与民族文化两种优势旅游资源的整合开发为依托，以地质公园为载体，通过地质公园特色旅游创新开发，带动旅游业及第三产业的发展，是民族地区实现产业升级、结构优化与社会、经济、环境可持续发展的重要途径。进而提出基于地质遗迹资源与人地关系耦合的地质公园旅游开发布局定量研究方法，同时强调宏观尺度下地质公园旅游产品的整体打造、多元开发与协调发展的地质公园旅游产品开发思路，并以桂西地区为例进行了实证研究。姜莹莹（2008）探讨了地质遗迹保护的法律对策。周灵飞（2008）以泰宁世界公园为例对世界地质公园游客满意度进行了研究。许涛（2010，2011）分析了我国国家地质公园旅游系统研究进展与趋势，并以内蒙古克什克腾世界地质公园为例，研究了地质公园旅游者的参与动力与受益模式。白凯（2011）探讨了国家地质公园品牌个性结构。梅耀元（2011）对地质公园博物馆导游讲解进行了探讨。范文静等（2013）以黄河石林国家地质公园为例，探讨了地质遗产区旅游产业融合路径。罗培等（2013）以华蓥山大峡谷地质公园为例，分析了社区参与地质公园建设的意愿与驱动力。易平、方世明等（2014）以嵩山世界地质公园为例，进行了地质公园社会经济与生态环境效益耦合协调度研究。

地质公园规划管理方面，李同德（2002）从考察必须更科学、布局必须突出地质游览区、必须注重地质遗迹保护、必须建立地质博物馆4个方面阐述了地质公园规划与一般旅游区规划的差异。卢志明、郭建强（2003）提出团块状模式、多核状模式、带状模式3种地质公园土地利用管理模式。李晓琴（2003）提出了点、线、面开放式的地质公园管理模式。孟彩萍等（2003）提出打破行政界限，建立"壶口瀑布旅游资源共享区管理委员会"以实现壶口瀑布国家地质公园资源共享的建议。李双应等（2004）提出将地质公园建设积极纳入到旅游产业的发展过程中，使国家地质公园的品牌效应最大化。魏军才（2004）从所有权和经营权的角度提出施行经营权有偿取得制度、严格规范行政管理权、严格界定经营权、建立并推行经营权流转制度等地质公园产权管理措施。王文等（2004）基于矿产资源和土地资源有偿私有制度，提出建立地质遗迹资源有偿使用制度的构想。李同德（2007）阐明了地质公园总体规划宗旨和概念，并对地质公园的总体规划和建设规划的原理、方法、结构、组成进行了论述。廖继武（2009）探讨了基于地质遗迹集中度的地质公园边界划分方法。陈安泽（2010）指出地质遗迹保护、科学解说系统、科学研究、科学普及、公园信息化建设、地质公园管理机构与地质专业人员配置以及近、中期地质公园建设项目等内容是体现地质公园规划与其他规划差异的重点内容，并进行了逐项分析。赵汀（2010）以庐山地质公园数据库和河北省地质遗迹 WEBGIS 系统为例，探讨了地质遗迹数据库及网络电子地图系统建设。姚维岭（2011）分析了基于空间分异视角的国家地质公园区域协同发展机制。李翠林（2011）提出基于利益共享的新疆地质遗迹景观资源管理优化模式。刘璐（2011）以云台山世界地质公园为例，提出基于土地协调性分析的地质公园规划思路。方世明等（2014）将游憩机会图谱（Recreation Opportunity Spectrum）运用于嵩山世界地质公园的规划分区。王彦洁等（2014）引入地质遗迹集中度和地质遗迹敏感度的概念，量化地质遗迹保护规划的依据。

2013 年，由中国旅游地学创始人和中国地质公园创议倡导者及主要推动者之一的陈安泽先生主编的我国第一部旅游地学类辞典《旅游地学大词典》，是我国地质公园旅游开发与规划管理研究里程碑式的成果，为指导我国旅游业发展与地质公园、风景区、森林公园建设及管理、保护研究奠定了理论基础（陈安泽，2013a）。

三、广西地质公园相关研究

尽管广西拥有大量稀缺的地质遗迹资源且国家地质公园数量居全国前列，但广西地质公园相关的研究成果目前并不丰富。

与我国其他省区相同，广西的地质公园相关研究也始于对地质遗迹资源的关注。曾令锋（1994）研究了广西丹霞地貌的特征，归纳了岩性、地质构造与切割深度三个丹霞地貌发育的基本条件，并提出尽快开发资源八角寨等地质遗迹的建议，这几乎是关于广西地质遗迹最早的论述。随后，学者们越来越重视将地质遗迹资源研究与地质遗迹保护开发以及地质公园建设研究紧密结合起来。

对广西典型地质遗迹类型的研究主要集中在岩溶天坑、洞穴以及丹霞地貌、石林地貌。朱学稳等（2001，2004）研究了广西喀斯特天坑的特征及其科学价值与旅游价值。韦跃龙等（2009）探讨了乐业大石围天坑国家地质公园地质遗迹的成景机制和模式。郝革宗（2003）、傅中平（2009）分析了广西喀斯特洞穴特征及旅游开发。徐胜兰等（2009）研究了凤山岩溶国家地质公园以岩溶洞穴为主的典型地质遗迹的景观价值。傅中平（2005，2006）探讨了广西丹霞地貌、石林地貌的特征及分布。李鑫等（2015）分析了广西罗城地质公园地质遗迹特征并对其进行了综合评价。

广西区域性和综合性地质遗迹研究方面，杨颖瑜（2002）、郝革宗（2002）指出喀斯特地貌、丹霞地貌、火山地貌、花岗岩地貌等是广西最典型的地质遗迹类型，并对各类型的代表性地质遗迹资源进行了梳理，进而提出广西地质公园建设的初步建议。傅中平（2004，2007a）在分析广西典型地质遗迹的特征并进行科学评价的基础上提出了保护开发设想。黄松（2009e）对桂西地区地质遗迹的类型、等级和空间格局进行了划分。傅中平等（2012）对广西奇峰怪石资源进行了分类及成因机理探讨。黄松、李燕林（2014）分析了广西北部湾经济区地质遗迹特征并进行了等级划分。

广西地质公园建设与旅游开发研究方面，李赋屏（2003）探讨了广西资源国家地质公园旅游地质资源的保护开发战略。吴应科（2004）提出了桂林申报"世界遗产""世界地质公园"和"世界喀斯特博览园"的"三世"工程。傅中平（2007b）探讨了广西地质公园的特色及可持续发展策略。黄松（2008a，2008b，2009c）研究了桂西地区地质公园旅游布局和产品开发。李如友（2009）分析了凤山岩溶国家地质公园地质遗迹特色并据此进行了旅游产品设计。徐胜兰（2011）将国家地质公园的可持续发展与旅游扶贫相结合，构建了凤山国家地质公园旅游扶贫体系。黄松、李燕林（2015）提出了广西北部湾经济区地质公园建设构想并设计了地质公园特色旅游产品和线路。

上述成果虽然限于各自的研究角度，仅对广西地质遗迹（地质公园）的局部问题进行了探讨，尚未形成完整的广西地质公园（地质遗迹）研究体系，但仍为广西地质公园的系统研究提供了极有价值的资料，是本书研究的基础。

四、研究存在的不足与发展方向

1. 存在的不足

（1）支撑地质公园研究进一步深化的基础理论研究不足

综合性公园的属性使得地质公园研究成为一个横断性极强的研究领域，涉及地质学、地理学、生态学、民族学、旅游学、管理学、经济学、社会学等诸多学科，如何从这些学科当中提炼出地质公园研究的基础理论框架，为研究的进一步深化提供理论支撑，是地质公园研究者必须面对且有待解决的问题。

（2）缺乏与地质公园复杂系统特征相匹配的科学方法论指导

在地质公园研究中，众多学者自觉或者不自觉地进行了一些研究方法的尝试与探讨，但多未上升到方法论的高度。地质公园是一个涉及资源、保护、开发、管理等子系统的开放性复杂系统（黄松，2009a），寻求解决复杂系统协调运转的有效途径，构建科学的研究方法论体系，为地质公园研究（尤其是宏观尺度的综合研究）的进一步深入提供先进、科学的方法论指导，是目前地质公园研究中尚未得到充分重视的关键问题。

（3）体现地质公园研究横断性的宏观尺度综合性研究不够充分

地质公园研究的横断性需要多学科的协同，尽管地质公园研究者从开始的地质学和地理学背景为主体，逐渐向旅游学、管理学、经济学等多学科发展，但目前大多数代表性研究成果仍为地球科学领域。同时，多数地质公园研究目前是以某一特定地质公园为对象，造成研究成果存在一定的局限，而宏观尺度综合性地质公园研究多处在资源调查、分类、评价和简单的保护开发建议层面。多学科协同的宏观尺度综合性地质公园系统研究成果的匮乏，在制约地质公园研究学术性的同时，使我国区域性尤其是省域范围地质公园的规划、建设缺少科学指导和理论支持。

（4）民族地区地质公园研究程度较低且缺乏特色

经济欠发达的民族地区是地质遗迹资源极其丰富的区域，与民族地区能源、矿产等其他优势资源相比，以地质公园为载体的地质遗迹资源的开发是绿色环保和永续利用的，更适合生态环境极其脆弱的民族地区。联合国教科文组织将推动地方经济发展作为地质公园建设和评估的重要指标，欠发达民族地区地质公园研究和实践的价值，较之发达地区更具现实意义。目前，尽管以西南为代表的部分民族地区在地质公园建设数量上居全国前列，但受经济条件和地理环境的制约，欠发达民族地区地质公园研究程度普遍低于发达地区。更突出的是，民族地区地质公园研究与其他区域大同小异，没有体现出民族地区这一特定区域的特色，更没有重视将地质公园建设与民族地区特色旅游资源的整合开发以及民族地区产业结构调整升级相结合。

2. 发展方向

（1）重视基础理论研究和科学方法论的指导

地质公园研究作为新兴的研究领域，按照科学哲学"范式"理论，目前还处在"前科学"阶段，尽管在众多学者的不懈努力下取得了不少研究成果，奠定了一定的研究基础，但研究成果在深度、广度、关联度和系统性上，都还有待进一步提高。因此，重视基础理论研究和科学方法论的指导是地质公园研究向深度和广度发展的需要。

（2）开展多学科协同的综合性研究，统筹学术性和应用性

联合国教科文组织将地质公园界定为以稀缺性地质遗迹为主体并融合深厚人文底蕴的综合性公园，体现地质公园综合性公园属性，注重地质学、地理学、生态学、民族学、社会学、旅游学、管理学、经济学等多学科协同的综合性研究，才能不断拓展地质公园研究的学术空间，并持续提升研究成果的学术价值。目前，随着地质公园建设地蓬勃发展，地质公园已经逐步走出当初等同于"地质的公园"，地质公园旅游等同于"地质旅游"或"科普旅游"等专项旅游的认识误区，呈现出观光、度假、专项旅游多元化发展的良好态势。因此，应进一步引导旅游学、管理学、经济学等应用型学科更深层次地介入地质公园实践研究，发挥应用学科在地质公园研究中的重要作用，统筹地质公园研究的学术性与应用性。

（3）注重宏观尺度的深入研究，强调地质公园的整体打造、区域联动与集成创新

宏观尺度的深入研究将突破单个地质公园园区的空间限制，充分展现地质公园综合性公园的独特魅力，以及地质公园内涵的丰富性、形式的多样性、体系的完整性和效益的协调性；整体打造强调一定区域范围内各个地质公园的有机整合，发挥地质公园品牌合力，打造地质公园整体形象和强势品牌，实现整体效益最大化；区域联动以提高地质公园的整体吸引力和核心竞争力为目标，通过一定区域范围内地质公园的联动开发，形成一体化的网络式地质公园体系，在区域网络的整合中谋求发展；集成创新从空间、时间和内容三个层面展开，构建多元化的地质公园体系。

（4）注重民族地区地质公园建设及其特色旅游开发

经济欠发达的民族地区在丰富的特色资源与脆弱的生态环境并存的形势下，以联合国教科文组织实施的"世界地质公园计划"为契机，以地质遗迹与民族文化两种优势旅

游资源的整合开发为依托，以地质公园为载体，通过地质公园特色旅游创新开发，带动旅游业及第三产业的发展，是民族地区实现产业升级、结构优化与社会、经济、环境可持续发展的重要途径，也是实现联合国教科文组织以地质公园建设推动地方经济发展目标的有效措施。因此，民族地区地质公园建设及其特色旅游开发将成为地质公园研究和实践的重要发展方向。

第三节　研究目的与思路、内容与方法、特色与创新

一、研究目的与思路

针对地质公园研究存在的问题，本书结合我国民族地区地质公园建设及旅游开发的实际情况，以广西为典型研究区域，以联合国教科文组织实施的"世界地质公园计划"为契机，以地质遗迹与民族文化两种优势资源的整合开发为依托，以地质公园为载体，以基础研究—对策研究的顺序渐次展开，探讨民族地区特色旅游产业创造发展的途径与方法，为民族地区实现产业升级、结构优化与经济社会可持续发展提供支撑；探讨宏观尺度区域性地质公园建设与旅游开发研究的方法，为我国多学科协同的综合性地质公园研究的开展提供借鉴。

围绕研究目的，本书的研究思路按照基础研究—对策研究的逻辑主线渐次展开：首先对广西地质遗迹数量、分布、类型、等级进行全面的调查研究，进而明确其空间格局及其与民族文化资源的空间耦合关系，为对策研究奠定基础。在完成基础研究之后，按照地质公园旅游布局→地质公园旅游产品开发→地质遗迹保护与地质公园管理创新的顺序进行对策研究。

二、研究内容与方法

1. 研究内容与谋篇布局

（1）第一章　绪论

从地质遗迹的概念和地质公园的内涵、特征、发展入手，阐述本书的写作意图和意义。在国内外和广西地质公园研究现状和存在问题分析的基础上，明确本书的研究目的、内容和关键性科学问题，并据此确定研究思路和篇章结构。

（2）第二章　广西地质遗迹调查与评价

基于系统全面的地质遗迹调查，从广西地理地质概况分析入手，着重对广西地质遗迹的分布、分类、特征与评价进行研究，明确各研究区域地质遗迹的位置、数量、类型与等级，为地质遗迹空间格局研究及地质遗迹与民族文化资源的空间耦合关系研究奠定基础。

（3）第三章　广西地质遗迹空间格局研究

以广西地质遗迹系统调研为依托，以桂北、桂西、桂南、桂东4个地区为研究区域，以各地区丰富的地质遗迹为研究对象，探讨具有普适意义的基于聚类分析的宏观尺

度、多类型地质遗迹空间格局定量研究的方法与途径，为宏观尺度、多类型地质遗迹空间格局的定量研究提供方法支撑，为广西地质遗迹的保护开发与地质公园建设提供科学依据。

(4) 第四章 广西地质遗迹与民族文化资源的空间关系研究

以桂北、桂西地区为典型研究区域，在翔实的实地调查基础上，运用地理学、景观生态学的空间分析方法，定量研究作为民族地区自然要素与人文要素的核心内容，以及最具特色的旅游资源的地质遗迹和民族文化资源之间的空间关系，进而以人与自然相互作用的视角，从地质遗迹对民族文化的影响和民族文化对地质遗迹的影响两方面，剖析两者空间关系的成因机理，探讨具有普适性的地质遗迹与民族文化资源空间关系定量研究的方法与途径，为民族地区地质公园建设与特色旅游开发，尤其是基于空间分析的民族地区地质公园建设布局研究提供支撑。

(5) 第五章 广西地质公园旅游布局研究

针对桂北地区、桂西地区、桂南地区、桂东地区 4 个研究区域的不同特征，分别采用定量研究与定性研究的方法进行地质公园旅游布局研究，既体现定量研究严谨的优势，又保留定性研究简明的特色。一方面，创新性的提出两种民族地区地质公园布局定量研究方法，并以桂北地区为典型区域进行基于地质遗迹与民族文化资源空间关系分析的地质公园旅游布局研究，以桂西地区为典型区域进行基于地质遗迹与人地关系耦合的地质公园旅游布局研究，据此探索具有普适性的建立在定量分析基础上的民族地区地质公园旅游布局研究新途径。另一方面，桂南地区和桂东地区地质公园旅游布局研究则采用传统的定性研究方法进行。

(6) 第六章 广西地质公园旅游产品开发研究

探讨普适于民族地区的地质公园旅游产品开发新思路，强调民族地区地质公园旅游产品的整体打造、多元开发与协调发展。以桂北、桂西、桂南、桂东 4 个地区为典型研究区域，据此确定地质公园建设备选名录和多元化旅游产品体系，以期弥补目前宏观尺度、区域性地质公园旅游产品开发研究的不足，并为民族地区地质公园旅游的发展提供产品支撑。

(7) 第七章 广西地质遗迹保护与地质公园管理创新

地质遗迹保护和地质公园管理是地质公园建设及特色旅游开发的基础与根本保障。首先，地质遗迹保护绝非单一的保护，而是保护与开发的集成，两者相互依存，互为促进，体现了地质公园"在保护中开发，在开发中保护"的核心理念。因此，广西地质遗迹保护创新将从国际和国内地质遗迹保护的发展轨迹分析入手，在分析广西地质遗迹保护现状的基础上，提出地质遗迹保护的实施步骤和优选模式。其次，法律体系的完善是地质公园管理实现的根基，管理模式的构建是地质公园管理措施实现的保障。鉴于此，广西地质公园管理创新主要从完善地质遗迹管理法律体系、创新地质公园管理模式来展开。

2. 研究方法

本书的研究方法将充分体现文理交融、学科交叉的特色：

1) 运用民族学田野调查方法，结合地理学 GIS、生态学景观关联分析和物理学耦合度分析等定量研究方法，系统分析和直观表达地质遗迹与民族文化资源的特征与空间耦合关系。

2）运用区域经济学增长极理论和地理学人地关系理论，开展民族地区基于地质遗迹资源与人地关系耦合的区域地质公园建设布局研究，进行空间布局定量研究的创新尝试。

3）运用市场学产品生命周期理论进行民族地区地质公园特色旅游产品创新开发。

三、研究特色与创新

1. 原创性鲜明的选题与研究思路

本书以联合国教科文组织实施的"世界地质公园计划"为立足点，以优势资源整合开发为理念，提出民族地区依托地质公园建设，整合地质遗迹和民族文化优势资源，通过特色旅游产业的创新发展，实现民族地区产业结构优化调整与区域可持续发展的新思路，选题与研究思路具有鲜明的原创性，有较重要的学术价值与较广阔的应用前景。

2. 学科交叉特色明显的研究领域与研究方法

本书在研究领域上注重民族学、地理学、市场学、经济学、管理学等科领域的交叉融合及其研究方法的集成创新，具有明显的交叉学科特色。体现在研究方法上，注重将民族学田野调查方法与地理学 GIS 技术相结合，将生态学景观关联分析与物理学耦合度分析相结合，将区域经济学增长极理论与地理学人地关系理论相结合，将市场学产品生命周期理论与产业经济学产业链理论和管理经济学价值链理论相结合。

3. 前沿的研究内容与典型的研究区域

联合国教科文组织实施的"世界地质公园计划"使地质公园研究成为学术前沿。而生态环境脆弱且经济欠发达的民族地区，如何依托优势资源的整合开发推动经济社会的发展，也是学界和政府关注的热点。广西则是地质遗迹与民族文化资源优势突出和区位条件优越的典型研究区域。

第四节　研究区域划分

考虑广西不同区域地质遗迹与民族文化资源各具特色，行政区划和经济区位对地质公园建设及旅游开发的重要影响，同时也为研究和行文的便利，本书将广西划分为桂北地区、桂西地区、桂南地区、桂东地区 4 个研究区域（表 1-3、图 1-1）。

桂北地区范围包括广西北部的桂林市辖秀峰、叠彩、高新（七星）、象山、雁山、临桂 6 城区和灵川、兴安、全州、灌阳、资源、龙胜、阳朔、恭城、荔浦、平乐、永福 11 县（自治县），柳州市辖城中、柳北、柳南、鱼峰 4 城区和柳江、柳城、鹿寨、融安、融水、三江 6 县（自治县），来宾市辖兴宾区、合山市和象州、武宣、忻城、金秀 4 县（自治县）。把来宾市划入桂北地区主要是考虑该市的历史沿革。

表 1-3 研究区域划分表

研究区域	地级市	区、县（市）数	面积/km²	面积/km²	占比/%
桂北地区	桂林	17	27 809	59 826	25.25
	柳州	10	18 617		
	来宾	6	13 400		
桂西地区	河池	10	33 500	69 500	29.33
	百色	11	36 000		
桂南地区	南宁	12	22 100	72 607	30.65
	北海	4	3 337		
	钦州	4	10 800		
	防城港	4	6 181		
	玉林	8	12 838		
	崇左	6	17 351		
桂东地区	梧州	7	12 588	34 994	14.77
	贺州	5	11 800		
	贵港	5	10 606		
合计	14 个地级市	109 个区、县（市）	236 927	100	

数据来源：广西地图院编制《广西地图册》2009 年第 2 版。

图 1-1 研究区域划分示意图（后附彩图）

桂西地区包括广西西部的河池市辖金城江区和宜州、罗城、环江、南丹、天峨、东兰、巴马、凤山、都安、大化 10 市县（自治县），百色市辖右江区和平果、田东、田阳、德保、靖西、那坡、田林、隆林、西林、凌云、乐业 11 县（自治县）。

桂南地区包括广西南部的南宁市辖兴宁、江南、青秀、西乡塘、邕宁、良庆 6 城区和武鸣、横县、宾阳、上林、马山、隆安 6 县，北海市辖海城、银海、铁山港 3 城区和合浦县，钦州市辖钦南、钦北 2 城区和浦北、灵山 2 县，防城港市辖港口、防城 2 城区和东兴、上思 2 市（县），玉林市辖玉州、福绵、玉东 3 城区和北流、容县、陆川、博白、兴业 5 市（县），崇左市辖江州区和凭祥、扶绥、大新、天等、龙州 5 市（县）。将玉林、崇左 2 市划入桂南地区主要是考虑广西北部湾经济区由南宁、北海、钦州、防城港 4 市和玉林、崇左 2 市物流中心"4+2"的行政区域组成。

桂东地区包括广西东部的梧州市辖长洲、万秀、蝶山 3 城区和岑溪、藤县、蒙山、苍梧 4 市（县），贺州市辖八步区和平桂管理区及昭平、钟山、富川 3 县（自治县），贵港市辖港市、港北、覃塘 3 城区和桂平、平南 2 市（县）。

第二章　广西地质遗迹调查与评价

　　地质遗迹是民族地区最富特色的优势旅游资源，也是民族地区地质公园建设的根基。本章基于系统全面的地质遗迹调查，从分析广西地理地质概况入手，着重对广西地质遗迹的分布、分类、特征与评价进行研究，明确各区域地质遗迹的位置、数量、类型与等级，为地质遗迹空间格局研究以及地质遗迹与民族文化资源的空间耦合关系研究奠定基础。

　　为充分反映广西不同地区地质遗迹在分布、类型与等级上的差异并对接后续研究，同时体现行政区划和经济区位对地质公园建设以及旅游开发的影响，本章按照桂北地区（含桂林、柳州、来宾3市）、桂西地区（含百色、河池2市）、桂南地区（含南宁、北海、钦州、防城港、玉林、崇左6市）、桂东地区（含梧州、贺州2市）4个研究区域展开（4个地区的详细范围见第一章第四节，下同）。

第一节　广西地质遗迹形成的地理背景与地质条件

一、地理背景

1. 地理区位

　　广西壮族自治区地处中国南部，位于东经104°26′~112°04′和北纬20°54′~26°24′。东邻广东省，西连云南省，西北靠贵州省，东北接湖南省，南临北部湾与海南省隔海相望，西南与越南社会主义共和国毗邻。行政区域面积23.67万平方千米。

2. 地形地貌

　　广西地势由西北向东南倾斜，四周多被山地、高原环绕，呈盆地状。盆地边缘多缺口，桂东北、桂东以及桂南沿江一带有大片谷地。

　　广西属山地丘陵盆地地貌，分中山、低山、丘陵、台地、平原、石山6类。中山为海拔800米以上山地，面积约5.6万平方千米，占总面积的23.7%；低山为海拔400~800米山地，面积约3.9万平方千米，占16.5%；丘陵为海拔200~400米山地，面积约2.5万平方千米，占10.6%；台地为介于平原与丘陵之间、海拔在200米以下的地区，面积约1.5万平方千米，占6.3%；平原为谷底宽5千米以上、坡度小于5度的山谷平地，面积约4.9万平方千米，占20.7%；石山地区约4.7万平方千米，占19.9%。中山、低山、丘陵以及石山的面积约占陆地面积的70.8%。石灰岩地层分布广，岩层厚，褶纹断裂发育，为典型的岩溶地貌地区。

广西山脉主要分盆地边缘山脉和盆地内部山脉两类。边缘山脉：在桂北有凤凰山、九万大山、大苗山、大南山和天平山；在桂东北有猫儿山、越城岭、海洋山、都庞岭和萌渚岭，其中猫儿山主峰海拔2141米，为南岭地区最高峰；在桂东南有云开大山；在桂南有大容山、六万大山、十万大山等；桂西则以岩溶山地为主；桂西北为云贵高原边缘山地，有金钟山、岑王老山等。内部山脉：在东翼有东北—西南走向的驾桥岭和大瑶山，西翼有西北—东南走向的都阳山和大明山，两列山脉在镇龙山会合，构成完整的弧形。弧形山脉内缘构成以柳州为中心的桂中盆地，弧形山脉外缘构成沿右江、郁江和浔江分布的百色盆地、南宁盆地、郁江平原和浔江平原。

3. 气候水文

广西区域内河流众多，河流总长3.4万千米，水域面积8 026平方千米，约占全自治区陆地总面积的3.4%。河流的总体特征是：山地型多，平原型少，岩溶地区地下伏流普遍发育；流向大多与地质构造一致；水量丰富，季节性变化大；水流湍急，落差大；河岸高，河道多弯曲、多峡谷和险滩；河水含沙量少。河流分属珠江、长江、红河、滨海四大流域的五大水系。属珠江流域的有西江水系和北江水系，其中西江水系以红水河、柳江、黔江、郁江、浔江和桂江为主，流域面积占全自治区陆地面积的85.2%；属长江流域的有洞庭湖水系，主要为湘江上游；属红河流域的有百都河，经越南流入北部湾；属滨海流域的是独流入海的桂南沿海诸河，流域面积占全自治区陆地面积的10.7%。

4. 海岸岛屿

广西大陆海岸线东起粤桂交界的洗米河口，西至中越边界的北仑河口，全长1 595千米。海岸以冲积平原海岸和台地海岸为主，岸线迂回曲折，多溺谷、港湾，沿线形成防城港、钦州港、北海港、铁山港、珍珠港、龙门港、企沙港等天然良港。沿海有岛屿697个，总面积66.9平方千米。涠洲岛是广西沿海最大的岛屿，面积24.7平方千米。

5. 滩涂浅海

广西沿海滩涂总面积1 000多平方千米，其中软质沙滩约占90%。浅海面积6 000多平方千米，海洋生态环境良好。

二、地质条件

广西在地质历史时期经历多次沧海桑田式的巨变，沉积物巨厚，岩浆活动与各种构造变动频繁，各种地质作用错综复杂相互作用，为广西稀缺地质遗迹的产生提供了优越的地质条件。广西地层总厚度达50 000～60 000米，三大岩类均有分布，其中沉积岩在广西分布最广，占广西全区面积的88%，碳酸盐岩类尤为发育，岩浆岩和变质岩分别占广西面积的9.03%和2.97%。广西岩浆活动频繁，尤以加里东期、海西期、燕山期、印支期酸性侵入突出，面积大，影响广泛。广西大地历经沧桑，在地史上经历多次构造运动，且长期处在海洋环境。距今16.7亿～10亿年的中元古代，桂北地区发生强烈的地壳运动——四堡运动，九万大山、元宝山一带地壳隆起，出现了广西地史上最早的小块陆地。随后地壳又缓慢下沉变为海洋。后又几经起降，在长达数亿年的海洋环境中，一些底栖海洋生物、漂浮生物、菊石等诸多因素促进了碳酸盐类岩石的发育，逐渐为广西喀斯特地貌的发育奠定了地质基础。后受到印支运动和燕山运动影响，形成广西盆地雏形，奠定了广西现代地貌的轮廓。又因受喜马拉雅运动影响，地壳逐步抬升，但上升程度不均衡，形成今日西北高、东南低的地势及周高中低的盆地地貌，同时形成了一系列山脉，山地丘陵约占广西总面积的3/4，广西因此素有"八山一水一分田"之说。漫长的地质发展历史，复杂的地质构造运动和多旋回的岩浆活动，给广西留下了大量稀缺的地质遗迹。

第二节　广西地质遗迹分布特征

一、桂北地区地质遗迹分布特征

经过系统的实地考察并结合资料收集，获得桂北地区具有代表性的地质遗迹共231处，是广西地质遗迹发育最富集的地区。在桂北地区各行政区划单元中，桂林市以119处地质遗迹位居第一，所辖区县中桂林市辖区最多（31处），阳朔县次之（14处）；柳州市以67处地质遗迹位居第二，所辖区县中柳州市辖区和鹿寨县最多（均为16处），柳江县次之（13处）；来宾市以45处地质遗迹位列第三，所辖区县中象州县最多（16处），金秀瑶族自治县次之（9处）。桂北地区231处地质遗迹的名称和具体的分布位置见表2-1、图2-1。

表2-1　桂北地区地质遗迹分布

行政区划		地质遗迹	数量/个
市	区县		
桂林	桂林市辖区	N1 芳莲池、N2 榕湖、N3 杉湖、N4 桂湖、N5 独秀峰、N6 芦笛岩、N7 龙头峰（以上秀峰区）；N8 唐家湾生物礁、N9 象鼻山、N10 南溪山洞穴（以上象山区）；N11 小东江、N12 尧山、N13 普陀山、N14 骆驼山、N15 訾洲、N16 七星岩、N17 会仙岩（以上七星区）；N18 老人山泥盆系地层剖面、N19 叠彩山、N20 老人山、N21 伏波山、N22 虞山、N23 还珠洞、N24 宝积岩、N25 伏龙洲、N26 木龙湖（以上叠彩区）；N27 冠岩、N28 打火洞、N29 庙岩、N30 官庄泉、N31 漓江西岸峰林洼地（以上雁山区）；N53 桃花江、N54 相思江、N55 大江水库、N56 红滩瀑布、N57 九滩瀑布、N58 六塘古冰川遗迹、N59 罗山水库、N60 深里河峡谷、N61 东宅江瀑布群（以上临桂区）	40
	灵川县	N32 海洋河、N33 千秋峡、N34 青狮潭水库、N35 古东瀑布、N36 四方灵泉、N37 南圩地下河、N38 南边村泥盆系—石炭系地层剖面、N39 毛州岛、N40 大野瀑布、N41 海洋银杏	10

行政区划		地质遗迹	数量/个
市	区县		
桂林	兴安县	N42 六峒河、N43 灵湖、N44 五里峡水库、N45 猫儿山、N46 世纪冰川大溶洞、N47 越城岭	6
	全州县	N48 三江口、N49 天湖、N50 炎井温泉、N51 白宝石林、N52 东山仙人桥	5
	阳朔县	N62 大圩至福利漓江河段、N63 金宝河、N64 遇龙河、N65 西塘岩溶湖、N66 白沙燕子湖、N67 葡萄峰林平原、N68 海洋山西坡峰丛洼地、N69 九马画山、N70 黄布滩与"仙女"群峰、N71 碧莲峰、N72 阳朔月亮山、N73 妙灵洞、N74 聚龙潭、N75 莲花岩	14
	平乐县	N76 仙家温泉、N77 车田石林	2
	恭城县	N78 银殿山、N79 罗汉肚岩、N80 猴岩、N81 峻山水库、N82 恭城银杏	5
	资源县	N83 八角寨、N84 风帆石、N85 真宝顶、N86 中峰乡车田湾温泉、N87 宝鼎瀑布、N88 资江、N89 五排河、N90 长苞铁杉	8
	龙胜县	N91 光明岩、N92 天平山、N93 矮岭温泉、N94 平等景蒙泉、N95 拜王滩瀑布	5
	荔浦县	N96 丰鱼岩、N97 银子岩、N98 天河瀑布、N99 杜莫喷泉、N100 荔浦象山、N101 鹃鹰山、N102 思贡峡、N103 荔江	8
	永福县	N104 百寿岩、N105 永福岩、N106 驾桥岭、N107 洛清江、N108 板峡水库	5
	灌阳县	N109 灌阳都庞岭西段石英脉岩墙、N110 龙宫、N111 九龙岩、N112 黑岩、N113 海洋山、N114 文市石林、N115 赤壁山、N116 潮汐泉、N117 灌江峡谷、N118 水车水库电站、N119 都庞岭	11
小计			119

续表

行政区划		地质遗迹	数量/个
市	区县		
柳州	柳州市辖区	N120 鱼峰山、N121 马鞍山、N122 蟠龙山、N123 大龙潭、N124 小龙潭、N125 鲤鱼嘴遗址、N126 白莲洞遗址、N127 都乐岩、N128 三姐岩、N129 赵家井、N130 雒容高岩（以上鱼峰区）；N131 百里画廊（以上城中区）；N132 鹅山（以上柳南区）；N133 碰冲"金钉子"、N134 雀山、N135 柳州云头水电站（以上柳北区）	16
	柳江县	N136 铜鼓岭、N137 酒壶山、N138 百子山（鬼子坳）、N139 柳江、N140 "柳江人"遗址（通天岩）、N141 卧龙岩、N142 甘前岩、N143 龙怀水库、N144 里滩瀑布、N145 红花水电站、N146 黔王洞、N147 乐迷岩	12
	融安县	N148 融江、N149 泗维河、N150 皇宫洞、N151 大良石门水库、N152 泗维河水库、N153 西山红茶沟瀑布群、N154 撑竹山	7
	融水县	N155 老君洞（真仙岩）、N156 寿星山、N157 元宝山、N158 贝江、N159 古鼎龙潭、N160 双龙泉、N161 龙贡峡谷、N162 九万山	8
	柳城县	N163 龙寨水岩、N164 安乐湖、N165 洛崖山	3
	三江县	N166 猴子山、N167 石门、N168 榕江、N169 浔江、N170 苗江	5
	鹿寨县	N171 石榴河、N172 香桥岩天生桥、N173 月亮山、N174 香桥盲谷、N175 清塘天窗、N176 十二槽天井、N177 大岩天井、N178 香桥天井、N179 九龙天窗、N180 九龙洞、N181 响水石林、N182 响水瀑布、N183 老虎岩、N184 中渡洛清江、N185 洛江、N186 洛江峡谷	16
	小计		67
来宾	兴宾区	N187 麒麟山遗址、N188 鳌山、N189 甘潮岩、N190 蓬莱滩"金钉子"、N191 鲤鱼洲、N192 龙洞山	6
	合山市	N193 合山市玉屏山、N194 独山、N195 龙王泉、N196 八仙岩、N197 灵台瀑布、N198 佛山石林、N199 四月八岭	7
	忻城县	N200 翠屏山、N201 乐滩、N202 红水河莫向山	3
	象州县	N203 象州温泉、N204 贝丘遗址、N205 大梭峡谷群、N206 蕉林凉泉、N207 古海底迷宫溶沟、N208 落脉峡、N209 回面山、N210 雷山、N211 九子洞、N212 大乐泥盆纪剖面、N213 九龙湖、N214 妙皇湖、N215 龙女岩、N216 茶花岩、N217 罗汉岩、N218 大冲瀑布	16
	金秀县	N219 圣堂山、N220 罗汉山、N221 五指山、N222 莲花山、N223 天堂山、N224 二龙河、N225 青山瀑布、N226 红壶峡谷、N227 长滩河	9
	武宣县	N228 百崖大峡谷、N229 八仙天池、N230 盘古潭、N231 犀牛岩	4
	小计		45
	合计		231

注：各编号地质遗迹的位置见图 2-1。

图 2-1　桂北地区地质遗迹分布示意图（后附彩图）

二、桂西地区地质遗迹分布特征

经过系统的实地考察并结合资料收集，桂西地区具有代表性的地质遗迹共 153 处。在桂西地区各行政区划单元中，河池市以 87 处地质遗迹位居第一，所辖区县中南丹县最多（11 处），凤山、宜州、罗城 3 县次之（均为 9 处）；百色市以 66 处地质遗迹位居第二，所辖区县中靖西县最多（16 处），平果县（12 处）、乐业县（10 处）次之。桂西地区 153 处地质遗迹的名称和具体的分布位置见图 2-2、表 2-2。

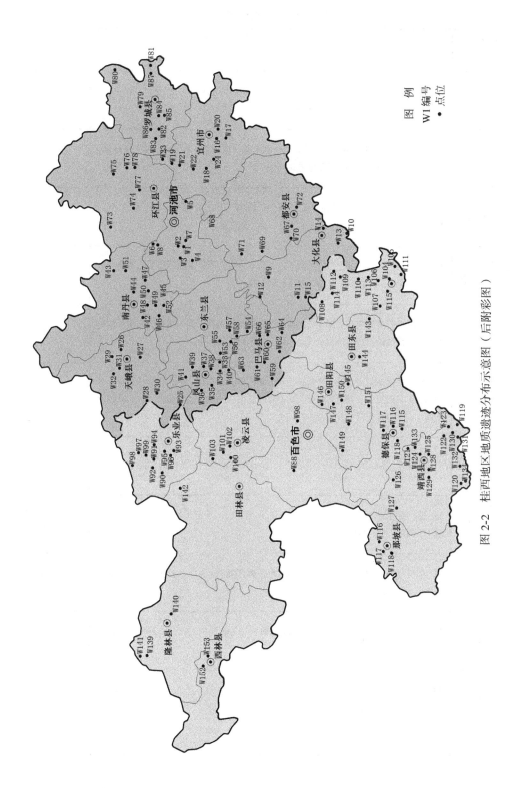

图 2-2 桂西地区地质遗迹分布示意图（后附彩图）

表 2-2 桂西地区地质遗迹分布

行政区划		地质遗迹	数量/个
市	区县		
河池	金城江区	1. 珍珠岩、2. 姆洛甲峡谷、3. 壮王湖、4. 流水岩瀑布、5. 龙江、6. 打狗河、7 六甲水电站、8. 下桥水电站	8
	大化县	9. 七百弄峰丛洼地、10. 乌龙岭、11. 岩滩湖、12. 红水河、13. 八十里画廊、14. 百龙滩水电站、15. 岩滩水电站	7
	宜州市	16. 宜州水上石林、17. 仙女岩、18. 三门岩、19. 荔枝洞、20. 白龙洞、21. 下枧河、22. 古龙河、23. 祥贝河、24. 龙洲湾	9
	天峨县	25. 布柳河仙人桥、26. 六排冰峰洞、27. 峨里湖、28. 犀牛泉、29. 穿洞河、30. 布柳河、31. 龙滩水电站、32. 龙滩大峡谷	8
	凤山县	33. 三门海岩溶洞穴群、34. 马王洞、35. 江洲仙人桥、36. 穿龙岩、37. 鸳鸯洞、38. 石马湖、39. 鸳鸯泉、40. 坡心地下河、41. 乔音河	9
	南丹县	42. 罗富泥盆系剖面、43. 里湖岩溶洞穴群、44. 莲花山、45. 八面山、46. 丹炉山、47. 奶头山、48. 九龙壁、49. 南丹温泉、50. 白水滩瀑布、51. 里湖地下河、52. 南丹大厂矿	11
	东兰县	53. 龙蛇岩、54. 列宁岩、55. 天门山、56. 月亮山、57. 观音山、58. 骆驼山	6
	巴马县	59. 巴马县水晶宫、60. 百魔洞、61. 百鸟岩、62. 弄中天坑群、63. 柳羊洞、64. 赐福湖、65. 盘阳河、66. 龙洪溪	8
	都安县	67. 都安县狮子岩、68. 下巴山岩洞、69. 桥楞隧洞、70. 八仙古洞、71. 都安县澄江河、72、地苏地下河	6
	环江县	73 木伦峰丛、74 瑞良洞、75. 龙潭瀑布、76. 中洲河、77. 大环江、78. 小环江	6
	罗城县	79. 宝坛科马堤岩、80. 九万大山、81. 武阳江、82. 剑江、83. 怀群峰林、84. 含乐岩、85. 雅乐仙洞、86. 怀群穿岩、87. 潮泉	9
小计			87

续表

行政区划		地质遗迹	数量/个
市	区县		
	右江区	88. 阳圩洞、89. 澄碧湖	2
	乐业县	90. 乐业县黄猄洞天坑、91. 穿洞天坑、92. 大石围天坑、93. 罗妹莲花洞、94. 飞虎洞、95. 老虎洞、96. 迷魂洞、97. 乐业县布柳河峡谷、98. 百朗大峡谷、99 乐业县五台山	10
	凌云县	100. 凌云县纳灵洞、101. 凌云县独秀峰、102. 石钟山、103. 蛮王瀑布	4
	平果县	104. 白龙岩、105 没六鱼洞、106. 归德岩、107. 水源洞、108. 敢沫岩、109. 堆圩光岩、110. 八蜂山、111. 独石滩、112. 甘河、113. 布镜河、114. 平治河、115. 平果铝土矿	12
	那坡县	116. 感驮岩遗址、117 金龙洞、118. 皇观洞	3
百色	靖西县	119. 多吉洞、120. 音泉洞、121. 同德卧龙洞、122. 通灵大峡谷、123. 古龙山峡谷群、124. 宾山、125. 大龙潭、126. 渠洋湖、127. 连镜湖、128 鹅泉、129. 灵泉、130. 通灵大峡谷瀑布、131. 三叠岭瀑布、132. 二郎瀑布、133. 爱布瀑布群、134. 难滩河	16
	德保县	135. 吉星岩、136. 德保独秀峰、137. 岜笔山、138. 芳山	4
	隆林县	139. 雪莲洞、140. 冷水瀑布、141. 天生桥水电站	3
	田林县	142. 三穿洞	1
	田东县	143. 敢养岩、144. 龙须河	2
	田阳县	145. 敢壮山、146. 百东河、147. 右江、148. 坡洪感云洞、149. 洞靖凉洞岩、150. 金鱼岭、151. 雷圩瀑布	7
	西林县	152. 八行水源岩、153. 周邦洞群	2
小计			66
合计			153

注：各编号地质遗迹的位置见图 2-2。

三、桂南地区地质遗迹分布特征

经过系统的实地考察并结合资料收集，桂南地区具有代表性的地质遗迹共 202 处。在桂南地区各行政区划单元中，崇左市以 61 处地质遗迹位居第一，所辖区县中大新县、扶绥县最多（均为 15 处），天等县和江州区次之（均为 10 处）；南宁市以 48 处地质遗迹位居第二，所辖区县中南宁市辖区最多（11 处），隆安县、横县次之（均为 9）；防城港市以 40 处地质遗迹位列第三，所辖区县中防城港区最多（20 处），东兴市和上思县次之（均为 10 处）。桂南地区 202 处地质遗迹的名称和具体的分布位置见图 2-3、表 2-3。

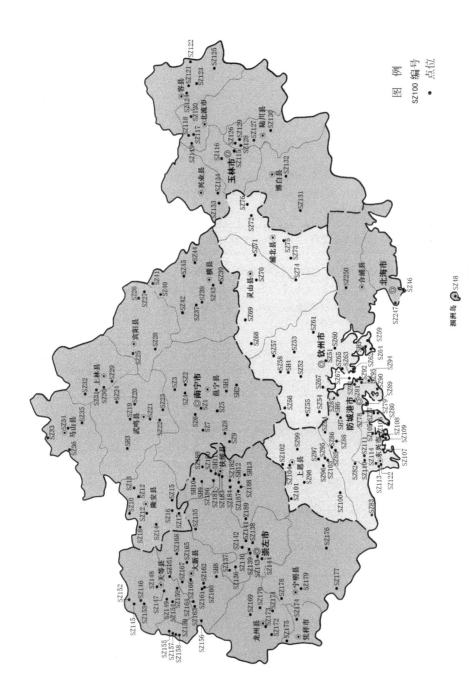

图 2-3 桂南地区地质遗迹分布示意图（后附彩图）

表2-3 桂南地区地质遗迹分布

行政区划		地质遗迹	数量/个
市	区县		
南宁	南宁市辖区	SZ1 清秀山、SZ2 老虎岭、SZ3 嘉和城温泉、SZ4 九曲湾温泉、SZ5 大王滩、SZ6 金沙湖、SZ7 麒麟山、SZ8 十八罗汉洞、SZ9 莲花仙子洞、SH1 大窝遗址、SH2 顶狮山贝丘遗址	11
	隆安县	SZ10 阳明洞天、SZ11 杨湾瀑布、SZ12 白鹤岩、SZ13 鹅山、SZ14 堰望湖、SZ15 仙人洞、SZ16 龙虎山、SZ17 灵芝洞、SZ18 六暖山	9
	武鸣县	SZ19 黄道山、SZ20 起凤山、SZ21 灵水、SZ22 伊岭岩、SZ23 甲泉、SZ24 望兵山、SH3 邑勋贝丘遗址、SZ30 大明山、SZ31 大明山瀑布	9
	宾阳县	SZ25 葛翁岩、SZ26 龙岩、SZ27 相思潭、SZ28 大马山	4
	上林县	SZ29 龙头山、SZ32 大龙湖	2
	马山县	SZ33 百龙滩、SZ34 仙岩、SZ35 金伦洞、SZ36 白马山	4
	横县	SZ37 独石湾、SZ38 西津湖、SZ39 宝华山、SZ40 九龙瀑布群、SZ41 沙江、SZ42 六景泥盆系地质剖面、SZ43 青龙岩、SZ44 马蛮滩、SZ45 大圣山	9
	小计		48
北海	北海市辖区	SZ46 北海银滩、SZ47 冠头岭、SZ48 涠洲岛火山、SZ49 斜阳岛	4
	合浦县	SZ50 星岛湖	1
	小计		5
钦州	钦州市辖区	SZ51 白石湖、SZ52 林湖、SZ53 鹰山温泉、SZ54 王岗山、SZ55 八寨沟、SZ56 崇尖山、SZ57 古奁岭、SZ58 大河阳山、SH4 马墩坡遗址（以上钦北区）；SZ59 三娘湾、SZ60 那雾岭、SZ61 龙湾、SZ62 龙门群岛、SZ63 麻蓝岛、SZ64 大环海滨、SZ65 凤凰岭、SZ66 亚公山、SZ67 黄屋屯仙人泉、SH5 芭蕉墩遗址（以上钦南区）	19
	灵山县	SZ68 仙女潭、SZ69 擎天一柱、SZ70 六峰山-三海岩、SZ71 龙玉门井	4
	浦北县	SZ72 葵岭、SZ73 五皇山、SZ74 邓阳湖、SZ75 越州天湖、SZ76 六万大山	5
	小计		28
防城港	防城港市辖区	SZ77 月亮湾、SZ78 皇帝岭、SZ79 大平坡、SZ80 浦北怪石滩、SZ81 防城中越界河、SZ82 高林九龙潭、SZ83 峒中温泉、SZ84 冲皇沟、SZ85 十万山神马水瀑布、SZ86 黄水龙潭瀑布、SZ87 皇帝沟、SZ88 平隆山、SH6 茅岭玟杯墩遗址、SH7 亚婆山新石器贝丘遗址（以上防城区）；SZ89 仙人山、SZ90 天堂滩、SZ91 沙螺寮沙滩、SZ92 六墩火山岛、SZ93 红山村白鹭山、SZ94 玉石滩（以上港口区）	20
	上思县	SZ95 十万大山、SZ96 魔石谷、SZ97 念坂河、SZ98 明江、SZ99 那板湖、SZ100 应天瀑布、SZ101 弄怀岩、SZ102 布透温泉、SZ103 薯良岭、SZ104 文岭山	10
	东兴市	SZ105 金滩、SZ106 巫头白鹤山、SZ107 北仑河口、SZ108 京岛、SZ109 巫头万鹤山、SZ110 石门谷、SZ111 幽灵谷、SZ112 月亮山、SZ113 鸳鸯潭、SZ114 东兴中越界河	10
	小计		40

行政区划		地质遗迹	数量/个
市	区县		
玉林	玉林市辖区区	SZ115 水月岩、SZ116 佛子山	2
	北流县	SZ117 勾漏洞、SZ118 大容山、SZ119 莲花顶、SZ120 铜石岭、SZ124 勾漏山	5
	容县	SZ121 都桥山、SZ122 黎村温泉、SZ123 庆寿岩、SZ125 将军河	4
	陆川县	SZ126 龙珠湖、SZ127 陆川温泉、SZ128 龙岩、SZ129 谢仙嶂、SZ130 九龙塘温泉	5
	博白县	SZ131 宴石山、SZ132 温罗温泉	2
	兴业县	SZ133 龙泉岩、SZ134 兴业鹿峰山	2
	小计		20
崇左	江州区	SZ135 西大明山、SZ136 变色井、SZ137 黑水河风光、SZ138 文羊岩、SZ139 白云洞、SZ140 碧云洞、SZ141 左江石林、SZ142 水口湖、SZ143 怪石林、SZ144 新和水上石林	10
	天等县	SZ145 百感岩、SZ146 清音洞、SZ147 百灵洞、SZ148 丽川江、SZ149 石头人像、SZ150 龙角天池、SZ151 观音山、SZ152 万福山、SZ153 清风岩、SZ154 龙茗飘岩	10
	大新县	SZ155 德天瀑布、SZ156 将军山、SZ157 沙屯叠瀑、SZ158 明仕河、SZ159 黑水河、SZ160 大新石林、SZ161 恩城山水、SZ162 独秀峰、SZ163 龙宫岩、SZ164 翡翠湖、SZ165 十八洞、SZ166 宝贤石林、SZ167 龙潭、SZ168 紫云洞、SH8 巨猿化石	15
	龙州县	SZ169 弄岗、SZ170 响水瀑布、SZ171 紫霞洞、SZ172 逍遥洞、SZ173 平而河风光	5
	凭祥市	SZ174 盘棋岭、SZ175 太阳岛	2
	宁明县	SZ176 狮子头温泉、SZ177 爱店金牛潭、SZ178 看鸡岭、SZ179 蝴蝶谷	4
	扶绥县	SZ180 葫芦八宝洞、SZ181 犀牛山、SZ182 犀牛洞、SZ183 乐石、SZ184 扶绥日月潭、SZ185 邕仙岩、SZ186 金鸡岩、SZ187 九重山、SZ188 扶绥左江、SZ189 客兰湖、SH9 同正遗址、SH10 石铲遗址、SH11 敢造遗址、SH12 中国上龙化石遗址、SH13 大型蜥脚类恐龙化石	15
	小计		61
合计			202

四、桂东地区地质遗迹分布特征

经过系统的实地考察并结合资料收集，桂东地区具有代表性的地质遗迹共 139 处。

在桂东地区各行政区划单元中，贺州市以66处地质遗迹位居第一，所辖区县中八步区最多（20处），昭平县（19处）、钟山县（14处）次之；梧州市以42处地质遗迹位居第二，所辖区县中梧州市辖区最多（13处），藤县（11处）、岑溪市（10处）次之；贵港市以31处地质遗迹位列第三，所辖区县中桂平市最多（15处），贵港市辖区次之（10处）。桂东地区139处地质遗迹的名称和具体的分布位置见表2-4、图2-4。

表2-4　桂东地区地质遗迹分布

行政区划		地质遗迹	数量/个
市	区县		
贺州	贺州市辖区	E1. 南乡温泉群、E2. 灵峰山、E3. 大桂山、E4. 瑞云山、E5. 浮山、E6. 天槽峡谷、E7. 滑水冲、E8. 小凉河、E9. 大洲岛、E10. 培才温泉、E11. 大桂山大峡谷、E12. 贺江高峡平湖、E13. 千岛湖、E14. 官潭、E15. 螺仙岩、E16. 白鹤岩、E17. 桂岭河、E18. 开山五螺、E19. 龙岩、E20. 五马归槽瀑布、E21. 紫云洞、E22. 玉石林、E23. 姑婆山、E24. 贺江、E25. 贺州温泉、E26. 十级叠水瀑布群、E27. 贺州喊泉、E28. 仙姑瀑布、E29. 狗耳山	29
	昭平县	E30. 临江冲山冲冲峡谷、E31. 仙殿顶、E32. 聚仙岩、E33. 吊岩、E34. 九如洞、E35. 孔明岩、E36. 五指山出气岩、E37. 松林峡、E38. 东潭岭、E39. 大脑山、E40. 石泉、E41. 黄花山温泉、E42. 马三家瀑布、E43. 五叠泉瀑布、E44. 龙潭瀑布、E45. 马滩、E46. 桂江、E47. 昭平水电站、E48. 富群江	19
	钟山县	E49. 洞天遗址、E50. 思勤江、E51. 小钟山、E52. 大桶山、E53. 花山湖、E54. 西岭山、E55. 公婆山、E56. 十里画廊、E57. 汤水温泉、E58 碧水岩、E59. 烧灰岛地下河、E60. 珊瑚河、E61. 富江、E62. 碧云岩	14
	富川县	E63. 碧溪湖、E64. 神仙湖、E65. 狮子岩、E66. 鲤鱼山古人类遗址	4
	小计		66
梧州	梧州市辖区	E67. 长洲岛、E68. 玫瑰湖、E69. 火山、E70. 天子顶、E71. 龙洞顶、E72. 西江（以上长洲区）；E73. 桃花岛、E74. 蝴蝶山、E75. 叠水瀑布、E76. 鸳江、E77. 白鹤山（以上蝶山区）；E78. 白云山、E79. 系龙洲（以上万秀区）	13
	蒙山县	E80. 天书峡谷、E81. 鸢山、E82. 茶山湖、E83. 桃花潭瀑布、E84. 湄江、E85. 蒙江	6
	藤县	E86. 小娘山、E87. 坡头双头瀑布、E88. 太平狮山、E89. 石马山、E90. 罗漫山、E91. 龙潭峡、E92. 石表山、E93. 禤洲岛、E94. 小九寨沟、E95. 蝴蝶谷、E96. 大河冲峡谷	11
	苍梧县	E97. 皇殿梯级瀑布群、E98. 沐虹瀑布	2
	岑溪市	E99. 石庙山、E100. 天龙顶、E101. 泗滩湖、E102. 白霜涧瀑布群、E103. 向东涧瀑布群、E104. 上双涧瀑布、E105. 东山、E106. 百花洲、E107. 义昌河、E108. 黄华河	10
	小计		42

行政区划		地质遗迹	数量/个
市	区县		
贵港	贵港市辖区	E109. 南湖、E110. 岩溶多潮泉、E111. 郁江（以上港南区）；E112. 达开湖、E113. 东湖、E114. 龙凤石林、E115. 尚龙岩（以上港北区）；E116. 平天山、E117. 平天大峡谷、E118. 九凌湖（以上覃塘区）	10
	桂平市	E119. 桂平西山、E120. 紫荆山、E121. 白石山、E122. 大平山、E123. 大藤峡、E124. 龙潭瀑布、E125. 罗丛岩、E126. 黔江、E127. 飞鼠岩、E128. 乳泉、E129. 漱玉泉、E130. 会仙侠、E131. 苍玉峡、E132. 西山水库、E133. 浔江	15
	平南县	E134. 畅岩山、E135. 鹏山、E136. 大桂峡谷、E137. 龙潭、E138. 鹰潭瀑布、E139. 阆冲石林	6
小计			31
合计			139

图 2-4　桂东地区地质遗迹分布示意图（后附彩图）

五、小结

通过桂北、桂西、桂南、桂东 4 个地区地质遗迹分布数量的横向对比，归纳出广西地质遗迹分布特征如下。

1）总体视之，广西地质遗迹数量巨大、分布广泛，此次调查获取的 725 个地质遗迹在桂北、桂西、桂南、桂东 4 个地区均有分布，但在各地区的分布并不均匀，桂北地区最多，桂南地区次之，桂西地区和桂东地区略少。

2）广西地质遗迹的分布总体呈现大分散、小聚集的特征。

3）在系统的地质遗迹调研中发现，那些地质遗迹局部富集区，往往也是民族文化资源集中分布区（专门针对广西地质遗迹与民族文化资源空间耦合关系的定量研究将在第四章展开），这些区域将成为民族地区地质公园建设与特色旅游开发的重点区域（基于地质遗迹与民族文化资源空间关系分析的广西地质公园旅游布局研究将在第五章呈现）。因此，本节的相关成果将为后续研究的拓宽与延伸埋下伏笔。

第三节 广西地质遗迹类型特征

一、地质遗迹分类方案

地质遗迹相关的分类方案很多，具有代表性的有：陈安泽和卢云亭《旅游地学概论》（1991）中的地质旅游资源分类方案、中国地质矿产部环境地质研究所编制的《中国旅游地质资源说明书》中的旅游地质资源分类方案（1992）、联合国教科文组织地质遗产工作组的地景分类方案（1993）、陈安泽的地质景观资源综合分类方案（1998）、冯天驷《中国地质旅游资源》中的地质旅游资源分类方案（1998）、中国国土资源部在《国家地质公园总体规划工作指南》中提出的地质遗迹分类方案（2000）、陶奎元等的地质遗迹分类系统（2001）、国土资源部《中国国家地质公园建设技术要求和工作指南》（2002）中的地质景观分类方案、国家旅游局《旅游资源分类调查与评价》（2003）中的地文景观和水域风光分类方案、国土资源部《国家地质公园规划修编技术要求》（2008）中的地质遗迹类型划分表等。

为统一地质遗迹分类方案，便于不同地区和不同地质公园之间地质遗迹类型的横向对比，国土资源部在国土资发〔2010〕89 号文《国家地质公园规划编制技术要求》中以附件"地质遗迹类型划分表"的形式对地质遗迹分类方案予以规范，该分类将地质遗迹分为 7 个大类 25 个类 56 个亚类，是目前较权威的分类方案。本书根据我国地质遗迹的成因特征和地质公园建设的具体情况，在地貌景观大类岩石地貌景观类中增设变质岩地貌景观，在环境地质遗迹大类中增设地质工程景观类（亚类），共同形成本书采用的地质遗迹分类方案（表 2-5）。

表 2-5 地质遗迹类型划分表

大类	类	亚类
一、地质（体、层）剖面	1. 地层剖面	（1）全球界线层型剖面（金钉子）
		（2）全国性标准剖面
		（3）区域性标准剖面
		（4）地方性标准剖面
	2. 岩浆岩（体）剖面	（5）典型基、超基性岩体（剖面）
		（6）典型中性岩体（剖面）
		（7）典型酸性岩体（剖面）
		（8）典型碱性岩体（剖面）
	3. 变质岩相剖面	（9）典型接触变质带剖面
		（10）典型热动力变质带剖面
		（11）典型混合岩化变质带剖面
		（12）典型高、超高压变质带剖面
	4. 沉积岩相剖面	（13）典型沉积岩相剖面
二、地质构造	5. 构造形迹	（14）全球（巨型）构造
		（15）区域（大型）构造
		（16）中小型构造
三、古生物	6. 古人类	（17）古人类化石
		（18）古人类活动遗迹
	7. 古动物	（19）古无脊椎动物
		（20）古脊椎动物
	8. 古植物	（21）古植物
	9. 古生物遗迹	（22）古生物活动遗迹
四、矿物与矿床	10. 典型矿物产地	（23）典型矿物产地
	11. 典型矿床	（24）典型金属矿床
		（25）典型非金属矿床
		（26）典型能源矿床
五、地貌景观	12. 岩石地貌景观	（27）花岗岩地貌景观
		（28）碎屑岩地貌景观
		（29）可溶岩地貌（喀斯特地貌）景观
		（30）黄土地貌景观
		（31）砂积地貌景观
		（32）变质岩地貌景观

续表

大类	类	亚类
五、地貌景观	13. 火山地貌景观	（33）火山机构地貌景观
		（34）火山熔岩地貌景观
		（35）火山碎屑堆积地貌景观
	14. 冰川地貌景观	（36）冰川刨蚀地貌景观
		（37）冰川堆积地貌景观
		（38）冰缘地貌景观
	15. 流水地貌景观	（39）流水侵蚀地貌景观
		（40）流水堆积地貌景观
	16. 海蚀海积景观	（41）海蚀地貌景观
		（42）海积地貌景观
	17. 构造地貌景观	（43）构造地貌景观
六、水体景观	18. 泉水景观	（44）温（热）泉景观
		（45）冷泉景观
	19. 湖沼景观	（46）湖泊景观
		（47）沼泽湿地景观
	20. 河流景观	（48）风景河段
	21. 瀑布景观	（49）瀑布景观
七、环境地质遗迹景观	22. 地震遗迹景观	（50）古地震遗迹景观
		（51）近代地震遗迹景观
	23. 陨石冲击遗迹景观	（52）陨石冲击遗迹景观
	24. 地质灾害遗迹景观	（53）山体崩塌遗迹景观
		（54）滑坡遗迹景观
		（55）泥石流遗迹景观
		（56）地裂与地面沉降遗迹景观
	25. 采矿遗迹景观	（57）采矿遗迹景观
	26. 地质工程景观	（58）地质工程景观

资料来源：据国土资源部《国家地质公园规划编制技术要求》（2010），略有修改。

二、桂北地区地质遗迹类型特征

依据上述分类方案，对桂北地区231个地质遗迹进行分类（表2-6），反映出该区地质遗迹类型具有以下特征：

1）以拥有的地质遗迹类型数量视之，桂北地区地质遗迹分为5个大类13个类21个亚类，占总大类的71%，总类的50%，总亚类的36%，是广西地质遗迹类型最为丰富的地区，其中以水体景观大类和地质地貌景观大类地质遗迹最为齐全，拥有水体景观大类全部4个亚类，占100%，拥有地质地貌景观大类6个亚类中的4个，占67%。

2）以各大类拥有的地质遗迹数量视之，5个大类中以地貌景观和水体景观占绝大多数，拥有的地质遗迹数量和占该区比例分别为：131、57%，70、30%。

3）以各类拥有的地质遗迹数量视之，13个类中以岩石地貌景观占绝大多数，河流景观次之，拥有的地质遗迹数量和占该区比例分别为：114、49%，26、11%。

4）以各亚类拥有的地质遗迹数量视之，21个亚类中以可溶岩地貌（喀斯特地貌）景观（地质遗迹数量和占该区比例：103、45%，下同）占绝大多数，风景河段（26、11%）次之。

表2-6　桂北地区地质遗迹类型划分表

大类	类	亚类	地质遗迹	数量/个
地质（体、层）剖面	地层剖面	全球界线层型剖面（金钉子）	碰冲"金钉子"、蓬莱滩"金钉子"	2
		全国性标准剖面	南边村泥盆系-石炭系地层剖面	1
		区域性标准剖面	大乐泥盆纪剖面	1
		地方性标准剖面	老人山泥盆系地层剖面	1
古生物	古人类	古人类活动遗迹	鲤鱼嘴遗址、白莲洞遗址、"柳江人"遗址（通天岩）、甘前岩、贝丘遗址、麒麟山遗址	6
	古植物	古植物	恭城银杏、长苞铁杉、海洋银杏	3
	古生物遗迹	古生物活动遗迹	唐家湾生物礁	1

续表

大类	类	亚类	地质遗迹	数量/个
地貌景观	岩石地貌景观	花岗岩地貌景观	猫儿山、越城岭、都庞岭、银殿山、真宝顶、驾桥岭、海洋山	7
		碎屑岩地貌景观	圣堂山（砂岩峰林地貌）、八角寨（丹霞地貌）、风帆石（丹霞地貌）	3
		可溶岩地貌（喀斯特地貌）景观	芦笛岩、南溪山洞穴、七星岩、会仙岩、还珠洞、宝积岩、冠岩、打火洞、庙岩、漓江西岸峰林洼地、世纪冰川大溶洞、东山仙人桥、妙灵洞、莲花岩、罗汉肚岩、猴岩、光明岩、丰鱼岩、银子岩、百寿岩、永福岩、龙宫、九龙岩、黑岩、都乐岩、三姐岩、卧龙岩、皇宫洞、老君洞（真仙岩）、寿星岩、黔王洞、乐迷岩、龙寨水岩、雏容高岩、月亮山、清塘天窗、十二槽天井、大岩天井、香桥天井、九龙天窗、九龙洞、响水石林、老虎岩、八仙岩、甘潮岩、古海底迷宫溶沟、九子洞、龙女岩、茶花岩、罗汉岩、犀牛岩、独秀峰、龙头峰、象鼻山、普陀山、骆驼山、叠彩山、老人山、伏波山、虞山、九马画山、碧莲峰、阳朔月亮山、天平山、荔浦象山、鹤鹰山、赤壁山、鱼峰山、马鞍山、蟠龙山、鹅山、雀山、铜鼓岭、酒壶山、百子山（鬼子坳）、摆竹山、元宝山、九万山、洛崖山、猴子山、石门、玉屏山、独山、佛山石林、四月八岭、翠屏山、红水河莫向山、鳌山、龙洞山、回面山、雷山、罗汉山、五指山、莲花山、天堂山、白宝石林、葡萄峰林平原、黄布滩与"仙女"群峰、车田石林、文市石林、香桥岩天牛桥、南圩地下河、海洋山西坡峰丛洼地	103
		变质岩地貌景观	尧山	1
	冰川地貌景观	冰川堆积地貌景观	六塘古冰川遗迹	1
	流水地貌景观	流水侵蚀地貌景观	深里河峡谷、思贡峡、灌江峡谷、龙贡峡谷、香桥盲谷、洛江峡谷、大梭峡谷群、落脉峡、红壶峡谷、百崖大峡谷	10
		流水堆积地貌景观	訾洲、伏龙洲、毛州岛、乐滩、鲤鱼洲	5
	构造地貌景观	构造地貌景观	灌阳都旁岭西段石英脉岩墙	1

续表

大类	类	亚类	地质遗迹	数量/个
水体景观	泉水景观	温（热）泉景观	炎井温泉、仙家温泉、中峰乡车田湾温泉、矮岭温泉、象州温泉	5
		冷泉景观	芳莲池、官庄泉、四方灵泉、平等景蒙泉、杜莫喷泉、潮汐泉、赵家井、双龙泉、龙王泉、蕉林凉泉	10
	湖沼景观	湖泊景观	榕湖、杉湖、桂湖、灵湖、木龙湖、西塘岩溶湖、天湖、白沙燕子湖、大龙潭、小龙潭、古鼎龙潭、安乐湖、八仙天池、盘古潭、聚龙潭、	15
	河流景观	风景河段	小东江、海洋河、六峒河、三江口、桃花江、相思江、大圩至福利漓江河段、金宝河、遇龙河、资江、五排河、荔江、洛清江、百里画廊、柳江、融江、泗维河、贝江、榕江、浔江、苗江、石榴河、中渡洛清江、洛江、二龙河、长滩河	26
	瀑布景观	瀑布景观	古东瀑布、大野瀑布、红滩瀑布、九滩瀑布、东宅江瀑布群、宝鼎瀑布、拜王滩瀑布、天河瀑布、里滩瀑布、西山红茶沟瀑布群、响水瀑布、灵台瀑布、大冲瀑布、青山瀑布	14
环境地质遗迹景观	地质工程景观	地质工程景观	千秋峡、青狮潭水库、五里峡水库、大江水库、罗山水库、峻山水库、板峡水库、水车水库电站、柳州云头水库电站、龙怀水库、大良石门水库、泗维河水库、红花水电站、九龙湖、妙皇湖（石祥河水库）	15
5 个大类	13 个类	21 个亚类	231 个地质遗迹	

三、桂西地区地质遗迹类型特征

依据地质遗迹分类方案，对桂西地区 153 个地质遗迹进行分类（表2-7），反映出该区具有以下地质遗迹类型特征：

1）以拥有的地质遗迹类型数量视之，桂西地区地质遗迹分为 6 个大类 12 个类 14 个亚类，占总大类的 86%，总类的 46%，总亚类的 24%，是广西地质遗迹类型分布相对集中的地区，其中以水体景观大类和地质地貌景观大类地质遗迹最为齐全，拥有水体景观大类 4 个亚类，占 100%，拥有地质地貌景观大类 6 个亚类中的 3 个，占 50%。

2）以各大类拥有的地质遗迹数量视之，6 个大类中以地貌景观和水体景观占绝大多数，拥有的地质遗迹数量和占该区比例分别为：90、59%，52、34%。

3）以各类拥有的地质遗迹数量视之，12 个类中以岩石地貌景观占绝大多数，河流景观次之，拥有的地质遗迹数量和占该区比例分别为：83、54%，27、18%。

4）以各亚类拥有的地质遗迹数量视之，14 个亚类中以可溶岩地貌（喀斯特地貌）景观占绝大多数（地质遗迹数量和占该区比例：82、54%，下同），风景河段次之（27、18%）。

表 2-7　桂西地区地质遗迹类型划分表

大类	类	亚类	地质遗迹	数量/个
地质（体、层）剖面	地层剖面	区域性标准剖面	罗富泥盆系剖面	1
古生物	古人类	古人类活动遗迹	感驮岩遗址	1
矿物与矿床	典型矿物产地	典型矿物产地	宝坛科马堤岩	1
	典型矿床	典型金属矿床	南丹大厂矿、平果铝土矿	2
地貌景观	岩石地貌景观	可溶岩地貌（喀斯特地貌）景观	珍珠岩、七百弄峰丛洼地、宜州水上石林、仙女岩、三门岩、荔枝洞、白龙洞、布柳河仙人桥、六排冰峰洞、三门海天窗群、马王洞、江洲仙人桥、穿龙岩、鸳鸯洞、里湖岩溶洞穴群、龙蛇岩、列宁岩、水晶宫、百魔洞、百鸟岩、弄中天坑群、柳羊洞、狮子岩、下巴山岩洞、桥楞隧洞、八仙古洞、木伦峰丛、瑞良洞、怀群峰林、含乐岩、雅乐仙洞、怀群穿岩、阳圩洞、黄獍天坑、穿洞天坑、大石围天坑、罗妹莲花洞、飞虎洞、老虎洞、迷魂洞、纳灵洞、白龙岩、没六鱼洞、归德岩、水源洞、敢沫岩、堆切光岩、金龙洞、皇观洞、多吉洞、音泉洞、卧龙洞、吉星岩、雪莲洞、三穿洞、敢仰岩、坡洪感云洞、洞靖凉洞岩、八行水源岩、周邦洞群、乌龙岭、莲花山、八面山、丹炉山、奶头山、天门山、月亮山、观音山、骆驼山、五台山、独秀峰、石钟山、八蜂山、宾山、独秀峰、岜笔山、芳山、敢壮山、金鱼岭、地苏地下河、坡心地下河、里湖地下河	82
		变质岩地貌景观	九万大山	1
	流水地貌景观	流水侵蚀地貌景观	姆洛甲峡谷、龙滩大峡谷、布柳河峡谷、百朗大峡谷、通灵大峡谷、古龙山峡谷群	6
	构造地貌景观	构造地貌景观	九龙壁	1
水体景观	泉水景观	温（热）泉景观	南丹温泉	1
		冷泉景观	犀牛泉、鸳鸯泉、潮泉、鹅泉、灵泉	5
	湖沼景观	湖泊景观	壮王湖、岩滩湖、峨里湖、石马湖、赐福湖、澄碧湖、大龙潭、渠洋湖、连镜湖	9
	河流景观	风景河段	龙江、打狗河、红水河、八十里画廊、下枧河、古龙河、祥贝河、龙洲湾、穿洞河、布柳河、乔音河、盘阳河、龙洪溪、澄江河、中洲河、大环江、小环江、武阳江、剑江、独石滩、甘河、布镜河、平治河、难滩河、龙须河、百东河、右江	27
	瀑布景观	瀑布景观	流水岩瀑布、白水滩瀑布、龙潭瀑布、蛮王瀑布、通灵大峡谷瀑布、三叠岭瀑布、二郎瀑布、爱布瀑布群、冷水瀑布、雷圩瀑布	10

续表

大类	类	亚类	地质遗迹	数量/个
环境地质遗迹景观	地质工程景观		六甲水电站、下桥水电站、百龙滩水电站、岩滩水电站、龙滩水电站、天生桥水电站	6
6 个大类	12 个类	14 个亚类	153 个地质遗迹	

四、桂南地区地质遗迹类型特征

依据地质遗迹分类方案，对桂南地区 202 个地质遗迹进行分类（表 2-8），反映出该区具有以下地质遗迹类型特征：

1）以拥有的地质遗迹类型数量视之，桂南地区地质遗迹分为 5 个大类 12 个类 18 个亚类，占总大类的 71%、总类的 46%、总亚类的 31%，是广西地质遗迹类型较为丰富的地区，其中以水体景观大类和地质地貌景观大类地质遗迹最为齐全，拥有水体景观大类全部 4 个亚类，占 100%，拥有地质地貌景观大类 6 个亚类中的 4 个，占 67%。

2）以各大类拥有的地质遗迹数量视之，5 个大类中以地貌景观和水体景观占绝大多数，拥有的地质遗迹数量和占该区比例分别为：130、64%，57、28%。

3）以各类拥有的地质遗迹数量视之，12 个类中以岩石地貌景观占绝大多数，湖沼景观和海蚀海积景观次之，拥有的地质遗迹数量和占该区比例分别为：93、46%，21、10%，18、9%。此外，桂南地区是广西唯一发育有火山地貌景观和海蚀海积景观的区域。

4）以各亚类拥有的地质遗迹数量视之，18 个亚类中以可溶岩地貌（喀斯特地貌）景观为主（地质遗迹数量和占该区比例：68、34%，下同），湖泊景观次之（21、10%）。

表 2-8　桂南地区地质遗迹类型划分表

大类	类	亚类	地质遗迹	数量/个
地质（体、层）剖面	地层剖面	区域性标准剖面	六景泥盆系地质剖面	1
古生物	古人类	古人类活动遗迹	大窝遗址、顶狮山贝丘遗址、邕勋贝丘遗址、马墩坡遗址、芭蕉墩遗址、茅岭玟杯墩遗址、亚婆山新石器贝丘遗址、同正遗址、石铲遗址、敢造遗址	10
	古生物遗迹	古生物活动遗迹	巨猿化石、中国上龙化石遗址、大型蜥脚类恐龙化石	3

续表

大类	类	亚类	地质遗迹	数量/个
地貌景观	岩石地貌景观	花岗岩地貌景观	五皇山、古窦岭、那雾岭、凤凰岭、葵岭、六万大山、十万大山、平隆山、大容山、薯良岭、莲花顶、亚公山	12
		碎屑岩地貌景观	都桥山（丹霞地貌）、宴石山（丹霞地貌）、铜石岭（丹霞地貌）、清秀山、仙人山、文岭山、月亮山、大明山（砂岩峰林地貌）、西大明山、龙头山、宝华山、大圣山	12
		可溶岩地貌（喀斯特地貌）景观	麒麟山、十八罗汉洞、莲花仙子洞、阳明洞天、白鹤岩、仙人洞、灵芝洞、六暖山、伊岭岩、葛翁岩、龙岩、百龙滩、仙岩、金伦洞、白马山、青龙岩、弄怀岩、庆寿岩、勾漏洞、龙岩、龙泉岩、兴业鹿峰、百感岩、清音洞、百灵洞、丽川江、石头人像、清风岩、龙茗飘岩、大新石林、恩城山水、独秀峰、龙宫、十八洞、宝贤石林、紫云洞、弄岗、紫霞洞、逍遥洞、蝴蝶谷、文羊岩、白云洞、碧云洞、左江石林、怪石林、新和水上石林、葫芦八宝洞、犀牛山、犀牛洞、乐石、邕仙岩、金鸡岩、勾漏山、老虎岭、鹅山、龙虎山、黄道山、起凤山、大马山、望兵山、大河阳山、佛子山、观音山、万福山、将军山、盘棋岭、九重山、水月岩	68
		变质岩地貌景观	看鸡岭	1
	火山地貌景观	火山机构地貌景观	涠洲岛火山	1
		火山熔岩地貌景观	斜阳岛、六墩火山岛、红山村白鹭山	3
	流水地貌景观	流水侵蚀地貌景观	独石湾、马蛮滩、王岗山、八寨沟、崇尖山、擎天一柱、六峰山–三海岩、龙玉门井、魔石谷、石门谷、幽灵谷、谢仙嶂、龙潭	13
		流水堆积地貌景观	北仑河口、太阳岛	2
	海蚀海积景观	海蚀地貌景观	冠头岭、龙门群岛、麻蓝岛、皇帝岭、大平坡、巫头白鹤山、京岛、巫头万鹤山	8
		海积地貌景观	北海银滩、三娘湾、龙湾、大环海滨、月亮湾、怪石滩、天堂滩、沙螺寮沙滩、玉石滩、金滩	10

续表

大类	类	亚类	地质遗迹	数量/个
水体景观	泉水景观	温（热）泉景观	嘉和城温泉、九曲湾温泉、鹰山温泉、峒中温泉、布透温泉、黎村温泉、陆川温泉、九龙塘温泉、温罗温泉、狮子头温泉	10
		冷泉景观	甲泉、黄屋屯仙人泉、变色井	3
	湖沼景观	湖泊景观	大王滩、金沙湖、堰望湖、相思潭、大龙湖、西津湖、星岛湖、白石湖、林湖、仙女潭、邓阳湖、越州天湖、那板湖、鸳鸯潭、龙珠湖、龙角天池、翡翠湖、爱店金牛潭、水口湖、日月潭、客兰湖	21
	河流景观	风景河段	灵水、沙江、防城中越界河、高林九龙潭、冲皇沟、念坂河、明江、东兴中越界河、将军河、明仕河、黑水河、平而河风光、黑水河风光、扶绥左江	14
	瀑布景观	瀑布景观	杨湾瀑布、大明山瀑布、九龙瀑布群、十万大山神马水瀑布、黄水龙潭瀑布、应天瀑布、德天瀑布、沙屯叠瀑、响水瀑布	9
环境地质遗迹景观	地质工程景观		皇帝沟	1
5 个大类	12 个类	18 个亚类	202 个地质遗迹	

五、桂东地区地质遗迹类型特征

依据地质遗迹分类方案，对桂东地区 139 个地质遗迹进行分类（表 2-9），反映出该区具有以下地质遗迹类型特征：

1）以拥有的地质遗迹类型数量视之，桂南地区地质遗迹分为 4 个大类 8 个类 13 个亚类，占总大类的 57%、总类的 31%、总亚类的 22%，是广西地质遗迹类型分布相对集中的地区，其中以水体景观大类地质遗迹最为齐全，拥有水体景观大类全部 4 个亚类，占 100%。

2）以各大类拥有的地质遗迹数量视之，5 个大类中以地貌景观和水体景观占绝大多数，拥有的地质遗迹数量和占该区比例分别为：78、56%，56、40%。

3）以各类拥有的地质遗迹数量视之，8 个类中以岩石地貌景观占绝大多数，流水地貌景观和河流景观次之，拥有的地质遗迹数量和占该区比例分别为：58、42%，20、14%，19、14%。

4）以各亚类拥有的地质遗迹数量视之，13 个亚类中以可溶岩地貌（喀斯特地貌）景观为主（地质遗迹数量和占该区比例：39、28%，下同），风景河段和瀑布景观次之（19、14%，16、12%）。

表 2-9　桂东地区地质遗迹类型划分表

大类	类	亚类	地质遗迹	数量/个
古生物	古人类	古人类活动遗迹	洞天遗址、鲤鱼山古人类遗址	2
地貌景观	岩石地貌景观	花岗岩地貌景观	姑婆山、狗耳山、天龙顶、桂平西山、紫荆山、大平山、畅岩山	7
		碎屑岩地貌景观	小娘山、太平狮山、石马山、罗漫山、石表山（丹霞地貌）、石庙山、东山、平天山、白石山（丹霞地貌）	9
		可溶岩地貌（喀斯特地貌）景观	官潭、螺仙岩、白鹤岩、龙岩、紫云洞、玉石林、仙殿顶、聚仙岩、吊岩、九如洞、孔明岩、五指山出气岩、碧水岩、烧灰岛地下河、碧云岩、狮子岩、龙凤石林、尚龙岩、罗丛岩、飞鼠岩、龙潭、阆冲石林、灵峰山、大桂山、瑞云山、浮山、开山五螺、西岭山、公婆山、小钟山、大桶山、火山、天子顶、龙洞顶、蝴蝶山、白鹤山、白云山、鸢山、鹏山	39
		变质岩地貌景观	东潭岭、大脑山、小九寨沟	3
	流水地貌景观	流水侵蚀地貌景观	天槽峡谷、大桂山大峡谷、临江冲山冲峡谷、松林峡、天书峡谷、龙潭峡、蝴蝶谷、大河冲峡谷、平天大峡谷、大藤峡、会仙峡、苍玉峡、大桂峡谷	13
		流水堆积地貌景观	滑水冲、大洲岛、马滩、桃花岛、禢州岛、百花洲、系龙洲	7
水体景观	泉水景观	温（热）泉景观	南乡温泉群、培才温泉、贺州温泉、黄花山温泉、汤水温泉	5
		冷泉景观	贺州喊泉、石泉、岩溶多潮泉、乳泉、漱玉泉	5
	湖沼景观	湖泊景观	贺江高峡平湖、千岛湖、花山湖、碧溪湖、神仙湖、玫瑰湖、茶山湖、泗滩湖、南湖、东湖、九凌湖	11
	河流景观	风景河段	小凉河、桂岭河、贺江、桂江、富群江、思勤江、十里画廊、珊瑚河、富江、长洲岛、西江、鸳江、湄江、蒙江、义昌河、黄华河、郁江、黔江、浔江	19
	瀑布景观	瀑布景观	五马归槽瀑布、十级叠水瀑布群、仙姑瀑布、马三家瀑布、五叠泉瀑布、龙潭瀑布、叠水瀑布、桃花潭瀑布、坡头双头瀑布、皇殿梯级瀑布群、沐虹瀑布、白霜涧瀑布群、向东涧瀑布群、上双涧瀑布、龙潭瀑布、鹰潭瀑布	16

大类	类	亚类	地质遗迹	数量/个
环境地质遗迹景观	地质工程景观		昭平水电站、达开水库、西山水库	3
4个大类	8个类	13个亚类	139个地质遗迹	

六、小结

通过桂北、桂西、桂南、桂东4个地区地质遗迹类型的横向对比，归纳出以下广西地质遗迹类型特征：

1）以地质遗迹大类分布情况视之，桂西地区是广西地质遗迹大类分布最齐全的区域，拥有地质（体、层）剖面、古生物、矿物与矿床、地貌景观、水体景观、环境地质遗迹景观6个地质遗迹大类，占总大类的86%。

2）以地质遗迹类分布情况视之，除桂南地区较少（8个类）外，桂北、桂南、桂西3地区地质遗迹类分布均为12~13个，差异较小。

3）以地质遗迹亚类分布情况视之，桂北地区是广西地质遗迹亚类分布最齐全的区域，拥有全球界线层型剖面（金钉子）、古人类活动遗迹、可溶岩地貌（喀斯特地貌）景观、流水侵蚀地貌景观、湖泊景观、风景河段、地质工程景观等21个地质遗迹亚类，占总亚类的36%。其次是桂南地区，拥有古人类活动遗迹、可溶岩地貌（喀斯特地貌）景观、海积地貌景观、湖泊景观等18个地质遗迹亚类。而桂东地区和桂西地区地质遗迹亚类分布着较为集中。

4）以各地区特色地质遗迹类型分布情况视之，桂南地区是广西唯一发育有火山地貌景观和海蚀海积景观的区域。喀斯特地貌和风景河段虽是4个地区均有发育的地质遗迹类型，但其在桂北地区和桂西地区发育更为密集与典型。桂北地区与桂南地区是碎屑岩地貌景观中砂岩峰林地貌的主要发育区。

第四节　广西地质遗迹定量评价

一、地质遗迹定量评价体系构建

1. 评价指标体系的建立

有关地质遗迹的评价准则，欧洲地质遗迹保护协会（European Association for the Conservation of the Geological Heritage，Pro GEO）、英国的"具有特殊科学意义的地质遗迹"（Sites of Special Scientific Interest，SSSI）和"区域性重要地质及地貌"（Regionally Important Geological and Geomorphologic Sites，RIGS）、世界遗产委员会、台湾大学王鑫

（1996）以及瑞士 Fribourg 州的 Goetopes 提出过相应的评价程序、要求、因子和指标，但均未形成一套系统完整的定量评价指标体系。目前有关地质遗迹资源评价指标体系的研究文献不多，陶奎元（2002）建立了由价值综合评价和条件综合评价 2 个综合评价层和 10 个评价因子层组成地质遗迹定量评价系统；庞淑英、杨世瑜（2003）对三江并流带旅游地质资源的评价模型进行了研究，建立了包含资源价值、景点规模与组合、环境状况和旅游条件 4 个评价综合层的指标体系。上述指标体系在体现地质公园独特性方面尚需进一步完善。

地质遗迹资源定量评价的核心是通过对决定地质遗迹资源景观价值和开发条件的诸多因素之间的复杂关系加以简化和具体化，进而建立合理的评价指标体系。本书在突出地质遗迹资源本身特点和地质公园建设三大目标的基础上，结合传统旅游资源评价指标（程道品，2001）和《中国国家地质公园建设技术要求和工作指南》中的评价要素，采用层次分析法，建立了包括 1 个评价总目标层，2 个评价综合层、13 个评价因素层、19 个评价因子层在内的地质遗迹资源评价指标体系（图 2-5）。

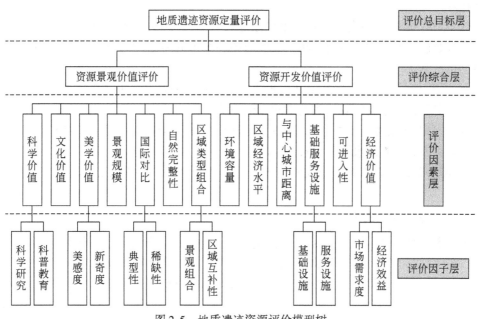

图 2-5　地质遗迹资源评价模型树

（1）资源景观价值评价指标

1）科学价值。地质遗迹资源的科学价值是指地质遗迹在科学研究和科普教学方面的价值，是地质公园区别于其他旅游产品的特色所在，其价值大小主要通过科学研究、科普教育 2 项指标因子来反映。

2）美学价值。指地质遗迹资源具有的审美特征和价值。旅游是地质公园的主要功能，因此，地质遗迹资源的观赏价值就成了地质公园建设的基础，同时也是地质遗迹资源评价最根本性的内容，主要通过美感度和奇特度 2 项指标因子来反映。

3）文化价值。指在地质遗迹与人类活动相互作用下所形成的文化内涵，及其所具备的文化娱乐功能。

4）区域类型组合。通过景观组合与区域互补性 2 项指标，反映地质遗迹资源的集群状况及与周边地区旅游资源的相似性与差异性。一般来说，分布比较集中，类型组合多样化，并与相邻地区旅游资源互补性的旅游资源易受到旅游者的欢迎。

5）国际对比。该指标因子反映地质遗迹资源与国内外相似地质遗迹对比所表现出的典型性和稀缺性，是决定地质遗迹价值的重要因素。

6）景观规模。该指标因子表征地质遗迹资源单体规模和分布范围的大小。

7）自然完整性。该指标因子反映地质遗迹资源形成过程和表观现象保护的系统性、完整性与丰富性。

（2）资源开发价值评价指标

1）环境容量。指地质遗迹资源在一定空间和时间内所能承载的旅游者最大数量。环境容量小，则易引发环境、经济和社会矛盾，乃至影响区域旅游的可持续发展。

2）区域经济水平。区域经济发展水平在一定程度上决定了地质遗迹资源开发的程度和影响力。

3）与中心城市间距离。中心城市往往是区域的交通中心和信息中心，其辐射作用的大小，随着辐射半径的递增而递减，因而与中心城市间距离的远近往往会影响地质公园旅游业的发展。

4）可进入性，指地质遗迹所处位置同外界联系的便利和畅通程度，即能够有效地实现旅游者在其长住地到旅游目的地空间上的位移。

5）基础服务设施。该指标因子反映地质遗迹所在地具有的保障旅游活动正常运行的基础设施和服务设施的水平和数量。

6）经济价值。该指标因子反映地质遗迹开发可能产生的市场需求度和经济效益的大小。

2. 评价指标权重的确定

评价中涉及众多的因素、因子，它们都仅仅是单独反映地质遗迹资源某方面的开发价值，必须对它们进行综合考虑，才能客观、全面、正确地反映旅游资源开发和利用价值的大小。然而在评价中，这些指标对于评价目标的重要程度是不尽相同的，且这些指标是不易定量的。为此，本书用层次分析法（AHP）来确定它们的权重（佟玉权，1998）。

层次分析法是通过系统的多个因素的分析，划分出各因素间相互联系的有序层次，再请专家对每一层次的各因素进行比较客观的判断，给出相对重要性的定量指标，建立数学模型，计算每一层次全部因素的相对重要性的权重。这样，就使整个评价过程在定性指导下尽可能的定量，以提高评价的准确性。

（1）确定评价指标集

设 $F = \{F_1, F_2, \cdots, F_m\}$ 是一个由 F 层评价指标组成的指标集；

对 $i = 1, 2, \cdots, m$，设 $S_i = \{S_{i1}, S_{i2}, \cdots, S_{im}\}$ 是对应于 F_i（$i = 1, 2, \cdots, m$）的评价因子 S 层组成的指标集。

（2）构造判断矩阵

$$P\ (F_{ij})\ =\begin{bmatrix} F_{11} & F_{12} & \cdots & F_{1m} \\ F_{21} & F_{22} & \cdots & F_{2m} \\ \vdots & \vdots & & \vdots \\ F_{m1} & F_{m2} & \cdots & F_{mm} \end{bmatrix}$$

其中，F_{ij}表示F_i对F_j的相对重要性数值。

$$P\ (S_{ij})\ =\begin{bmatrix} S_{11} & S_{12} & \cdots & S_{1m} \\ S_{21} & S_{22} & \cdots & S_{2m} \\ \vdots & \vdots & & \vdots \\ S_{m1} & S_{m2} & \cdots & S_{mm} \end{bmatrix}$$

其中，S_{ij}表示S_i对S_j的相对重要性数值，其取值按表2-10进行。

（3）计算权值

1）将判断矩阵每一列归一化，即$F_{ij} = F_{ij} / \sum_{k=1}^{m} F_{kj}(i,\ j = 1,\ 2,\ \cdots,\ m)$

2）将每一列经归一化后的判断矩阵按行相加，即

$$W_i = \sum_{j=1}^{m} F_{ij}(i,\ j = 1,\ 2,\ \cdots,\ m)$$

3）将向量$W = \{W_1,\ W_2, \cdots,\ W_m\}$作归一化处理，即

$$W_i = W_i / \sum_{j=1}^{m} W_j(i,\ j = 1,\ 2,\ \cdots,\ m)$$

依此所得到的$W = \{W_1,\ W_2,\ \cdots,\ W_m\}$即为所求权值向量。

运用以上方法，求得地质遗迹资源评价指标的权重值，见表2-11。

表2-10　地质遗迹资源评价判断矩阵标度及其含义

标度	含义
[10, 8)	表示因素F_i与F_j比较，F_i非常重要
[8, 6)	表示因素F_i与F_j比较，F_i较F_j重要
[6, 4)	表示因素F_i与F_j比较，F_i与F_j同等重要
[4, 2)	表示因素F_i与F_j比较，F_i不太重要
[2, 0)	表示因素F_i与F_j比较，F_i很不重要
F_i与F_j比较得判断F_{ij}，则F_j与F_i比较得判断$F_{ji} = 10 - F_{ij}$	

表 2-11　　地质遗迹资源评价指标体系因子权重分配表

O 层	评价综合 C 层		评价因素 F 层		评价因子 S 层	
	项目	权重	项目	权重	项目	权重
地质遗迹资源定量评价	资源景观价值	0.78	科学价值	0.19	科学研究	0.08
					科普教育	0.11
			美学价值	0.18	美感度	0.12
					新奇度	0.07
			国际对比	0.14	典型性	0.08
					稀缺性	0.06
			区域类型组合	0.03	景观组合	0.02
					区域互补性	0.01
			文化价值		0.06	
			景观规模		0.08	
			自然完整性		0.10	
	资源开发条件	0.22	环境容量		0.04	
			区域经济水平		0.04	
			与中心城市距离		0.03	
			可进入性		0.06	
			基础服务设施	0.02	基础设施	0.01
					服务设施	0.01
			经济价值	0.03	市场需求度	0.02
					经济效益	0.01

　　从表 2-11 中可看出，资源景观价值占的权重最大，为 0.78。这说明在地质遗迹资源评价中，景观价值是最重要的因素，它的高低决定了地质遗迹价值的大小。开发条件的权重为 0.22，虽不占主要地位，但却是地质遗迹开发和地质公园建设中必须重视的因素，其中任何一项指标较差，都会对地质遗迹总体价值产生影响。

　　3. 评价因子赋值标准的确定

　　确定了指标体系中各因素、因子的权重，还需对每一因素和因子按一定分级给定赋值标准，评价因子赋值标准分为 A、B、C、D、E 五级，满分为 100 分，每 20 分为一个级差，划分为五级，制定出综合评价赋值标准（表 2-12）。

表2-12　地质遗迹定量评价因子赋值标准

评价综合层	评价项目层	评价因子层	评价级别				
			100~80 A	80~60 B	60~40 C	40~20 D	<20 E
资源景观价值	科学价值	科研价值	极高	很高	较高	一般	低
		科普教育	极高	很高	较高	一般	低
	美学价值	美感度	非常美	很美	较美	一般	不美
		奇特度	极奇特	很奇特	较奇特	普通	很普通
	国际对比	典型性	极高	很高	较高	一般	低
		稀缺性	极高	很高	较高	一般	低
	区域类型组合	景观组合	极佳	佳	较佳	一般	不佳
		区域互补性	极强	很强	较强	一般	不佳
	文化价值		极高	很高	较高	一般	低
	景观规模		宏大	很大	较大	一般	低
	自然完整性		极完整	很完整	较完整	一般	不佳
资源开发条件	环境容量		极大	大	较大	较小	小
	区域经济水平		极高	很高	较高		低
	与中心城市距离		<100	100~200	200~300	300~400	>400
	可进入性		极好	很好	较好	一般	低
	基础服务设施	基础设施	极好	很好	较好	一般	低
		服务设施	极好	很好	较好	一般	低
	经济价值	市场需求度	极高	很高	较高	一般	低
		经济效益	极高	很高	较高	一般	低

4. 定量评价等级的划分

依据上述方法，对广西地质遗迹进行定量评价，由参加广西地质遗迹资源调查且对广西地质遗迹资源十分了解的专家分别对每个地质遗迹的各个评价因子进行打分，最后计算出定量评价结果。

各评价因子计算公式为：

$$O = C_1 + C_2 + C_3$$
$$C_i = \sum C_n \cdot \sum X_i \cdot F_n$$
$$F_i = \sum F_n \cdot \sum Y_i \cdot S_n$$

其中：O 为地质遗迹定量评价总目标 O 层值；C_i 为评价综合 C 层值；C_n 为评价综合 C 层权重；X_i 为评价因素 F 层指标得分；F_i 为评价因素 F 层值；F_n 为评价因素 F 层权重；Y_i 为评价因子 S 层指标得分；S_n 为评价因子 S 层权重（占 F 层权重的比例）。

根据《中国国家地质公园建设技术要求和工作指南》中的分级标准，对地质遗迹定量评价结果进行等级划分，具体标准如下。

Ⅰ世界级（★★★★★）：≥90分。

Ⅱ国家级（★★★★）：75~89分。

Ⅲ省或自治区级（★★★）：60~74分。

Ⅳ县市级（★★）：45~59分。

Ⅴ县市级以下（★）：<45分。

二、桂北地区地质遗迹定量评价

1. 等级划分

根据地质遗迹定量评价标准，对桂北地区231个地质遗迹进行了定量评价和等级划分（表2-13）。

表2-13　桂北地区地质遗迹等级划分

等级	地质遗迹	数量/个	占比/%
世界级	象鼻山、大圩至福利漓江河段、八角寨、九马画山、黄布滩与"仙女"群峰、芦笛岩、碰冲石炭系"金钉子"、蓬莱滩"金钉子"	8	3.5
国家级	独秀峰、七星岩、叠彩山、冠岩、猫儿山、葡萄峰林平原、海洋山西坡峰丛洼地、碧莲峰、资江、龙胜矮岭温泉、白莲洞遗址、"柳江人"遗址（通天岩）、元宝山、九万山、龙寨水岩、香桥岩天生桥、九龙洞、响水瀑布、古海底迷宫溶沟、大乐泥盆纪剖面、圣堂山、罗汉山、五指山、莲花山、青山瀑布、红壶峡谷、百崖大峡谷、犀牛岩、文市石林、骆驼山、伏波山、丰鱼岩、银子岩、全州天湖、遇龙河	35	15.1
自治区级	杉湖、榕湖、桂湖、龙头峰、南溪山洞穴、尧山、普陀山、訾洲、会仙岩、还珠洞、木龙湖、庙岩、青狮潭水库、古东瀑布、南边村泥盆—石炭系地层剖面、毛洲、灵湖、世纪冰川大溶洞、越城岭、白宝石林、东山仙人桥、桃花江、深里河峡谷、阳朔月亮山、妙灵洞、车田石林、风帆石、宝鼎瀑布、五排河、百寿岩、龙宫、黑岩、鱼峰山、马鞍山、大龙潭、鲤鱼嘴遗址、都乐岩、百里画廊、柳江、融江、皇宫洞、西山红茶沟瀑布群、摆竹山、贝江、雉容高岩、月亮山、十二槽天井、香桥天井、响水石林、洛清江、洛江、洛江峡谷、佛山石林、乐滩、红水河莫向山、麒麟山遗址、甘潮岩、龙洞山、象州温泉、大梭峡谷群、蕉林凉泉、天堂山、二龙河、长滩河、漓江西岸峰林洼地、全州三江口、大野瀑布、海洋银杏、都庞岭	69	29.9

续表

等级	地质遗迹	数量/个	占比/%
县市级	方莲池、唐家湾生物礁、小东江、老人山泥盆系地层剖面、老人山、虞山、宝积岩、伏龙洲、打火洞、海洋河、千秋峡、四方灵泉、南圩地下河、六峒河、五里峡水库、炎井温泉、相思江、大江水库、红滩瀑布、九滩瀑布、六塘古冰川遗迹、罗山水库、东宅江瀑布群、金宝河、西塘岩溶湖、白沙燕子湖、聚龙潭、莲花岩、仙家温泉、银殿山、罗汉肚岩、猴岩、峻山水库、恭城银杏、真宝顶、中峰乡车田湾温泉、长苞铁杉、光明岩、天平山、平等景蒙泉、拜王滩瀑布、天河瀑布、杜莫喷泉、荔浦象山、鹧鹰山、思贡峡、荔江、永福岩、驾桥岭、洛清江、板峡水库、灌阳都旁岭西段石英脉岩墙、九龙岩、海洋山、赤壁山、潮汐泉、灌江峡谷、水车水库电站、蟠龙山、小龙潭、三姐岩、赵家井、鹅山、雀山、柳州云头水电站、铜鼓岭、酒壶山、百子山（鬼子坳）、卧龙岩、甘前岩、龙怀水库、里滩瀑布、泗维河、大良石门水库、泗维河水电站、老君洞（真仙岩）、寿星岩、古鼎龙潭、双龙泉、龙贡峡谷、红花水电站、黔王洞、乐迷岩、安乐湖、洛崖山、榕江、香桥盲谷、清塘天窗、大岩天井、九龙天窗、老虎岩、合山市玉屏山、独山、龙王泉、八仙岩、灵台瀑布、四月八岭、翠屏山、鳌山、鲤鱼洲、贝丘遗址、落脉峡、回面山、雷山、九子洞、九龙湖、妙皇湖、龙女岩、茶花岩、罗汉岩、大冲瀑布、八仙天池、盘古潭、官庄泉、猴子山、石门、浔江、苗江、石榴河	119	51.5
合计		231	100

2. 结果分析

结果表明，桂北地区地质遗迹的定量评价与等级划分具有以下特征：

1) 桂北地区评分大于90分的世界级地质遗迹资源为8个，是广西拥有世界级地质遗迹数量最多的地区，占该区地质遗迹总数的3.5%。

2) 桂北地区评分大于75分的国家级以上地质遗迹的数量和所占比例分别为43、18.6%，是广西拥有国家级以上地质遗迹数量最多的地区。

3) 桂北地区评分大于60分的自治区级以上地质遗迹的数量和所占比例分别为112、48.5%。

4) 以桂北地区世界级地质遗迹的类型分布视之，既有兼具科学和美学价值的喀斯特地貌（象鼻山、芦笛岩、九马画山、黄布滩与"仙女"群峰）、丹霞地貌（八角寨）、风景河段（大圩至福利漓江河段），又有以科学价值见长的全球界线层型剖面（碰冲石炭系"金钉子"、蓬莱滩"金钉子"），世界级地质遗迹的类型丰富程度较高，有利于不同类型的地质公园建设和特色旅游开发。

5) 以桂北地区世界级地质遗迹的空间分布视之，呈现出一条近南北向贯穿桂北地区的世界级地质遗迹发育带，即该区北部桂林市资源县的八角寨→中北部桂林市区的象鼻山、芦笛岩和桂林市阳朔县的九马画山、黄布滩与"仙女"群峰→中南部柳州市区的碰冲石炭系"金钉子"→南部来宾市兴宾区的蓬莱滩"金钉子"，桂北地区世界级地质遗迹纵贯南北的空间分布格局有利于地质公园建设和特色旅游开发的空间组织。

三、桂西地区地质遗迹定量评价

1. 等级划分

根据地质遗迹定量评价标准,对桂西地区 153 个地质遗迹进行了定量评价和等级划分(表 2-14)。

表 2-14　桂西地区地质遗迹等级划分

等级	地质遗迹	数量/个	占比/%
世界级	大化县七百弄峰丛洼地、凤山县三门海岩溶洞穴群、南丹县大厂矿、乐业县大石围天坑、平果县铝土矿、靖西县通灵大峡谷瀑布、都安县地苏地下河	7	4.6
国家级	金城江区姆洛甲峡谷、大化县红水河、八十里画廊、大化县岩滩湖、宜州水上石林、天峨县布柳河仙人桥、天峨县龙滩水电站、马王洞、江洲仙人桥、穿龙岩、鸳鸯洞、凤山县坡心地下河、南丹县里湖岩溶洞穴群、里湖地下河、巴马水晶宫、百魔洞、乐业县黄猄洞天坑、穿洞天坑、布柳河大峡谷、百朗大峡谷、靖西县通灵大峡谷、古龙山峡谷群	22	14.4
自治区级	金城江区珍珠岩、金城江区流水岩瀑布、打狗河、金城江龙江、大化县乌龙岭、大化县百龙滩水电站、六甲水电站、岩滩水电站、下桥水电站、仙女岩、下枧河、古龙河、靖西县多吉洞、天峨县布柳河、凤山县石马湖、南丹县罗富泥盆系剖面、列宁岩、百鸟岩、弄中天坑群、柳羊洞、巴马县盘阳河、龙洪溪、环江县木伦峰丛、罗城县宝坛科马堤岩、罗城县九万大山、武阳江、剑江、怀群峰林、怀群穿岩、左江区澄碧湖、罗妹莲花洞、乐业县五台山、龙滩大峡谷、凌云县纳灵洞、平果县敢沫岩、那坡县感驮岩遗址、同德卧龙洞、三叠岭瀑布、二郎瀑布、爱布瀑布群、德保县吉星岩、隆林县冷水瀑布、敢壮山、右江	44	28.8
县市级	金城江区壮王湖、宜州市三门岩、荔枝洞、白龙洞、祥贝河、龙洲湾、六排冰峰洞、天峨县峨里湖、犀牛泉、穿洞河、凤山县鸳鸯泉、乔音河、南丹县莲花山、八面山、丹炉山、奶头山、南丹县九龙壁、南丹温泉、白水滩瀑布、东兰县龙蛇岩、天门山、月亮山、观音山、骆驼山、巴马县赐福洞、都安县狮子岩、八仙古洞、下巴山岩洞、桥楞隧洞、澄江河、环江县龙潭瀑布、瑞良洞、环江县中洲河、大环江、小环江、含乐岩、雅乐仙洞、左江区阳圩洞、罗城县潮泉、飞虎洞、老虎洞、迷魂洞、凌云县独秀峰、石钟山、平果县白龙岩、没六鱼洞、归德岩、水源洞、独石滩、堆圩光岩、八峰山、甘河、布镜河、平治河、那坡县金龙洞、皇观洞、靖西县音泉洞、宾山、大龙潭、渠洋湖、连镜湖、鹅泉、灵泉、难滩河、德保县独秀峰、岜笔山、芳山、隆林县雪莲洞、蛮王瀑布、隆林县天生桥水电站、田林县三穿洞、田东县敢养岩、龙须河、百东河、坡洪感云洞、洞靖凉洞岩、金鱼岭、雷圩瀑布、八行水源岩、周邦洞群	80	52.2
合计		153	100

2. 结果分析

结果表明，桂西地区地质遗迹的定量评价与等级划分具有以下特征：

1）桂西地区评分大于90分的世界级地质遗迹资源为7个，占总数的4.6%，是广西世界级地质遗迹所占比例最高的地区。

2）桂西地区评分大于75分国家级以上地质遗迹的数量和所占比例分别为29、19%，是广西国家级以上地质遗迹所占比例最高的地区。

3）桂西地区评分大于60分之间自治区级以上地质遗迹的数量和所占比例分别为73、47.8%。

4）以桂西地区世界级地质遗迹的类型视之，主要集中于喀斯特地貌（大化县七百弄峰丛洼地、凤山县三门海岩溶洞穴群、乐业县大石围天坑、靖西县通灵大峡谷瀑布、都安县地苏地下河）和典型金属矿床（南丹县大厂矿、平果县铝土矿），属于以特色地质遗迹类型见长的地区。

5）以桂西地区世界级地质遗迹的空间分布视之，主要连片分布于该区东部的大化县（七百弄峰丛洼地）、都安县（地苏地下河）和平果县（平果铝土矿）3县，西北部的南丹县（大厂矿）、乐业县（大石围天坑）和凤山县（三门海岩溶洞穴群）3县，以及南部的靖西县（通灵大峡谷瀑布），桂西地区世界级地质遗迹连片分布的格局，对地质公园建设和特色旅游开发的空间组织极为有利。

四、桂南地区地质遗迹定量评价

1. 等级划分

根据地质遗迹定量评价标准，对桂南地区202个地质遗迹进行了定量评价和等级划分（表2-15）。

2. 结果分析

结果表明，桂南地区地质遗迹的定量评价与等级划分具有以下特征：

1）桂南地区评分大于90分的世界级地质遗迹资源为3个，占总数的1.5%。

2）桂南地区评分大于75分的国家级以上地质遗迹的数量和所占比例分别为23、11.4%。

3）桂南地区评分大于60分的自治区级以上地质遗迹的数量和所占比例分别为136、67.3%，是广西自治区级以上地质遗迹数量和所占比例均最高的地区。

4）以桂南地区世界级地质遗迹的类型视之，主要为海积地貌景观（北海银滩）、火山地貌景观（涠洲岛火山）和瀑布景观（德天瀑布），类型的丰富程度和数量虽并不突出，但是特色极为鲜明，北海银滩和涠洲岛火山是广西唯一的世界级火山地貌景观和海积地貌景观，德天瀑布则是世界第三大跨国瀑布。

5）以桂南地区世界级地质遗迹的空间分布视之，主要集中分布于该区南部海滨的北海市（涠洲岛火山、北海银滩）和与越南接壤的崇左市大新县（德天瀑布），沿海和延边的优越区位，为地质公园建设和特色旅游开发的空间组织创造了有利条件。

表 2-15　桂南地区地质遗迹等级划分

等级	地质遗迹	数量/个	占比/%
世界级	北海银滩、涠洲岛火山、德天瀑布	3	1.5
国家级	清秀山、老虎岭、黄道山、伊岭岩、金伦洞、冠头岭、星岛湖、八寨沟、三娘湾、龙门群岛（七十二泾）、五皇山、大平坡、十万大山、北仑河口、京岛、巫头万鹤山、都桥山、宴石山、弄岗、大型蜥脚类恐龙化石	20	9.9
自治区级	嘉和城温泉、九曲湾温泉、大王滩、金沙湖、麒麟山、十八罗汉洞、莲花仙子洞、顶狮山贝丘遗址、阳明洞天、杨湾瀑布、白鹤岩、鹅山、瑶望湖、仙人洞、龙虎山、灵芝洞、六暖山、起凤山、灵水、甲泉、望兵山、葛翁岩、龙岩、龙头山、大明山、大明山瀑布、大龙潭、百龙滩、仙岩、独石湾、西津湖、宝华山、九龙瀑布群、沙江、六景泥盆系地质剖面、青龙岩、马蛮滩、大圣山、斜阳岛、白石湖、林湖、鹰山温泉、王岗山、崇尖山、古窦岭、大河阳山、那雾岭、龙湾、麻蓝岛、大环海滨、凤凰岭、仙女潭、擎天一柱、六峰山-三海岩、葵岭、邓阳湖、越州天湖、六万大山、月亮山、浦北怪石滩、防城中越界河、高林九龙潭、峒中温泉、冲皇沟、十万大山神马瀑布、黄水龙潭瀑布、平隆山、天堂滩、沙螺寮沙滩、六墩火山岛、红山村白鹭山、魔石谷、薯良岭、金滩、巫头白鹤山、石门谷、幽灵谷、月亮山、鸳鸯潭、东兴中越界河、勾漏洞、大容山、莲花顶、铜石岭、勾漏山、将军河、龙珠湖、陆川温泉、龙岩、谢仙嶂、九龙塘温泉、温罗温泉、水月岩、佛子山、兴业鹿峰山、龙角天池、观音山、万福山、沙屯叠瀑、明仕河、黑水河、恩城山水、龙宫岩、巨猿化石、狮子头温泉、西大明山、黑水河风光、文羊岩、左江石林、九重山、扶绥左江、中国上龙化石遗址、宝贤石林	113	55.9
县市级	大窝遗址、岜勋贝丘遗址、相思潭、大马山、白马山、马墩坡遗址、亚公山、黄屋屯仙人泉、芭蕉墩遗址、龙玉门井、皇帝岭、皇帝沟、茅岭玟杯墩遗址、亚婆山新石器贝丘遗址、仙人山、玉石滩、念坂河、明江、那板湖、应天瀑布、弄怀岩、文岭山、黎村温泉、布透温泉、庆寿岩、龙泉岩、百感岩、清音洞、百灵洞、丽川江、石头人像、清风岩、龙茗飘岩、将军山、大新石林、独秀峰、翡翠湖、十八洞、龙潭、紫云洞、响水瀑布、紫霞洞、逍遥洞、平而河风光、盘棋岭、太阳山、爱店金牛潭、看鸡岭、蝴蝶谷、变色井、白云洞、碧云洞、水口湖、怪石林、新和水上石林、葫芦八宝洞、犀牛山、犀牛洞、乐石、扶绥日月潭、岜仙岩、金鸡岩、客兰湖、同正遗址、石铲遗址、敢造遗址	66	32.7
合计		202	100

五、桂东地区地质遗迹定量评价

1. 等级划分

根据地质遗迹定量评价标准，对桂东地区 139 个地质遗迹进行了定量评价和等级划分（表 2-16）。

表 2-16　桂东地区地质遗迹等级划分

等级	地质遗迹	数量/个	占比/%
国家级	南乡温泉群、大桂山、紫云洞、玉石林、姑婆山、贺州温泉、十级叠水瀑布群、临江冲山冲峡谷、皇殿梯级瀑布群、桂平西山、白石山、大藤峡	12	8.6
自治区级	灵峰山、瑞云山、浮山、天槽峡谷、滑水冲、小凉河、大洲岛、培才温泉、大桂山大峡谷、贺江高峡平湖、贺江、贺州喊泉、聚仙岩、松林峡、马三家瀑布、五叠泉瀑布、桂江、昭平水电站、洞天遗址、花山湖、十里画廊、汤水温泉、碧水岩、富江、碧溪湖、鲤鱼山古人类遗址、长洲岛、鸳江、白鹤山、天书峡谷、桃花潭瀑布、湄江、小娘山、太平狮山、石马山、石表山、褟州岛、小九寨沟、蝴蝶谷、大河冲峡谷、石庙山、天龙顶、白霜涧瀑布群、向东涧瀑布群、东山、百花洲、南湖、郁江、达开湖、东湖、龙凤石林、平天山、紫荆山、大平山、龙潭瀑布、罗丛岩、黔江、西山水库、浔江、鹏山、大桂峡谷	61	43.9
县市级	千岛湖、官潭、螺仙岩、白鹤岩、桂岭河、开山五螺、龙岩、恒温湖、仙姑瀑布、狗耳山、仙殿顶、吊岩、九如洞、孔明岩、五指山出气岩、东潭岭、大脑山、石泉、黄花山温泉、龙潭瀑布、马滩、富群江、思勤江、小钟山、大桶山、西岭山、公婆山、烧灰岛地下河、珊瑚河、碧云岩、神仙湖、狮子岩、玫瑰湖、火山、天子顶、龙洞顶、西江、桃花岛、蝴蝶山、叠水瀑布、白云山、系龙洲、鸾山、茶山湖、蒙江、坡头双头瀑布、罗漫山、龙潭峡、沐虹瀑布、泗滩湖、上双涧瀑布、义昌河、黄华河、岩溶多潮泉、尚龙岩、平天大峡谷、九凌湖、飞鼠岩、乳泉、漱玉泉、会仙峡、苍玉峡、畅岩山、龙潭、龙潭瀑布、闽冲石林	66	47.5
合计		139	100

2. 结果分析

结果表明，桂东地区地质遗迹的定量评价与等级划分具有以下特征：

1）桂东地区评分大于 75 分的国家级以上地质遗迹资源为 12 个，占总数的 8.6%。

2）桂东地区评分大于 60 分的自治区级以上地质遗迹的数量和所占比例分别为 73、52.5%。总体来看，桂东地区虽然没有世界级地质遗迹，但是省级以上地质遗迹所占比例超过半数，地质遗迹等级总体水平仍属良好。

3）以桂东地区国家级地质遗迹的类型视之，主要为温（热）泉景观（南乡温泉群、贺州温泉）、花岗岩地貌（姑婆山、桂平西山）、丹霞地貌（白石山）、喀斯特地貌（大桂山、玉石林、紫云洞）、瀑布景观（十级叠水瀑布群、皇殿梯级瀑布群）、流水侵蚀地貌景观（临江冲山冲峡谷、大藤峡），国家级地质遗迹类型较为丰富，为该区地质公园建设及特色旅游开发创造了有利条件。

4）以桂东地区国家级地质遗迹的空间分布视之，既有分布于北部贺州市辖区的南乡温泉群、大桂山、紫云洞、玉石林、姑婆山、贺州温泉、十级叠水瀑布群，西南部桂平市的桂平西山、紫荆山、白石山、大平山、大藤峡，又有东部苍梧县的皇殿梯级瀑布群，西部昭平县的临江冲山冲峡谷，桂东地区国家级地质遗迹相对均衡的空间分布格局有利于地质公园建设和特色旅游开发的空间组织。

六、小结

通过对桂北、桂西、桂南、桂东 4 个地区地质遗迹等级的总体评价与横向比对，归纳出以下广西地质遗迹等级特征：

1）广西拥有世界级、国家级和自治区级地质遗迹的数量及所占比例分别为 18、2.5%，89、12.3%，287、39.4%，自治区级以上地质遗迹所占比例达到 54.2%，地质遗迹等级水平总体较高，为广西地质公园建设与特色旅游开发奠定了资源优势。

2）以世界级地质遗迹的分布视之，桂北地区是广西拥有世界级地质遗迹数量最多的地区，是广西世界级地质遗迹所占比例最高的地区。

3）以国家级以上地质遗迹的分布视之，桂北地区是广西拥有国家级以上地质遗迹数量最多的地区，桂西地区是广西国家级以上地质遗迹所占比例最高的地区。

4）以自治区级以上地质遗迹的分布视之，桂南地区是广西自治区级以上地质遗迹数量和所占比例均最高的地区。

5）以世界级地质遗迹的类型分布视之，广西世界级地质遗迹的类型分布各具特色，桂北地区主要发育世界级的喀斯特地貌、丹霞地貌、风景河段、全球界线层型剖面等地质遗迹类型，桂西地区主要发育世界级的喀斯特地貌、典型金属矿床等地质遗迹类型，桂南地区主要发育世界级的海积地貌景观、火山地貌景观和瀑布景观等地质遗迹类型。

6）以世界级地质遗迹的空间分布视之，桂北地区呈现出一条自北部资源县→中北部桂林市区→中南部柳州市区→南部来宾市兴宾区的近南北向贯穿桂北地区的世界级地质遗迹发育带，桂西地区世界级地质遗迹连片分布于东部的大化、都安、平果 3 县以及西北部的南丹、乐业、凤山 3 县和南部的靖西县，桂南地区世界级地质遗迹主要集中分布于该区南部海滨的北海市和与越南接壤的崇左市大新县。各地区世界级地质遗迹的空间分布特征为地质公园建设和特色旅游开发的空间组织创造了有利条件。

第三章　广西地质遗迹空间格局研究

作为一项重要的基础性研究，地质遗迹的空间格局引起了黄进（1999）、郑本兴（2002）、胡能勇（2003）、齐德利（2005）等研究者的关注，并取得了一批有价值的研究成果。然而，以上成果多针对某个地质遗迹类型，如丹霞地貌（黄进，1999、齐德利，2005）、雅丹地貌（郑本兴，2002）、冰川地貌（刘宗香，2000）等进行研究，且空间格局特征的表达多以定性描述为主（胡能勇，2003），宏观尺度、多类型地质遗迹空间格局定量研究并不多见。

本章将以广西地质遗迹系统调研为依托，以桂北、桂西、桂南、桂东4个地区为研究区域，以各地区丰富的地质遗迹为研究对象，探讨具有普适意义的基于聚类分析的宏观尺度、多类型地质遗迹空间格局定量研究的方法与途径：第一，确定各研究区域地质遗迹的数量、类型和级别（详见第二章）；第二，构建包含4类定量表征指标和9项具体指标因子的地质遗迹空间格局定量表征指标体系；第三，确定研究区域各行政区划单元不同地质遗迹空间格局定量表征指标数值；第四，采用聚类分析等方法确定各研究区域地质遗迹空间格局类型并进行特征分析。以此为宏观尺度、多类型地质遗迹空间格局的定量研究提供方法支撑，为广西地质遗迹的保护开发与地质公园建设提供科学依据。

第一节　地质遗迹空间格局定量表征指标体系构建

为了定量地表征各空间格局区划单元所体现出的不同的地质遗迹特征，本书契合联合国教科文组织"世界地质公园计划"保护与开发相协调的理念，根据与地质遗迹保护开发密切相关的核心要素，构建包括地质遗迹的数量、等级、类型、保护开发条件等4类定量表征指标，以及地质遗迹数量比例、地质遗迹密度、各级别地质遗迹所占比例、自治区级以上地质遗迹所占比例、各类型地质遗迹所占比例、地质遗迹丰度、与周边重要城镇平均公路距离、与周边其他旅游资源关系、已保护开发地质遗迹所占比例等9项具体指标因子的地质遗迹空间格局定量表征指标体系，为广西地质遗迹的空间格局特征的全面刻画和定量表征奠定基础。

一、地质遗迹数量定量表征指标

1. 地质遗迹数量比例

地质遗迹数量比例为某区划单元地质遗迹数量占所在研究区域地质遗迹总数的比

例，例如，阳朔县地质遗迹数量占桂北地区地质遗迹总数的比例。

2. 地质遗迹密度

地质遗迹密度为某区划单元地质遗迹数量与其面积的比值，例如，阳朔县地质遗迹数量与阳朔县面积的比值。

二、地质遗迹等级定量表征指标

1. 各级别地质遗迹所占比例

各级别地质遗迹所占比例为各区划单元不同级别地质遗迹数量占所在研究区域相应级别地质遗迹总数的比例，例如，阳朔县世界级地质遗迹数量占桂北地区世界级地质遗迹总数的比例。

2. 自治区级以上地质遗迹所占比例

自治区级以上地质遗迹所占比例为某区划单元自治区级以上地质遗迹数量占所在研究区域自治区级以上地质遗迹总数的比例，例如，阳朔县自治区级以上地质遗迹数量占桂北地区自治区级以上地质遗迹总数的比例。

三、地质遗迹类型定量表征指标

1. 各类型地质遗迹所占比例

各类型地质遗迹所占比例为各区划单元不同类型地质遗迹数量占所在研究区域相应类型地质遗迹总数的比例，例如，阳朔县喀斯特地貌景观类地质遗迹数量占桂北地区喀斯特地貌景观类地质遗迹总数的比例。

2. 地质遗迹类型丰度

地质遗迹类型丰度为某区划单元地质遗迹类型（亚类）数量与所在研究区域地质遗迹类型（亚类）总数的比值，例如，阳朔县地质遗迹亚类数量与桂北地区地质遗迹亚类总数（21个亚类）的比值。

四、地质遗迹保护开发条件定量表征指标

1. 与周边重要城镇平均公路距离

与周边重要城镇平均公路距离为某区划单元中各地质遗迹点与周边重要城镇的平均公路距离。重要城镇主要指省会和地级市政府所在地。无公路相通地质遗迹点，山区取点位与最近公路直线距离的1.8倍，丘陵、平原区取直线距离的1.2倍。

2. 与周边其他旅游资源契合度

与周边其他旅游资源契合度为各区划单元内其他旅游资源（如人文、生态旅游资源等的数量、类型、等级）与地质遗迹在空间分布上的相关性，按1~10赋值，数值越

大，契合度越高。

3. 已保护开发地质遗迹所占比例

已保护开发地质遗迹所占比例为某区划单元中已保护开发的地质遗迹数量与所在研究区域地质遗迹总数的比值。已保护开发的地质遗迹指位于各级地质公园、旅游景区、风景名胜区、森林公园、自然保护区、文物保护单位等的地质遗迹。

第二节　桂北地区地质遗迹空间格局研究

依据上述指标，对桂北地区的桂林市辖区、阳朔县、兴安县、龙胜县、柳州市辖区、鹿寨县、来宾市辖区、金秀县等 26 个区划单元的地质遗迹空间格局定量表征指标进行量化赋值，进而通过地质遗迹的区划—级别、区划—类型关系矩阵（表 3-1、表 3-2）以及区划—综合属性指标变量矩阵（表 3-3）的建立，结合综合属性指标蛛网图（图 3-1）对桂北地区地质遗迹的空间格局特征进行全面刻画和定量表征。

一、桂北地区空间格局指标量化赋值

1. 区划单元—地质遗迹等级关系矩阵

桂北地区区划单元—地质遗迹等级关系矩阵见表 3-1，用以定量表征不同等级地质遗迹在各区划单元中的分布比例，以及不同区划单元中各等级地质遗迹的分布比例。

表 3-1　桂北地区区划单元—地质遗迹等级关系矩阵

区单元划		所占比例/%				合计
市	区县	世界级	国家级	自治区级	县市级	
桂林	桂林市辖区	25.00/5.00（2）	17.14/15.00（6）	20.60/35.00（14）	15.01/45.00（18）	100
	灵川县	—	—	8.82/60.00（6）	3.33/40.00（4）	
	兴安县	—	2.86/16.67（1）	4.41/50.00（3）	1.67/33.33（2）	
	全州县	—	2.86/20.00（1）	4.41/60.00（3）	0.83/20.00（1）	
	阳朔县	37.50/21.43（3）	11.42/28.57（4）	2.94/14.29（2）	4.17/35.71（5）	
	平乐县	—	—	1.47/50.00（1）	0.83/50.00（1）	
	恭城县	—	—	—	4.17/100.00（5）	
	资源县	12.50/12.50（1）	2.86/12.50（1）	4.41/37.50（3）	2.50/37.50（3）	
	龙胜县	—	2.86/20.00（1）	—	3.33/80.00（4）	
	荔浦县	—	5.71/25.00（2）	—	5.00/75.00（6）	

区单元划		所占比例/%				合计
市	区县	世界级	国家级	自治区级	县市级	
桂林	永福县	—	—	1.47/20.00 (1)	3.33/80.00 (4)	
	灌阳县	—	2.86/9.09 (1)	4.41/27.27 (3)	5.83/63.63 (7)	
	小计	75.00/5.04 (6)	48.57/14.29 (17)	52.94/30.25 (36)	50.00/50.42 (60)	
柳州	柳州市辖区	12.50/6.25 (1)	2.86/6.25 (1)	10.29/43.75 (7)	5.83/43.75 (7)	
	柳江县	—	2.86/8.33 (1)	1.47/8.33 (1)	8.33/83.33 (10)	
	融安县	—	—	5.88/57.14 (4)	2.50/42.86 (3)	
	融水县	—	5.71/25.00 (2)	1.47/12.50 (1)	4.16/62.50 (5)	100
	柳城县	—	2.86/33.33 (1)	—	1.67/66.67 (2)	
	三江县	—	—	—	4.16/100.00 (5)	
	鹿寨县	—	8.57/18.75 (3)	10.29/43.75 (7)	5.00/37.50 (6)	
	小计	12.50/1.49 (1)	22.86/11.94 (8)	29.41/29.85 (20)	31.67/56.72 (38)	
来宾	兴宾区	12.50/16.67 (1)	—	4.41/50.00 (3)	1.67/33.33 (2)	
	合山市	—	—	1.47/14.29 (1)	5.00/85.71 (6)	
	忻城县	—	—	2.94/66.67 (2)	0.83/33.33 (1)	
	象州县	—	5.71/12.50 (2)	4.41/18.75 (3)	9.17/68.75 (11)	
	金秀县	—	17.14/66.67 (6)	4.41/33.33 (3)	—	
	武宣县	—	5.71/50.00 (2)	—	1.67/50.00 (2)	
	小计	12.50/2.22 (1)	28.57/22.22 (10)	17.65/26.67 (12)	18.33/48.89 (22)	
合计		100				

注：A/B（C），A 为某一等级地质遗迹在各区划单元中的分布比例，B 为某一区划单元中各等级地质遗迹的分布比例，C 为地质遗迹数量。

2. 区划单元—地质遗迹类型关系矩阵

桂北地区区划单元—地质遗迹类型关系矩阵见表3-2，用以定量表征不同类型地质遗迹在各区划单元中的分布比例，以及不同区划单元中各类型地质遗迹的分布比例。

表3-2　桂北地区区划单元—地质遗迹类型关系矩阵

所占比例/%

区划单元(市)	县区	全球界线层型	全国标准剖面	区域标准剖面	地方性标准剖面	古人类活动遗址	古植物	古生物活动遗址	花岗岩地貌	碎屑岩地貌	喀斯特地貌	变质岩地貌	冰川堆积地貌	流水侵蚀地貌	流水堆积地貌	构造地貌	温泉景观	冷泉景观	湖泊景观	风景河段	瀑布景观	地质工程景观	合计
桂林市	桂林市辖区	—	—	—	100.00/2.50	—	—	100.00/2.50	—	—	18.45/47.50	100.00/2.50	100.00/2.50	10.00/2.50	40.00/5.00	—	—	20.00/5.00	26.67/10.0	11.54/7.50	21.43/7.50	13.33/5.00	100
	灵川县	—	100.00/10.00	—	—	—	33.33/10.00	—	—	—	0.97/10.00	—	—	—	20.00/10.00	—	—	10.00/10.00	—	3.85/10.00	14.29/20.00	13.33/20.00	
	兴安县	—	—	—	—	—	—	—	28.57/33.33	—	0.97/16.67	—	—	—	—	—	—	—	6.67/16.67	3.85/16.67	—	6.67/16.67	
	全州县	—	—	—	—	—	—	—	—	—	1.94/40.00	—	—	—	—	—	20.00/20.00	—	6.67/20.00	3.85/20.00	—	—	
	阳朔县	—	—	—	—	—	—	—	—	—	7.77/57.14	—	—	—	—	—	—	—	20.00/21.43	11.54/21.43	—	—	
	平乐县	—	—	—	—	—	—	—	—	—	0.97/50.00	—	—	—	—	—	20.00/50.00	—	—	—	—	—	
	恭城县	—	—	—	—	—	33.33/20.00	—	14.29/20.00	—	1.94/40.00	—	—	—	—	—	—	—	—	—	—	6.67/20.00	
	资源县	—	—	—	—	—	33.33/12.50	—	14.29/12.50	66.67/25.00	—	—	—	—	—	—	20.00/12.50	—	—	7.69/25.00	7.14/12.50	—	
	龙胜县	—	—	—	—	—	—	—	—	—	1.94/40.00	—	—	—	—	—	20.00/20.00	10.00/20.00	—	—	7.14/20.00	—	
	荔浦县	—	—	—	—	—	—	—	14.29/20.00	—	3.88/50.00	—	—	10.00/12.50	—	—	—	10.00/12.50	—	3.85/12.50	7.14/12.50	—	
	永福县	—	—	—	—	—	—	—	—	—	1.94/40.00	—	—	—	—	—	—	10.00/20.00	—	3.85/20.00	—	6.67/20.00	
	灌阳县	—	—	—	—	—	—	—	28.57/18.18	—	4.85/45.45	—	—	10.00/9.09	—	100.00/9.09	—	—	—	—	—	6.67/9.09	
小计		—	100.00/0.84	—	100.00/0.84	—	100.00/2.52	100.00/0.84	100.00/5.88	66.67/1.68	45.63/39.59	100.00/0.84	100.00/0.84	30.00/2.52	60.00/2.52	100.00/0.84	80.00/3.36	60.00/5.04	60.00/7.56	50.00/10.92	57.14/6.72	53.33/6.72	

续表

市	县区	全球界线层型	全国标准剖面	区域标准剖面	地方性标准剖面	古人类活动遗址	古植物	古生物活动遗址	花岗岩地貌	碎屑岩地貌	喀斯特地貌	变质岩地貌	冰川堆积地貌	流水侵蚀地貌	流水堆积地貌	构造地貌	温泉景观	冷泉景观	湖泊景观	风景河段	瀑布景观	地质工程景观	合计
柳州	柳州市辖区	50.00/6.25	—	—	—	33.33/12.5	—	—	—	—	7.77/50.00	—	—	—	—	—	—	10.00/6.25	13.33/12.5	3.85/6.25	—	6.67/6.25	
	柳江县	—	—	—	—	33.33/16.67	—	—	—	—	5.83/50.00	—	—	—	—	—	—	—	—	3.85/8.33	7.14/8.33	13.33/16.67	
	融安县	—	—	—	—		—	—	—	—	1.94/28.57	—	—	—	—	—	—	—	—	7.69/28.57	7.14/14.29	13.33/28.57	
	融水县	—	—	—	—		—	—	—	—	3.88/50.00	—	—	10.00/12.50	—	—	—	10.00/12.50	6.67/12.50	3.85/12.50	—	—	100
	柳城县	—	—	—	—		—	—	—	—	1.94/66.67	—	—	—	—	—	—	—	6.67/33.33	—	—	—	
	三江县	—	—	—	—		—	—	—	—	1.94/40.00	—	—	—	—	—	—	—	—	11.54/60.00	—	—	
	鹿寨县	—	—	—	—		—	—	—	—	9.71/62.50	—	—	20.00/12.50	—	—	—	—	—	11.54/18.75	7.14/6.25	—	
	小计	50.00/1.49	—	—	—	66.67/5.97	—	—	—	—	33.01/50.75	—	—	30.00/4.48	20.00/16.67	—	—	20.00/2.99	26.67/5.97	42.31/16.42	21.43/4.48	33.33/7.46	
来宾	兴宾区	50.00/16.67	—	—	—	16.67/16.67	—	—	—	—	2.91/50.00	—	—	—	—	—	—	—	—	—	—	—	
	合山市	—	—	—	—		—	—	—	—	4.85/71.43	—	—	—	—	—	—	10.00/14.29	—	—	7.14/14.29	—	
	忻城县	—	—	—	—		—	—	—	—	1.94/66.67	—	—	—	20.00/33.33	—	—	—	—	—	—	—	
	象州县	—	—	100.00/6.25	—	16.67/6.25	—	—	—	—	6.80/43.75	—	—	20.00/12.50	—	—	20.00/6.25	10.00/6.25	—	—	7.14/6.25	13.33/12.50	
	金秀县	—	—	—	—		—	—	—	33.33/11.11	3.88/44.44	—	—	10.00/11.11	—	—	—	—	—	7.69/22.22	7.14/11.11	—	

续表

区划单元		所占比例/%																					合计
市	县区	全球界线层型	全国标准剖面	区域标准剖面	地方性标准剖面	古人类活动遗址	古植物	古生物活动遗址	花岗岩地貌	碎屑岩地貌	喀斯特地貌	变质岩地貌	冰川堆积地貌	流水侵蚀地貌	流水堆积地貌	构造地貌	温泉景观	冷泉景观	湖泊景观	风景河段	瀑布景观	地质工程景观	
来宾	武宣县	50.00 /2.22	—	—	—	—	—	—	—	—	0.97/ 25.00	—	—	10.00 /25.00	—	—	—	—	13.33 /50.00	—	—	—	100
	小计	50.00 /2.22	—	100.00 /2.22	—	33.33 /4.44	—	—	—	33.33 /2.22	21.36 /48.89	—	—	40.00 /8.89	40.00 /4.44	—	20.00 /2.22	20.00 /4.44	13.33 /4.44	7.69/ 4.44	21.43 /6.67	13.33 /4.44	100
合计																							100

注:A/B,A 为某一类型地质遗迹在各区划单元中的分布比例,B 为某一区划单元中各类型地质遗迹的分布比例。

3. 区划单元—地质遗迹综合属性指标变量关系矩阵

桂北地区区划单元—地质遗迹空间格局综合属性指标变量矩阵及蛛网图见表3-3、图3-1，用以定量表征各区划单元中地质遗迹数量比例、地质遗迹密度、自治区级以上地质遗迹所占比例等地质遗迹空间格局定量表征指标的数值特征。

表3-3　桂北地区区划单元—地质遗迹空间格局综合属性指标变量矩阵

区划单元	综合属性指标原始值及其标准化值						
	地质遗迹数量比例/%	地质遗迹密度/（个/km²）	自治区级以上地质遗迹所占比例/%	地质遗迹类型丰度/%	与周边重要城镇平均公路距离/10²km	与周边其他旅游资源契合度	已保护开发地质遗迹所占比例/%
桂林市辖区	17.33/4.03	1.44/1.88	20.59/3.80	57.14/3.16	0.00/−1.60	8.50/3.10	14.29/3.76
灵川县	4.33/0.10	0.44/−0.11	5.41/0.32	38.10/1.43	0.17/−1.29	2.50/−0.71	3.90/0.16
兴安县	2.60/−0.42	0.26/−0.47	3.60/−0.1	23.81/0.12	0.65/−0.41	3.00/−0.39	2.16/−0.45
全州县	2.16/−0.56	0.12/−0.75	3.60/−0.1	19.05/−0.31	1.24/0.69	2.00/−1.03	1.73/−0.60
阳朔县	6.06/0.62	0.98/0.96	8.12/0.94	14.29/−0.75	0.86/−0.02	6.00/1.51	6.06/0.91
平乐县	0.87/−0.95	0.10/−0.79	0.90/−0.72	9.52/−1.18	1.00/0.24	2.00/−1.03	0.87/−0.89
恭城县	2.16/−0.56	0.23/−0.53	0.00/−0.93	19.05/−0.31	1.26/0.72	4.00/0.24	1.30/−0.74
资源县	3.46/−0.16	0.41/−0.17	4.50/0.11	28.57/0.56	1.13/0.48	4.50/0.56	3.03/−0.14
龙胜县	2.16/−0.56	0.20/−0.59	0.90/−0.72	19.05/−0.31	1.03/0.29	5.00/0.88	0.87/−0.89
荔浦县	3.46/−0.16	0.45/−0.09	1.80/−0.51	23.81/0.12	1.08/0.39	4.00/0.24	2.16/−0.45
永福县	2.16/−0.56	0.18/−0.63	0.90/−0.72	19.05/−0.31	0.69/−0.33	3.00/−0.39	1.73/−0.60
灌阳县	4.76/0.23	0.60/0.20	3.60/−0.10	28.57/0.56	1.52/1.20	4.00/0.24	3.03/−0.14
柳州市辖区	6.93/0.89	1.57/2.14	8.12/0.94	33.33/0.99	0.00/−1.60	4.00/0.24	6.93/1.21
柳江县	5.19/0.36	0.48/−0.03	1.80/−0.51	23.81/0.12	0.16/−1.32	3.50/−0.08	3.90/0.16
融安县	3.03/−0.29	0.24/−0.51	3.60/−0.10	19.05/−0.31	1.18/0.57	3.50/−0.08	2.60/−0.29
融水县	3.46/−0.16	0.17/−0.65	2.70/−0.31	28.57/0.56	1.07/0.36	4.00/0.24	3.03/−0.14
柳城县	1.30/−0.82	0.14/−0.71	0.90/−0.72	9.52/−1.18	0.73/−0.25	3.00/−0.39	1.30/−0.74
三江县	2.16/−0.56	0.20/−0.59	0.00/−0.93	9.52/−1.18	1.93/1.95	5.00/0.88	2.16/−0.45
鹿寨县	6.93/0.89	0.53/0.07	9.01/1.14	19.05/−0.31	0.47/−0.74	1.50/−1.34	6.49/1.01
来宾市兴宾区	2.60/−0.42	0.14/−0.71	3.60/−0.10	19.05/−0.31	0.00/−1.60	2.00/−1.03	2.60/−0.29
合山市	3.03/−0.29	2.00/3.00	0.90/−0.72	14.29/−0.75	0.63/−0.44	1.00/−1.66	2.60/−0.29
忻城县	1.30/−0.82	0.12/−0.75	1.80/−0.51	9.52/−1.18	1.28/0.75	3.50/−0.08	1.30/−0.74
象州县	6.93/0.89	0.84/0.68	4.50/0.11	38.10/1.43	0.96/0.17	5.00/0.88	6.49/1.06

续表

区划 单元	综合属性指标原始值及其标准化值						
	地质遗迹数 量比例/%	地质遗迹 密度/（个/ km²）	自治区级以上 地质遗迹所占 比例/%	地质遗迹 类型丰度 /%	与周边重要城 镇平均公路距 离/10²km	与周边其他 旅游资源契 合度	已保护开发 地质遗迹所 占比例/%
金秀县	3.90 /−0.03	0.36/−0.27	8.12/094	23.81/0.12	1.95/1.99	3.50/−0.08	3.90/0.16
武宣县	1.73/ −0.69	0.23/−0.53	1.80/−0.51	14.29/−0.75	0.77/−0.19	2.50/−0.71	1.73/ −0.60

注：A/B，A 为原始值，B 为标准化值。

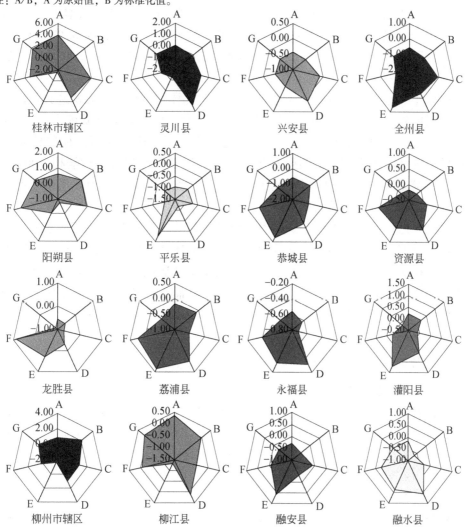

图 3-1　桂北地区各区划单元地质遗迹空间格局综合属性指标标准化值蛛网图

A：地质遗迹景观数量比例/%　　B：地质遗迹景观密度/（个/10²km²）　　C：省级以上地质遗迹景观所
占比例/%　　D：地质遗迹景观类型丰度/%　　E：与周边重要城镇平均公路距离/10²km　F：与周边其他
旅游资源契合度　G：已保护开发地质遗迹景观所占比例/%

二、桂北地区地质遗迹空间格局特征分析

1. 桂林片区特征分析

总体视之：①在地质遗迹数量上，桂林片区占桂北地区总数的 51.51% （表 3-3），在桂北地区名列第一；②在地质遗迹质量上，桂林片区世界级、国家级、自治区级地质遗迹占桂北地区的比例分别为 75.00%、48.57%、52.94% （表 3-1），是桂北地区高等级地质遗迹集中发育区；③在地质遗迹类型上，除全球界线层型、区域标准剖面、古人类活动遗址外，桂北地区发育的地质遗迹类型在桂林片区均有分布。主要地质遗迹类型中，花岗岩地貌 100%、喀斯特地貌 45.63% 集中在该区（表 3-2）。因此，桂林片区在桂北地区地质遗迹空间格局中占有重要地位，是桂北地区乃至广西最重要的地质遗迹分布区之一。

以桂林片区各行政区划单元视之（表 3-3）：①桂林市辖区地质遗迹数量比例、自治区级以上地质遗迹所占比例、地质遗迹类型丰度、与周边重要城镇平均公路距离、与周边其他旅游资源契合度、已保护开发地质遗迹所占比例 6 项指标居桂北地区第一，地质遗迹密度居第三；②阳朔县与周边其他旅游资源契合度位居桂北地区第二，地质遗迹数量比例、自治区级以上地质遗迹所占比例位居第三，地质遗迹密度、已保护开发地质遗迹所占比例居第四；③灵川县地质遗迹类型丰度、自治区级以上地质遗迹所占比例、已保护开发地质遗迹所占比例分居桂北地区第二、第三、第四；④资源县地质遗迹类型丰度、与周边其他旅游资源契合度居桂北地区第四，自治区级以上地质遗迹所占比例居第五；⑤灌阳县地质遗迹类型丰度居该桂北地区第四，地质遗迹数量比例、与周边其他旅游资源契合度居第五；⑥荔浦县地质遗迹类型丰度、与周边其他旅游资源契合度居桂北地区第五；⑦其他各区划单元地质遗迹空间格局特征指标数值不突出。

2. 柳州片区特征分析

总体视之：①在地质遗迹数量上，柳州片区占桂北地区总数的 29% （表 3-3），在桂北地区名列第二；②在地质遗迹质量上，柳州片区世界级、国家级、自治区级地质遗迹占桂北地区的比例分别为 12.50%、22.86%、29.41% （表 3-1），地质遗迹品质优越；③主要地质遗迹类型中，古人类活动遗址的 66.67%、全球界线层型的 50%、风景河段的 42.31%、喀斯特地貌的 33.01% 集中在该片区（表 3-2），是桂北地区上述地质遗迹类型的主要发育区。

以柳州片区各行政区划单元视之（表 3-3）：①柳州市辖区地质遗迹数量比例、地质遗迹密度、已保护开发地质遗迹所占比例均居桂北地区第二，自治区级以上地质遗迹所占比例、地质遗迹类型丰度均居第三，与周边其他旅游资源契合度居第四；②鹿寨县地质遗迹数量比例、自治区级以上地质遗迹所占比例据桂北地区第二，已保护开发地质遗迹所占比例居第三；③其他各区划单元地质遗迹空间格局特征指标数值不突出。

3. 来宾片区特征分析

总体视之：①在地质遗迹数量上，来宾片区占桂北地区总数的19.49%（表3-3），在桂北地区名列最后；②在地质遗迹质量上，来宾片区世界级、国家级地质遗迹占桂北地区的比例分别为12.50%、28.57%（表3-1），地质遗迹品质优良；③主要地质遗迹类型中，全球界线层型的50.00%、流水侵蚀地貌40.00%、碎屑岩地貌的33.33%集中在该片区（表3-2），是桂北地区上述地质遗迹类型的主要发育区，也是桂北地区唯一发育有碎屑岩地貌中的砂岩峰林地貌的片区。

以来宾片区各行政区划单元视之（表3-3）：①象州县地质遗迹数量比例、地质遗迹类型丰度均居桂北地区第二，与周边其他旅游资源契合度、已保护开发地质遗迹所占比例均居第三，地质遗迹密度、自治区级以上地质遗迹所占比例均居第五；②金秀县自治区级以上地质遗迹所占比例据桂北地区第三，地质遗迹类型丰度、已保护开发地质遗迹所占比例均居第四；③其他各区划单元地质遗迹空间格局特征指标数值不突出。

三、桂北地区地质遗迹空间格局类型划分

根据桂北地区各行政区划单元不同地质遗迹空间格局定量表征指标数值（表3-1、表3-2、表3-3，图3-1），将桂北地区地质遗迹空间格局划分为以下4种类型（表3-4），再根据各类型指标数值的优劣程度（图3-1），划分为优异（Ⅰ级）、良好（Ⅱ级）、一般（Ⅲ级）、较差（Ⅳ级）4个级次（表3-2），并据此绘制出桂北地区地质遗迹空间格局区划类型分布示意图（图3-2），以直观反映桂北地区地质遗迹空间格局特征，并为桂北地区地质公园旅游布局研究奠定基础。

表3-4　桂北地区地质遗迹空间格局类型划分

类别	区划单元	等级划分
第一类	桂林市辖区、阳朔县、资源县、鹿寨县、象州县、金秀县	优异（Ⅰ级）
第二类	荔浦县、龙胜县、灌阳县、柳州市辖区、柳江县、融水县、三江县、融安县	良好（Ⅱ级）
第三类	全州县、兴安县、灵川县、永福县、来宾市兴宾区	一般（Ⅲ级）
第四类	平乐县、恭城县、柳城县、合山市、忻城县、武宣县	较差（Ⅳ级）

图3-2　桂北地区地质遗迹空间格局区划类型分布示意图（后附彩图）

第三节　桂西地区地质遗迹空间格局研究

依据上述指标，对桂西地区的金城江区、凤山县、巴马县、罗城县、右江区、乐业县、靖西县等23个区划单元的地质遗迹空间格局定量表征指标进行量化赋值，进而通过地质遗迹的区划—级别、区划—类型关系矩阵（表3-5、表3-6）以及区划—综合属性指标变量矩阵（表3-7）的建立，结合综合属性指标蛛网图（图3-3）对桂西地区地质遗迹的空间格局特征进行全面刻画和定量表征。

一、桂西地区空间格局指标量化赋值

1. 区划单元—地质遗迹等级关系矩阵

桂西地区区划单元—地质遗迹等级关系矩阵见表 3-5，用以定量表征不同等级地质遗迹在各区划单元中的分布比例，以及不同区划单元中各等级地质遗迹的分布比例。

表 3-5　桂西地区区划单元—地质遗迹等级关系矩阵

区划单元		所占比例/%				合计
市	县区	世界级	国家级	自治区级	县市级	
河池	金城江区	—	4.55 / 12.50 (1)	13.64 / 75.00 (6)	1.25 / 12.50 (1)	
	大化县	14.29 / 14.29 (1)	13.63 / 42.86 (3)	6.82 / 42.86 (3)	—	
	宜州市	—	4.55 / 11.11 (1)	6.82 / 33.33 (3)	6.25 / 55.56 (5)	
	天峨县	—	9.09 / 25.00 (2)	4.55 / 25.00 (2)	5.00 / 50.00 (4)	
	凤山县	14.29 / 11.11 (1)	22.74 / 55.56 (5)	2.27 / 11.11 (1)	2.50 / 22.22 (2)	
	南丹县	14.29 / 9.09 (1)	9.09 / 18.18 (2)	2.27 / 9.09 (1)	8.75 / 63.64 (7)	
	东兰县	—	—	2.27 / 16.67 (1)	6.25 / 83.33 (5)	
	巴马县	—	9.09 / 25.00 (2)	11.36 / 62.50 (5)	1.25 / 12.50 (1)	
	都安县	14.29 / 16.67 (1)	—	—	6.25 / 83.33 (5)	
	环江县	—	—	2.27 / 16.67 (1)	6.25 / 83.33 (5)	
	罗城县	—	—	13.64 / 66.67 (6)	3.75 / 33.33 (3)	
	小计	57.16 / 4.60 (4)	72.73 / 16.09 (16)	65.91 / 35.63 (29)	47.50 / 43.68 (38)	100
百色	右江区	—	—	2.27 / 50.00 (1)	1.25 / 50.00 (1)	
	乐业县	14.29 / 10.00 (1)	18.18 / 40.00 (4)	4.55 / 20.00 (2)	3.75 / 30.00 (3)	
	凌云县	—	—	2.27 / 25.00 (1)	3.75 / 75.00 (3)	
	平果县	14.29 / 8.33 (1)	—	2.27 / 8.33 (1)	12.50 / 83.33 (10)	
	那坡县	—	—	2.27 / 33.33 (1)	2.50 / 66.67 (2)	
	靖西县	14.29 / 6.25 (1)	9.09 / 12.50 (2)	11.36 / 31.25 (5)	10.00 / 50.00 (8)	
	德保县	—	—	2.27 / 25.00 (1)	3.75 / 75.00 (3)	
	隆林县	—	—	2.27 / 33.33 (1)	2.50 / 66.67 (2)	
	田林县	—	—	—	1.25 / 100.00 (1)	
	田东县	—	—	—	2.50 / 100.00 (2)	
	田阳县	—	—	4.55 / 28.57 (2)	6.25 / 71.43 (5)	
	西林县	—	—	—	2.50 / 100.00 (2)	
	小计	42.87 / 4.55 (3)	27.27 / 9.09 (6)	34.09 / 22.72 (15)	52.50 / 63.64 (42)	
合计				100		

注：A/B（C），A 为某一等级地质遗迹在各区划单元中的分布比例，B 为某一区划单元中各等级地质遗迹的分布比例，C 为地质遗迹数量。

2. 区划单元—地质遗迹类型关系矩阵

桂西地区区划单元—地质遗迹类型关系矩阵见表 3-6，用以定量表征不同类型地质遗迹在各区划单元中的分布比例，以及不同区划单元中各类型地质遗迹的分布比例。

表3-6 桂西地区区划单元—地质遗迹类型关系矩阵

所占比例/%

区划单元 市	区划单元 县区	区域性标准剖面	古人类活动遗迹	典型矿物产地	典型金属矿床	可溶岩地貌景观	变质岩地貌景观	流水侵蚀地貌景观	构造地貌景观	温(热)泉景观	冷泉景观	湖泊景观	风景河段	瀑布景观	地质工程景观	合计
河池	金城江区	—	—	—	—	1.22 / 12.50	—	16.67 / 12.50	—	—	—	11.11 / 12.50	7.41 / 25.00	10.00 / 12.50	33.33 / 25.00	
	大化县	—	—	—	—	2.44 / 28.57	—	—	—	—	—	11.11 / 14.29	7.41 / 28.57	—	33.33 / 28.57	
	宜州市	—	—	—	—	6.10 / 55.56	—	—	—	—	—	—	14.81 / 44.44	—	—	
	天峨县	—	—	—	—	2.44 / 25.00	—	16.67 / 12.50	—	—	20.00 / 12.50	11.11 / 12.50	7.41 / 25.00	—	16.67 / 12.50	100
	凤山县	—	—	—	—	7.31 / 66.66	—	—	—	—	20.00 / 11.11	11.11 / 11.11	3.70 / 11.11	—	—	
	南丹县	100.00 / 9.09	—	—	50.00 / 9.09	7.31 / 54.55	—	—	100.00 / 9.09	100.00 / 9.09			—	10.00 / 9.09	—	
	东兰县	—	—	—	—	7.31 / 100.00	—	—	—	—	—	—	—	—	—	
	巴马县	—	—	—	—	6.10 / 62.50	—	—	—	—	—	11.11 / 12.50	7.41 / 25.00	—	—	
	都安县	—	—	—	—	6.10 / 83.33	—	—	—	—	—	—	3.70 / 16.67	—	—	
	环江县	—	—	—	—	2.44 / 33.33	100.00 / 11.11	—	—	—	—	—	11.11 / 50.00	10.00 / 16.67	—	
	罗城县	—	—	100.00 / 11.11	—	4.88 / 44.44	—	—	—	—	20.00 / 11.1	—	7.41 / 22.22	—	—	
	小计	100.00 / 1.15	—	100.00 / 1.15	50.00 / 1.15	53.65 / 50.57	100.00 / 1.15	33.34 / 2.30	100.00 / 1.15	100.00 / 1.15	60.00 / 3.45	55.55 / 5.75	70.37 / 21.83	30.00 / 3.45	83.33 / 5.75	

续表

区划单元 市	县区	区域性标准剖面	古人类活动遗迹	典型矿物产地	典型金属矿床	所占比例/% 可溶岩地貌景观	变质岩地貌景观	流水侵蚀地貌景观	构造地貌景观	温(热)泉景观	冷泉景观	湖泊景观	风景河段	瀑布景观	地质工程景观	合计
百色	右江区	—	—	—	—	1.22 / 50.00	—	—	—	—	—	11.11 / 50.00	—	—	—	
	乐业县	—	—	—	—	9.75 / 80.00	—	33.33 / 20.00	—	—	—	—	—	—	—	
	凌云县	—	—	—	—	3.66 / 75.00	—	—	—	—	—	—	—	10.00 / 25.00	—	
	平果县	—	—	—	50.00 / 8.33	8.53 / 58.33	—	—	—	—	—	—	14.81 / 33.33	—	—	100
	那坡县	—	100.00 / 33.33	—	—	2.44 / 66.67	—	—	—	—	—	—	—	—	—	
	靖西县	—	—	—	—	4.88 / 25.00	—	33.33 / 12.50	—	—	40.00 / 12.50	33.33 / 18.75	3.70 / 6.25	40.00 / 25.00	—	
	德保县	—	—	—	—	4.88 / 100.00	—	—	—	—	—	—	—	—	—	
	隆林县	—	—	—	—	1.22 / 33.33	—	—	—	—	—	—	—	10.00 / 33.33	16.67 / 33.33	
	田东县	—	—	—	—	1.22 / 100.00	—	—	—	—	—	—	3.70 / 50.00	—	—	
	田阳县	—	—	—	—	1.22 / 50.00	—	—	—	—	—	—	7.41 / 28.57	10.00 / 14.29	—	
	西林县	—	—	—	—	2.44 / 100.00	—	—	—	—	—	—	—	—	—	
	小计	—	100.00 / 1.52	—	50.00 / 1.52	46.34 / 57.57	—	66.66 / 6.06	—	—	40.00 / 3.03	44.44 / 6.06	29.62 / 12.12	70.00 / 10.60	16.67 / 1.52	100
合计																100

注:A/B,A为某一类型地质遗迹在各区划单元中的分布比例,B为某一区划单元中各类型地质遗迹的分布比例。

3. 区划单元—地质遗迹综合属性指标变量关系矩阵

桂西地区区划单元—地质遗迹空间格局综合属性指标变量矩阵见表3-7，用以定量表征各区划单元中地质遗迹数量比例、地质遗迹密度、自治区级以上地质遗迹所占比例等地质遗迹空间格局定量表征指标的数值特征。

表3-7　桂西地区区划单元—地质遗迹空间格局综合属性指标变量矩阵

区划单元	综合属性指标原始值及其标准化值						
	地质遗迹数量比例/%	地质遗迹密度/（个/km²）	自治区级以上地质遗迹所占比例/%	地质遗迹类型丰度/%	与周边重要城镇平均公路距离/km	与周边其他旅游资源契合度	已保护开发地质遗迹所占比例/%
金城江区	5.23 / 0.36	3.41 / 0.68	9.59 / 1.35	42.86 / 1.72	0.00 / −1.65	7.00 / 0.30	3.92 / 0.32
大化县	4.58 / 0.10	2.54 / 0.09	9.59 / 1.35	28.57 / 0.56	1.62 / 0.36	6.00 / −0.28	4.57 / 0.63
宜州市	5.88 / 0.63	2.31 / −0.07	5.48 / 0.29	14.28 / −0.61	0.77 / −0.69	8.00 / 0.88	5.88 / 1.26
天峨县	5.23 / 0.36	2.50 / 0.06	5.48 / 0.29	42.86 / 1.72	1.41 / 0.10	7.00 / 0.30	4.57 / 0.63
凤山县	5.88 / 0.63	5.17 / 1.88	9.59 / 1.35	28.57 / −0.56	1.97 / 0.79	7.00 / 0.30	5.88 / 1.26
南丹县	7.19 / 1.16	2.80 / 0.26	5.48 / 0.29	42.86 / 1.72	0.79 / −0.67	8.00 / 0.88	4.57 / 0.63
东兰县	3.92 / −0.18	2.48 / 0.05	1.37 / −0.77	7.14 / −1.19	1.23 / −0.12	7.00 / 0.30	3.26 / 0.00
巴马县	5.23 / 0.36	4.06 / 1.12	9.59 / 1.00	21.43 / −0.03	1.87 / 0.67	9.00 / 1.46	4.57 / 0.63
都安县	3.92 / −0.18	1.46 / −0.65	1.37 / −0.77	14.28 / −0.61	1.14 / −0.24	6.00 / −0.28	3.26 / 0.00
环江县	3.92 / −0.18	1.31 / −0.75	1.37 / −0.77	21.43 / −0.03	1.24 / −0.11	6.00 / −0.28	2.61 / −0.31
罗城县	5.88 / 0.63	3.38 / 0.66	8.22 / 1.00	35.71 / 1.14	3.72 / 2.96	6.00 / −0.28	3.26 / 0.00
右江区	1.31 / −1.24	0.53 / −1.28	1.37 / −0.77	14.28 / −0.61	0.00 / −1.65	6.00 / −0.28	1.30 / −0.95
乐业县	6.54 / 0.90	3.79 / 0.94	9.59 / 1.35	14.28 / −0.61	1.69 / 0.45	9.00 / 1.46	5.22 / 0.94
凌云县	2.61 / −0.71	1.94 / −0.32	1.37 / −0.77	14.28 / −0.61	0.86 / −0.58	6.00 / −0.28	1.30 / −0.95
平果县	7.84 / 1.43	4.82 / 1.64	2.74 / −0.41	21.43 / −0.03	1.49 / 0.20	8.00 / 0.88	5.22 / 0.94
那坡县	1.96 / −0.98	1.34 / −0.73	1.37 / −0.77	14.28 / −0.61	1.70 / 0.46	7.00 / 0.30	1.96 / −0.63
靖西县	10.46 / 2.50	4.8 / 1.63	10.95 / 1.70	42.86 / 1.72	1.64 / 0.38	9.00 / 1.46	7.84 / 2.20
德保县	2.61 / −0.71	1.55 / −0.59	1.37 / −0.77	7.14 / −1.19	1.15 / −0.22	6.00 / −0.28	0.65 / −1.26
隆林县	1.96 / −0.98	0.84 / −1.07	1.37 / −0.77	21.43 / −0.03	1.89 / 0.69	7.00 / 0.30	1.30 / −0.95
田林县	0.65 / −1.15	0.17 / −1.53	0.00 / −1.12	7.14 / −1.19	0.82 / −0.63	3.00 / −2.01	0.00 / −1.57
田东县	1.31 / −1.24	0.71 / −1.16	0.00 / −1.12	14.28 / −0.61	0.76 / −0.71	3.00 / −2.01	0.65 / −1.26
田阳县	4.58 / 0.10	2.92 / 0.35	2.74 / −0.41	21.43 / −0.03	0.40 / −1.15	4.00 / −1.43	2.61 / −0.31
西林县	1.31 / −1.24	0.66 / −1.19	0.00 / −1.12	7.14 / −1.19	2.43 / 1.36	4.00 / −1.43	0.65 / −1.26

注：A/B，A为原始值，B为标准化值。

二、桂西地区地质遗迹空间格局特征分析

1. 河池片区特征分析

总体视之：①在地质遗迹数量上，河池片区占桂西地区总数的56.86%（表3-7），是桂西地区最主要的地质遗迹分布区；②在地质遗迹质量上，河池片区世界级、国家级、自治区级地质遗迹占桂西地区的比例分别为57.16%、72.73%、65.91%（表3-5），是桂西地区高等级地质遗迹集中发育区；③在地质遗迹类型上，除古人类活动遗迹外，桂西地区发育的地质遗迹类型在河池均有分布，主要地质遗迹类型中，风景河段70.37%集中在该区（表3-6）。因此，河池片区在桂西地区地质遗迹空间格局中占有重要地位，是桂西地区乃至广西最重要的地质遗迹分布区之一。

以河池片区各区划单元视之（表3-7）：①金城江区地质遗迹类型丰度与周边重要城镇平均公路距离在桂西地区位居第一（并列），自治区级以上地质遗迹所占比例位居前

列；②大化县自治区级以上地质遗迹所占比例、地质遗迹类型丰度位居桂西地区前列；③宜州市与周边重要城镇平均公路距离、与周边其他旅游资源契合度、已保护开发地质遗迹所占比例3项指标位居桂西地区前列；④天峨县地质遗迹类型丰度在桂西地区位居第一（并列）；⑤凤山县地质遗迹密度居桂西地区第一，地质遗迹类型丰度、已保护开发地质遗迹所占比例位居前列；⑥南丹县地质遗迹类型丰度在桂西地区位居第一（并列），地质遗迹数量比例、与周边重要城镇平均公路距离、与周边其他旅游资源契合度位居前列；⑦巴马县与周边其他旅游资源契合度位居桂西地区第一（并列），自治区级以上地质遗迹所占比例、地质遗迹密度位居前列；⑧罗城县自治区级以上地质遗迹所占比例、地质遗迹类型丰度位居前列；⑨都安县、东兰县、环江县地质遗迹空间格局特征不突出，但都安县是河池地区拥有世界级地质遗迹资源的4个区划单元之一（表3-5）。

2. 百色片区特征分析

总体视之：①百色片区地质遗迹数量占桂西地区总数的43.14%（表3-7），稍逊于河池片区；②在地质遗迹质量上，百色片区世界级地质遗迹占桂北地区的42.87%，略逊于河池片区，总体地质遗迹品质较高；③主要地质遗迹类型中，桂西地区可溶岩地貌景观（岩溶地貌景观）的46.34%、瀑布景观的70%发育在百色片区（表3-6），是以特色地质遗迹类型见长的片区。

以百色片区各区划单元视之（表3-7）：①右江区与周边重要城镇平均公路距离在桂西地区最短（并列）；②乐业县与周边其他旅游资源契合度位居桂西地区第一（并列），地质遗迹数量比例、地质遗迹密度、自治区级以上地质遗迹所占比例、已保护开发地质遗迹所占比例4项指标位居桂西地区前列；③平果县地质遗迹数量比例、地质遗迹密度、与周边其他旅游资源契合度、已保护开发地质遗迹所占比例4项指标位居桂西地区前列；④靖西县地质遗迹数量比例、自治区级以上地质遗迹所占比例、已保护开发地质遗迹所占比例3项指标位居桂西地区第一，地质遗迹类型丰度、与周边其他旅游资源契合度并列第一，地质遗迹密度位居前列；⑤其他各区划单元地质遗迹空间格局特征不突出。

三、桂西地区地质遗迹空间格局类型划分

根据桂西地区各行政区划单元不同地质遗迹空间格局定量表征指标数值（表3-5、表3-6、表3-7），将桂西地区地质遗迹空间格局划分为以下4种类型（表3-8），再根据各类型指标数值的优劣程度（图3-3）划分为优异（Ⅰ级）、良好（Ⅱ级）、一般（Ⅲ级）、较差（Ⅳ级）4个级次，并据此绘制出桂西地区地质遗迹空间格局区划类型分布示意图（图3-4），以直观反映桂西地区地质遗迹空间格局特征，并为基于地质遗迹与人地关系耦合的桂西地区地走公园旅游布局研究奠定基础。

表3-8 桂西地区地质遗迹空间格局类型划分

类别	区划单元	等级划分
第一类	靖西县、宜州市、乐业县、凤山县、南丹县、巴马县、平果县	优异（Ⅰ级）
第二类	金城江区、大化县、天峨县、罗城县、都安县	良好（Ⅱ级）
第三类	东兰县、凌云县、那坡县、德保县、环江县、田阳县、右江区、隆林县	一般（Ⅲ级）
第四类	田林县、田东县、西林县	较差（Ⅳ级）

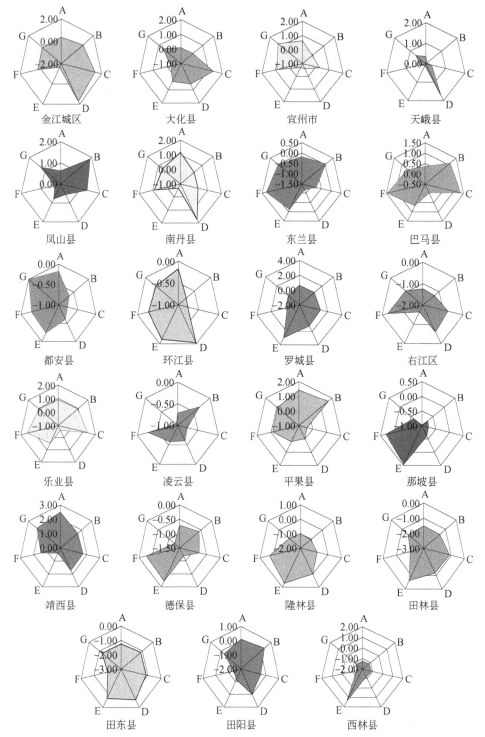

图 3-3　桂西地区各区划单元地质遗迹空间格局综合属性指标标准化值蛛网图

A：地质遗迹景观数量比例/%　B：地质遗迹景观密度/（个/km²）　C：省级以上地质遗迹景观所占比例/%

D：地质遗迹景观类型丰度/%　E：与周边重要城镇平均公路距离/10²km　F：与周边其他旅游资源契

合度　G：已保护开发地质遗迹景观所占比例/%

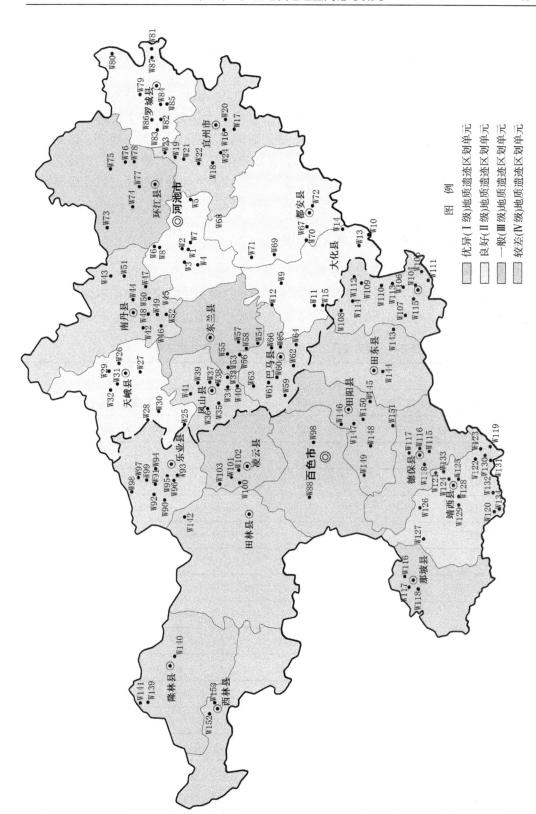

图3-4　桂西地区地质遗迹空间格局区划类型分布示意图（后附彩图）

第四节　桂南地区地质遗迹空间格局研究

依据上述指标，对桂南地区的南宁市辖区、隆安县、横县、北海市辖区、钦州市辖区、防城港市辖区、玉林市辖区区、江州区、扶绥县、大新县等28个区划单元的地质遗迹空间格局定量表征指标进行量化赋值，进而通过地质遗迹的区划—级别、区划—类型关系矩阵（表3-9、3-10）以及区划—综合属性指标变量矩阵（表3-11）的建立，结合综合属性指标蛛网图（图3-5）对桂南地区地质遗迹的空间格局特征进行全面刻画和定量表征。

一、桂南地区空间格局指标量化赋值

1. 区划单元—地质遗迹等级关系矩阵

桂南地区区划单元—地质遗迹等级关系矩阵见表3-9，用以定量表征不同等级地质遗迹在各区划单元中的分布比例，以及不同区划单元中各等级地质遗迹的分布比例。

表3-9　桂南地区区划单元—地质遗迹等级关系矩阵

区单元划		所占比例/%				合计
市	区县	世界级	国家级	自治区级	县市级	
南宁	南宁市辖区	—	10.00/18.18 (2)	7.08/72.73 (8)	1.52/9.09 (1)	
	隆安县	—	—	7.96/100.00 (9)	—	
	武鸣县	—	10.00/28.57 (2)	3.54/57.14 (4)	1.52/14.29 (1)	
	宾阳县	—	—	1.77/50.00 (2)	3.03/50.00 (2)	
	上林县	—	—	3.54/100.00 (4)	—	
	马山县	—	5.00/25.00 (1)	1.77/50.00 (2)	1.52/25.00 (1)	
	横县	—	—	7.96/100.00 (9)	—	
	小计	—	25.00/10.42 (5)	33.62/79.17 (38)	7.59/10.42 (5)	100
北海	北海市辖区	66.67/50.00 (2)	5.00/25.00 (1)	0.88/25.00 (1)	—	
	合浦县	—	5.00/100.00 (1)	—	—	
	小计	66.67/ 40.00 (2)	10.00/40.00 (2)	0.88/20.00 (1)	—	
钦州	钦州市辖区	—	15.00/15.79 (3)	10.62/63.16 (12)	6.06/21.05 (4)	
	灵山县	—	—	2.65/75.00 (3)	1.52/25.00 (1)	
	浦北县	—	5.00/20.00 (1)	3.54/80.00 (4)	—	
	小计	—	20.00/14.29 (4)	16.81/67.85 (19)	7.58/17.86 (5)	

区单元划		所占比例/%				合计
市	区县	世界级	国家级	自治区级	县市级	
防城港	防城港市辖区	—	5.00/5.00 (1)	11.50/65.00 (13)	9.09/30.00 (6)	
	上思县	—	5.00/10.00 (1)	1.77/20.00 (2)	10.61/70.00 (7)	
	东兴市	—	15.00/30.00 (3)	6.19/70.00 (7)	—	
	小计	—	25.00/12.50 (5)	19.46/55.00 (22)	19.70/32.50 (13)	
玉林	玉林市辖区	—	—	1.77/100.00 (2)	—	
	北流县	—	—	3.54/100.00 (4)	—	
	容县	—	5.00/20.00 (1)	1.77/40.00 (2)	3.03/40.00 (2)	
	陆川县	—	—	4.42/100.00 (5)	—	100
	博白县	—	5.00/50.00 (1)	0.88/50.00 (1)	—	
	兴业县	—	—	0.88/50.00 (1)	1.52/50.00 (1)	
	小计		10.00/10.00 (2)	13.26/75.00 (15)	4.55/15.00 (3)	
崇左	江州区	—	—	3.54/40.00 (4)	9.09/60.00 (6)	
	天等县	—	—	2.65/30.00 (3)	10.61/70.00 (7)	
	大新县	33.33/6.67 (1)		6.19/46.67 (7)	10.61/46.67 (7)	
	龙州县	—	5.00/20.00 (1)	—	6.06/80.00 (4)	
	凭祥市	—	—	—	3.03//100.00 (2)	
	宁明县	—	—	0.88/25.00 (1)	4.55/75.00 (3)	
	扶绥县	—	5.00/6.67 (1)	2.65/20.00 (3)	16.67/73.33 (11)	
	小计	33.33/1.64 (1)	10.00/3.28 (2)	15.91/29.51 (18)	60.62/65.57 (40)	
合计		100				

注：A/B（C），A 为某一等级地质遗迹在各区划单元中的分布比例，B 为某一区划单元中各等级地质遗迹的分布比例，C 为地质遗迹数量。

2. 区划单元—地质遗迹类型关系矩阵

桂南地区区划单元—地质遗迹类型关系矩阵见表3-10，用以定量表征不同类型地质遗迹在各区划单元中的分布比例，以及不同区划单元中各类型地质遗迹的分布比例。

表3-10 桂南地区区划单元—地质遗迹类型关系矩阵

所占比例/%

市	县区	区域性标准剖面	古人类活动遗迹	古生物活动遗迹	花岗岩地貌	碎屑岩地貌	喀斯特地貌	变质岩地貌	火山机构地貌	火山熔岩地貌	流水侵蚀地貌	流水堆积地貌	海蚀海积地貌	温泉景观	冷泉景观	湖泊景观	风景河段	瀑布景观	地质工程景观	合计
南宁	南宁市辖区	—	20.00/18.18	—	—	8.33/9.09	5.88/36.36	—	—	—	—	—	—	20.00/18.18	—	9.52/18.18	—	—	—	100
南宁	隆安县	—	—	—	—	—	10.29/77.78	—	—	—	—	—	—	—	—	4.76/11.11	—	11.11/11.11	—	100
南宁	武鸣县	—	10.00/14.29	—	—	—	5.88/57.14	—	—	—	—	—	—	—	33.33/14.29	—	7.14/14.29	—	—	100
南宁	宾阳县	—	—	—	—	—	4.41/75.00	—	—	—	—	—	—	—	—	4.76/25.00	—	—	—	100
南宁	上林县	—	—	—	—	16.67/50.00	—	—	—	—	—	—	—	—	—	4.76/25.00	—	11.11/25.00	—	100
南宁	马山县	—	—	—	—	—	5.88/100.00	—	—	—	—	—	—	—	—	—	—	—	—	100
南宁	横县	100.00/11.11	—	—	—	16.67/22.22	1.47/11.11	—	—	—	15.38/22.23	—	—	—	—	4.76/11.11	7.14/11.11	11.11/11.11	—	100
南宁	小计	100.00/2.08	30.00/6.25	—	—	41.67/10.42	33.81/47.92	—	—	—	15.38/4.17	—	—	20.00/4.17	33.33/2.08	28.56/12.50	14.28/4.17	33.33/6.25	—	100
北海	北海市辖区	—	—	—	—	—	—	—	100.00/25.00	33.33/25.00	—	—	11.11/50.00	—	—	—	—	—	—	100
北海	合浦县	—	—	—	—	—	—	—	—	—	—	—	—	—	—	4.76/100.00	—	—	—	100
北海	小计	—	—	—	—	—	—	—	100.00/20.00	33.33/20.00	—	—	11.11/40.00	—	—	4.76/20.00	—	—	—	100
钦州	钦州市辖区	—	20.00/10.53	—	33.33/21.05	—	1.47/5.26	—	—	—	23.08/15.79	—	27.78/26.32	10.00/5.26	33.33/5.26	9.52/10.53	—	—	—	100
钦州	灵山县	—	—	—	—	—	—	—	—	—	23.08/75.00	—	—	—	—	4.76/25.00	—	—	—	100
钦州	浦北县	—	—	—	25.00/60.00	—	—	—	—	—	—	—	—	—	—	9.52/40.00	—	—	—	100
钦州	小计	—	20.00/7.14	—	58.33/25.00	—	1.47/3.57	—	—	—	46.16/21.43	—	27.78/17.86	10.00/3.60	33.30/3.57	23.80/17.86	—	—	—	100

续表

所占比例/%

市	县区	区域性标准剖面	古人类活动遗迹	古生物活动遗迹	花岗岩地貌	碎屑岩地貌	喀斯特地貌	变质岩地貌	火山机构地貌	火山熔岩地貌	流水侵蚀地貌	流水堆积地貌	海蚀海积地貌	温泉景观	冷泉景观	湖泊景观	风景河段	瀑布景观	地质工程景观	合计
防城港	防城港市辖区	—	20.00/10.00	—	8.33/5.00	8.33/5.00	—	—	—	66.67/10.00	—	—	38.89/35.00	10.00/5.00	—	—	21.43/15.00	22.22/10.00	100.00/5.00	100
	上思县	—	—	—	16.67/20.00	8.33/10.00	1.47/10.00	—	—	—	7.69/10.00	—	—	10.00/10.00	—	4.76/10.00	14.29/20.00	11.11/10.00	—	
	东兴市	—	—	—	—	8.33/10.00	—	—	—	—	15.38/20.00	50.00/10.00	22.22/40.00	—	—	4.76/10.00	7.14/10.00	—	—	
	小计	—	20.00/5.00	—	25.00/7.50	25.00/7.50	1.47/2.50	—	—	66.67/5.00	23.07/7.50	50.00/2.50	61.11/27.50	20.00/5.00	—	9.52/5.00	42.86/15.00	33.33/7.50	100/2.50	100
玉林	玉林市辖区	—	—	—	16.67/50.00	2.94/100.00	1.47/25.00	—	—	—	—	—	—	—	—	—	—	—	—	
	北流市	—	—	—	—	8.33/24.99	2.94/25.00	—	—	—	—	—	—	10.00/20.00	—	—	7.14/20.00	—	—	
	容县	—	—	—	—	8.33/20.00	2.94/40.00	—	—	—	7.69/20.00	—	—	20.00/40.00	—	—	—	—	—	
	陆川县	—	—	—	—	—	1.47/20.00	—	—	—	—	—	—	10.00/50.00	—	4.76/20.00	—	—	—	
	博白县	—	—	—	—	8.33/50.00	—	—	—	—	—	—	—	—	—	—	—	—	—	
	兴业县	—	—	—	—	—	2.94/100.00	—	—	—	—	—	—	—	—	—	—	—	—	
	小计	—	—	—	16.67/10.00	24.99/15.00	11.76/40.00	—	—	—	7.69/5.00	—	—	40.00/20.00	—	4.76/5.00	7.14/5.00	—	—	
崇左	江州区	—	—	—	—	8.33/10.00	8.82/60.00	—	—	—	—	—	—	—	33.33/10.00	4.76/10.00	7.14/10.00	—	—	
	天等县	—	—	—	—	—	13.24/90.00	—	—	—	—	—	—	—	—	4.76/10.00	—	—	—	
	大新县	—	—	33.33/6.67	—	—	11.76/53.33	—	—	—	7.69/6.67	—	—	—	—	4.76/6.67	14.29/13.33	22.22/13.33	—	
	龙州县	—	—	—	—	—	4.41/60.00	—	—	—	—	—	—	—	—	—	7.14/20.00	11.11/20.00	—	

续表

区划单元		所占比例/%																	合计
市	县区	区域性标准剖面	古人类活动遗迹	古生物活动遗迹	花岗岩地貌	碎屑岩地貌	喀斯特地貌	变质岩地貌	火山机构地貌	火山熔岩地貌	流水侵蚀地貌	流水堆积地貌	海蚀海积地貌	温泉景观	冷泉景观	湖泊景观	风景河段	瀑布景观	地质工程景观	
崇左	凭祥市	—	—	—	—	—	1.47/50.00	—	—	—	—	50.00/50.00	—	—	—	—	—	—	—	100
	宁明县	—	—	—	—	—	1.47/25.00	100.00/25.00	—	—	—	—	—	10.00/25.00	—	4.76/25.00	—	—	—	
	扶绥县	—	30.00/20.00	66.67/13.33	—	—	10.29/46.67	—	—	—	—	—	—	—	—	9.52/13.33	7.14/6.67	—	—	
	小计	—	30.00/4.92	100.00/4.92	—	8.33/1.64	51.46/57.38	100.00/1.64	—	—	7.69/1.64	50.00/1.64	—	10.00/1.64	33.33/1.64	28.56/9.84	35.71/8.20	33.33/4.92	—	
合计											100									

注：A/B，A 为某一类型地质遗迹在各区划单元的分布比例，B 为某一区划单元中各类型地质遗迹的分布比例。

3. 区划单元—地质遗迹综合属性指标变量关系矩阵

桂南地区区划单元—地质遗迹空间格局综合属性指标变量矩阵见表3-11，用以定量表征各区划单元中地质遗迹数量比例、地质遗迹密度、自治区级以上地质遗迹所占比例等地质遗迹空间格局定量表征指标的数值特征。

表3-11　桂南地区区划单元—地质遗迹空间格局综合属性指标变量矩阵

区划单元	综合属性指标原始值及其标准化值						
	地质遗迹数量比例/%	地质遗迹密度/（个/km²）	自治区级以上地质遗迹所占比例/%	地质遗迹类型丰度/%	与周边重要城镇平均公路距离/km	与周边其他旅游资源契合度	已保护开发地质遗迹所占比例/%
南宁市辖区	5.45/0.74	0.17/−0.48	7.35/1.31	27.78/0.53	0.00/−1.35	9.00/1.99	4.95/1.76
隆安县	4.46/0.35	0.40/0.22	6.62/1.06	16.67/−0.34	0.92/0.66	7.00/0.78	0.99/−0.87
武鸣县	3.47/−0.04	0.21/−0.36	4.41/0.29	22.22/0.09	0.65/0.07	7.00/0.78	2.97/0.45
宾阳县	1.98/−0.63	0.17/−0.48	1.47/−0.73	11.11/−0.78	0.73/0.24	6.00/0.17	1.49/−0.54
上林县	1.98/−0.63	0.21/−0.36	2.94/−0.22	16.67/−0.34	1.15/1.16	5.00/−0.43	1.98/−0.21
马山县	1.98/−0.63	0.17/−0.48	2.21/−0.47	5.56/−1.22	1.23/1.33	6.00/0.17	0.99/−0.87
横县	4.46/0.35	0.26/−0.21	6.62/1.06	38.89/1.41	1.38/1.66	6.00/0.17	3.47/0.78
北海市辖区	1.98/−0.63	0.42/0.28	2.94/−0.22	16.67/−0.34	0.00/−1.35	8.00/1.38	1.98/−0.21
合浦县	0.50/−1.21	0.04/−0.87	0.74/−0.98	5.56/−1.22	0.27/−0.76	4.00/−1.04	0.50/−1.20
钦州市辖区	9.41/2.29	0.40/0.22	11.03/2.59	44.44/1.85	0.00/−1.35	8.00/1.38	3.96/1.10
灵山县	1.98/−0.63	0.11/−0.66	2.21/−0.47	11.11/−0.78	0.95/0.72	4.00/−1.04	0.99/−0.87
浦北县	2.48/−0.43	0.20/−0.39	3.68/0.04	11.11/−0.78	1.56/2.05	5.00/−0.43	1.98/−0.21
防城港市辖区	9.90/2.48	0.71/1.15	10.29/2.34	50.00/2.28	0.00/−1.35	8.00/1.38	5.45/2.10
上思县	4.95/0.54	0.36/0.10	2.21/0.47	44.44/1.85	1.08/1.01	7.00/0.78	3.47/0.78
东兴市	4.95/0.54	1.82/4.48	7.35/1.31	33.33/0.97	0.48/−0.30	7.00/0.78	3.47/0.78
玉林市辖区	0.99/−1.01	0.16/−0.51	1.47/−0.73	5.56/−1.22	0.00/−1.35	6.00/0.17	0.50/−1.20
北流县	1.98/−0.63	0.16/−0.51	2.94/−0.22	16.67/−0.34	0.24/−0.82	5.00/−0.43	1.49/−0.54
容县	2.48/−0.43	0.22/−0.33	2.21/−0.47	22.22/0.09	0.53/−0.19	5.00/−0.43	2.48/0.12
陆川县	2.48/−0.43	0.32/−0.02	3.68/0.04	22.22/0.09	0.40/−0.47	4.00/−1.04	1.49/−0.54
博白县	0.99/−1.01	0.05/−0.84	1.47/−0.73	11.11/−0.78	0.49/−0.28	4.00/−1.04	0.99/−0.87

区划单元	综合属性指标原始值及其标准化值						
	地质遗迹数量比例/%	地质遗迹密度/（个/km²）	自治区级以上地质遗迹所占比例/%	地质遗迹类型丰度/%	与周边重要城镇平均公路距离/km	与周边其他旅游资源契合度	已保护开发地质遗迹所占比例/%
兴业县	0.99/-1.01	0.13/-0.60	0.74/-0.98	5.56/-1.22	0.36/-0.56	3.00/-1.64	0.99/-0.87
崇左市江州区	4.95/0.54	0.34/0.04	2.94/-0.22	27.78/0.53	0.00/-1.35	7.00/0.78	2.48/0.12
天等县	4.95/0.54	0.46/0.40	2.22/-0.47	11.11/-0.78	1.18/1.22	6.00/0.17	1.49/-0.54
大新县	7.43/1.51	0.54/0.64	5.88/0.80	33.33/0.97	0.75/0.29	7.00/0.78	3.47/0.78
龙州县	2.48/-0.43	0.22/-0.33	0.74/-0.98	16.67/-0.34	0.73/0.24	5.00/-0.43	2.48/0.12
凭祥市	0.99/-1.01	0.31/-0.05	0.00/-1.24	11.11/-0.78	0.82/0.44	3.00/-1.64	0.50/-1.20
宁明县	1.98/-0.63	0.11/-0.66	0.74/-0.98	22.22/0.09	0.60/-0.04	3.00/-1.64	1.49/-0.54
扶绥县	7.43/1.51	0.52/0.58	2.94/-0.22	27.78/0.53	0.80/0.40	5.00/-0.43	5.94/2.42

注：A/B，A 为原始值，B 为标准化值。

二、桂南地区地质遗迹空间格局特征分析

1. 南宁片区特征分析

总体视之：①在地质遗迹数量上，南宁片区占桂南地区总数的 23.78%（表 3-11），在桂南地区名列第二；②在地质遗迹质量上，南宁片区国家级、自治区级地质遗迹占桂南地区的比例分别为 25.00%、33.62%，均名列该地区第一（表 3-9），是桂南地区高等级地质遗迹集中发育区；③主要地质遗迹类型中（表 3-10），碎屑岩地貌的 41.67% 集中于该区，是该类地质遗迹在桂南地区最主要的发育区。

以南宁片区各区划单元视之（表 3-11）：①南宁市辖区与周边其他旅游资源契合度位列该片区第一，自治区级以上地质遗迹所占比例和已保护开发地质遗迹所占比例均位列该片区第三；②武鸣县是该片区碎屑岩地貌（砂岩峰林地貌）最主要的发育区，其他各县地质遗迹空间格局指标特征不突出。

2. 北海片区特征分析

总体视之：①在地质遗迹数量上，北海片区占桂南地区总数的比例不高（表 3-11）；②在地质遗迹质量上，北海片区世界级地质遗迹占桂南地区的比例为 66.67%（表 3-9），名列该地区第一，是桂南地区世界级地质遗迹集中发育区；③主要地质遗迹类型中，火山机构地貌 100% 集中在该区（表 3-10）。因此，北海片区以世界级地质遗迹和特色地质遗迹类型在桂南地区地质遗迹空间格局中占有重要地位。

以北海片区各区划单元视之（表 3-11）：①北海市辖区与周边重要城镇平均公路距离、与周边其他旅游资源契合度、已保护开发地质遗迹所占比例均在该片区名列前茅；

②合浦县地质遗迹空间格局指标特征不突出。

3. 钦州片区特征分析

总体视之：①在地质遗迹数量上，钦州片区占桂南地区总数的比例不高（表3-11）；②在地质遗迹质量上，钦州片区国家级、自治区级地质遗迹占桂南地区的比例分别为20.00%、16.81%，分别名列该地区第二、第三（表3-9），地质遗迹品质优良；③主要地质遗迹类型中（表3-10），花岗岩地貌的58.33%、流水侵蚀地貌46.16%发育于该片区，是这两类地质遗迹在桂南地区最主要的发育区。

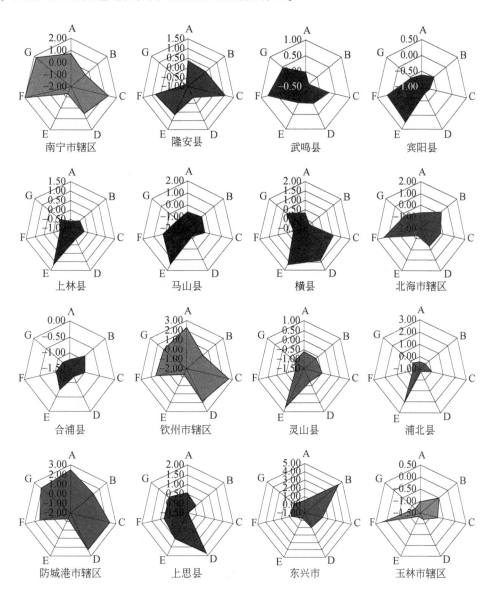

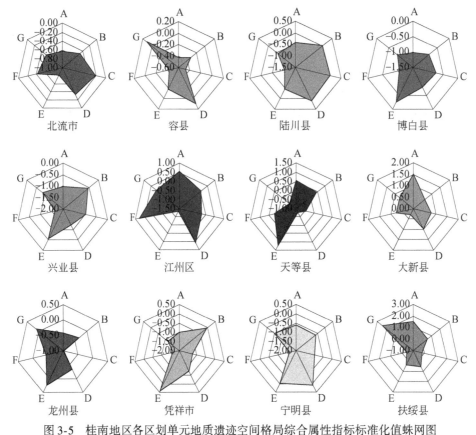

图 3-5　桂南地区各区划单元地质遗迹空间格局综合属性指标标准化值蛛网图

A：地质遗迹景观数量比例/%　　B：地质遗迹景观密度/（个/10²km²）　　C：省级以上地质遗迹景观所占比例/%
D：地质遗迹景观类型丰度/%　　E：与周边重要城镇平均公路距离/10²km　　F：与周边其他旅游资源契合度　　G：已
保护开发地质遗迹景观所占比例/%

以钦州片区各区划单元视之（表3-11）：①钦州市辖区自治区级以上地质遗迹所占比例、与周边重要城镇平均公路距离均位居该片区第一，地质遗迹数量比例、地质遗迹类型丰度、与周边其他旅游资源契合度均位居第二，已保护开发地质遗迹所占比例名列前茅。钦州市辖区是钦州片区地质遗迹空间格局各项指标均较突出的区域；②浦北县是该片区花岗岩地貌最主要的发育区，而灵山县则较为一般。

4. 防城港片区特征分析

总体视之：①在地质遗迹数量上，防城港片区占桂南地区总数的比例不高（表3-11）；②在地质遗迹质量上，防城港片区国家级、自治区级地质遗迹占桂南地区的比例分别为25.00%、19.47%，分别名列该地区第一、第二（表3-9），地质遗迹品质优越；③主要地质遗迹类型中（表3-10），桂南地区火山熔岩地貌的66.67%、海蚀地貌的61.11%、流水堆积地貌的50.00%、风景河段的42.86%发育于该片区，是这4类地质遗迹在桂南地区最主要的发育区。

以防城港片区各区划单元视之（表3-11）：①防城港市辖区地质遗迹数量比例、

地质遗迹类型丰度、与周边重要城镇平均公路距离均位居该片区第一，地质遗迹密度、自治区级以上地质遗迹所占比例、与周边其他旅游资源契合度均位居第二，已保护开发地质遗迹所占比例名列前茅，是钦州片区地质遗迹空间格局各项指标均较突出的区域；②其他县市，东兴市地质遗迹密度位居该片区第一，上思县地质遗迹类型丰度位居第二，其余地质遗迹空间格局指标特征不突出。

5. 玉林片区特征分析

总体视之：①无论是在地质遗迹数量和质量上，玉林片区占桂南地区总数的比例均较低（表3-11）；②主要地质遗迹类型中（表3-10），温泉景观的40%和碎屑岩地貌的25%发育于该片区，分列桂南地区上述两种地质遗迹类型分布的第一和第二。可见，玉林片区以特色地质遗迹类型见长。

以玉林片区各区划单元视之（表3-11），地质遗迹空间格局各项指标特征均不突出。

6. 崇左片区特征分析

总体视之：①在地质遗迹数量上，崇左片区占桂南地区总数的30.21%（表3-11），在桂南地区名列第一；②在地质遗迹质量上，尽管该片区高等级地质遗迹总量较小，但却是桂南地区除北海片区外，唯一拥有世界级地质遗迹的片区（表3-9）；③主要地质遗迹类型中（表3-10），桂南地区喀斯特地貌的51.47%发育于该片区，是该类地质遗迹在桂南地区最主要的发育区。可见，崇左片区以特色地质遗迹类型见长。

以崇左片区各区划单元视之（表3-11）：①大新县和扶绥县地质遗迹数量比例、地质遗迹密度、地质遗迹类型丰度、已保护开发地质遗迹所占比例在桂南地区名列前茅；②其他区划单元地质遗迹空间格局各项指标特征均不突出。

三、桂南地区地质遗迹空间格局类型划分

根据桂南地区各行政区划单元不同地质遗迹空间格局定量表征指标数值特征（表3-9、表3-10、表3-11），将桂南地区地质遗迹空间格局划分为以下4种类型（表3-12），再根据各类型指标数值的优劣程度（图3-5），划分为优异（Ⅰ级）、良好（Ⅱ级）、一般（Ⅲ级）、较差（Ⅳ级）4个级次（表3-12），并据此绘制出桂南地区地质遗迹空间格局图（图3-6），以直观反映该地区地质遗迹空间格局特征，为桂南地区地质公园旅游布局研究奠定基础。

表3-12　桂南地区地质遗迹空间格局类型划分

类别	区划单元	等级划分
第一类	北海市辖区、防城港市辖区、钦州市辖区	优异（Ⅰ级）
第二类	大新县、扶绥县、南宁市辖区、武鸣县	良好（Ⅱ级）
第三类	龙州县、江州区、天等县、北流县、容县、陆川县、博白县、上思县、东兴市、浦北县、马山县、横县、隆安县	一般（Ⅲ级）
第四类	凭祥市、宁明县、玉林市辖区、兴业县、灵山县、合浦县、上林县、宾阳县	较差（Ⅳ级）

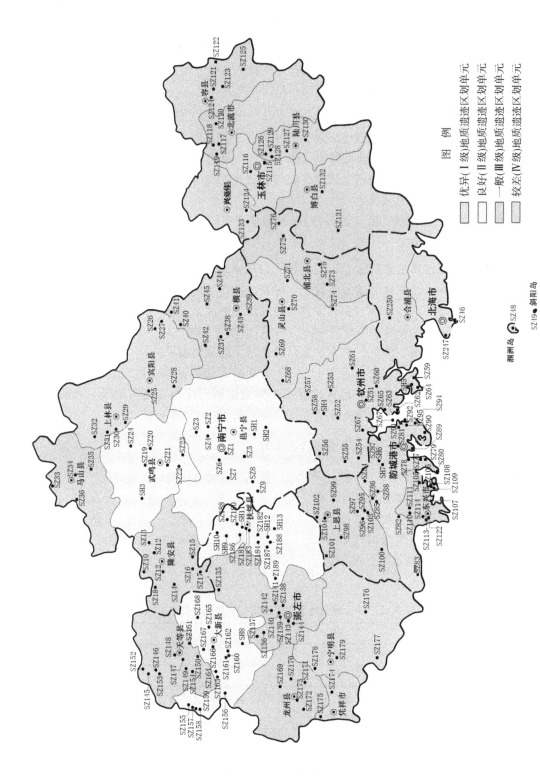

图3-6 桂南地区地质遗迹空间格局区划类型分布示意图（后附彩图）

第五节　桂东地区地质遗迹空间格局研究

依据上文所述指标，对桂东地区的八步区、昭平县、钟山县、梧州市辖区、岑溪市、贵港市辖区、桂平市等13个区划单元的地质遗迹空间格局定量表征指标进行量化赋值，进而通过地质遗迹的区划—级别、区划—类型关系矩阵（表3-13、表3-14）及区划—综合属性指标变量矩阵（表3-15）的建立，结合综合属性指标蛛网图（图3-7）对桂东地区地质遗迹的空间格局特征进行全面刻画和定量表征。

一、桂东地区空间格局指标量化赋值

1. 区划单元—地质遗迹等级关系矩阵

桂东地区区划单元—地质遗迹等级关系矩阵见表3-13，用以定量表征不同等级地质遗迹在各区划单元中的分布比例，以及不同区划单元中各等级地质遗迹的分布比例。

表3-13　桂东地区区划单元—地质遗迹等级关系矩阵

区单元划		所占比例/%				合计
市	区县	世界级	国家级	自治区级	县市级	
贺州	贺州市辖区	—	58.34/24.14（7）	19.67/41.38（12）	15.15/34.48（10）	
	昭平县	—	8.33/5.26（1）	9.84/31.58（6）	18.18/63.16（12）	
	钟山县	—	—	9.84/42.86（6）	12.12/57.14（8）	
	富川县	—	—	3.28/50.00（2）	3.03/50.00（2）	
	小计	—	66.67/12.12（8）	42.63/39.40（26）	48.48/48.48（32）	
梧州	梧州市辖区	—	—	4.91/23.08（3）	15.15/76.92（10）	100
	蒙山县	—	—	4.91/50.00（3）	4.55/50.00（3）	
	藤县	—	—	13.11/72.73（8）	4.55/27.27（3）	
	苍梧县	—	8.33/50.00（1）	—	1.52/50.00（1）	
	岑溪市	—	—	9.84/60.00（6）	6.06/40.00（4）	
	小计	—	8.33/2.38（1）	32.77/47.62（20）	31.83/50.00（21）	
贵港	贵港市辖区	—	—	9.84/60.00（6）	6.06/40.00（4）	
	桂平市	—	25/20（3）	11.48/46.67（7）	7.57/33.33（5）	
	平南县	—	—	3.28/33.33（2）	6.06/66.67（4）	
	小计	—	25/9.68（3）	24.6/48.39（15）	19.69/41.93（13）	
合计		100				

注：A/B（C），A为某一等级地质遗迹在各区划单元中的分布比例，B为某一区划单元中各等级地质遗迹的分布比例，C为地质遗迹数量。

2. 区划单元—地质遗迹类型关系矩阵

桂东地区区划单元—地质遗迹类型关系矩阵见表3-14，用以定量表征不同类型地质遗迹在各区划单元中的分布比例，以及不同区划单元中各类型地质遗迹的分布比例。

表 3-14　桂东地区区划单元—地质遗迹类型关系矩阵

所占比例/%

区划单元 市	县区	古人类活动遗址	花岗岩地貌	碎屑岩地貌	喀斯特地貌	变质岩地貌	流水侵蚀地貌	流水堆积地貌	温泉景观	冷泉景观	湖泊景观	风景河段	瀑布景观	地质工程景观	合计
贺州	贺州市辖区	—	28.58/6.90	—	28.21/37.93	—	15.38/6.90	28.58/6.90—	60.00/10.34	20.00/3.45	18.18/6.90	15.78/10.34	18.75/10.34	—	
	昭平县	—	—	—	15.38/31.59	66.67/10.53	15.38/10.53	14.28/5.26—	20.00/5.26	20.00/5.26	—	10.53/10.53	18.75/15.78	33.33/5.26	
	钟山县	50.00/7.14	—	—	17.95/50.00	—	—	—	20.00/7.14	—	9.09/7.14	21.06/28.58	—	—	
	富川县	50.00/25.00	—	—	2.56/25.00	—	—	—	—	—	18.18/50.00	—	—	—	
	小计	100/3.03	28.58/3.03	—	64.10/37.88	66.67/3.03	30.76/6.06	42.86/4.55—	100/7.57	40/3.03	45.45/7.57	47.37/13.64	37.5/9.09	33.33/1.52	100
梧州	梧州市辖区	—	—	—	15.38/46.15	—	—	28.58/15.38—	—	—	9.09/7.70	15.78/23.07	6.25/7.70	—	
	蒙山县	—	—	—	2.56/16.67	—	7.70/16.67	—	—	—	9.09/16.67	10.53/33.32	6.25/16.67	—	
	藤县	—	—	55.56/45.45	—	33.33/9.09	23.07/27.28	14.28/9.09—	—	—	—	—	6.25/9.09	—	
	苍梧县	—	—	—	—	—	—	—	—	—	—	—	12.50/100	—	

续表

市	区划单元 县区	古人类活动遗址	花岗岩地貌	碎屑岩地貌	喀斯特地貌	变质岩地貌	流水侵蚀地貌	流水堆积地貌	温泉景观	冷泉景观	湖泊景观	风景河段	瀑布景观	地质工程景观	合计
梧州	岑溪市	—	14.28/10.00	22.22/20.00	—	—	—	14.28/10.00	—	—	9.09/10.00	10.53/20.00	18.75/30.00	—	100
梧州	小计	—	14.28/2.38	77.78/16.67	17.94/16.67	33.33/2.38	30.77/9.52	57.14/9.52	—	—	27.27/7.14	36.84/16.67	50.00/19.05	—	
贵港	贵港市辖区	—	—	11.11/10.00	5.13/20.00	—	7.70/10.00	—	—	20/10.00	27.28/30.00	5.26/10.00	—	33.33/10.00	
贵港	桂平市	—	42.86/20.00	11.11/6.67	5.13/13.33	—	23.07/20.00	—	—	40/13.33	—	10.53/13.33	6.25/6.67	33.33/6.67	
贵港	平南县	—	14.28/16.67	—	7.70/50.00	—	7.70/16.67	—	—	—	—	—	6.25/16.67	—	
贵港	小计	—	57.14/12.9	22.22/6.45	17.96/22.58	—	38.47/16.13	—	—	60.00/9.68	27.28/9.68	15.79/9.68	12.50/6.45	66.66/6.45	
合计															100

所占比例/%

注: A/B, A 为某一类型地质遗迹在各区划单元中的分布比例, B 为某一区划单元中各类型地质遗迹的分布比例。

3. 区划单元—地质遗迹综合属性指标变量关系矩阵

桂东地区区划单元—地质遗迹空间格局综合属性指标变量矩阵见表3-15，用以定量表征各区划单元中地质遗迹数量比例、地质遗迹密度、自治区级以上地质遗迹所占比例等地质遗迹空间格局定量表征指标的数值特征。

表3-15　桂东地区区划单元—地质遗迹空间格局综合属性指标变量矩阵

区划单元	综合属性指标原始值及其标准化值						
	地质遗迹数量比例/%	地质遗迹密度/（个/km²）	自治区级以上地质遗迹所占比例/%	地质遗迹类型丰度/%	与周边重要城镇平均公路距离/km	与周边其他旅游资源契合度	已保护开发地质遗迹所占比例/%
贺州市辖区	20.87/0.37	0.51/0.17	26.02/2.63	69.23/1.43	0.00/-1.02	6/0.13	11.51/2.30
昭平县	13.67/1.01	0.58/0.39	9.59/0.19	69.23/1.43	2.15/1.77	5/-0.38	7.19/0.85
钟山县	10.07/0.33	0.94/1.51	8.22/-0.02	38.46/-0.24	0.51/-0.36	5/-0.38	3.60/-0.36
富川县	2.88/-1.03	0.25/-0.64	2.74/-0.83	23.08/-1.08	0.74/-0.06	7/0.64	1.44/-1.09
梧州市辖区	9.35/0.19	1.18/2.26	4.11/-0.63	38.46/-0.24	0.00/-1.02	9/1.66	5.04/0.12
蒙山县	4.32/-0.76	0.47/0.04	4.11/-0.63	38.46/-0.24	2.07/1.66	6/0.13	1.44/-1.09
藤县	7.91/-0.08	0.28/-0.55	10.96/0.39	38.46/-0.24	0.66/-0.17	5/-0.38	5.76/0.37
苍梧县	1.44/-1.30	0.05/-1.27	1.37/-1.04	7.69/-1.91	0.11/-0.88	2/-1.91	1.44/-1.09
岑溪市	7.19/-0.22	0.36/-0.30	8.22/-0.02	46.15/0.17	0.95/0.21	3/-1.40	5.04/0.12
贵港市辖区	7.19/-0.22	0.28/-0.55	8.22/-0.02	53.85/0.59	0.00/-1.02	8/1.15	5.04/0.12
桂平市	10.79/0.46	0.37/-0.27	13.70/0.80	61.54/1.01	0.73/-0.08	7/0.64	6.47/0.60
平南县	4.32/-0.76	0.20/-0.80	2.74/-0.83	30.57/-0.67	1.55/0.99	6/0.13	2.16/-0.85

注：A/B，A为原始值，B为标准化值。

二、桂东地区地质遗迹空间格局特征分析

1. 贺州片区特征分析

总体视之：①在地质遗迹数量上，贺州片区占桂东地区总数的47.49%（表3-15），在桂东地区名列第一；②在地质遗迹质量上，贺州片区国家级、自治区级地质遗迹占桂东地区的比例分别为66.67%、42.63%，均名列该地区第一（表3-13），是桂东地区最重要的地质遗迹集中发育区；③主要地质遗迹类型中（表3-14），除碎屑岩地貌外，桂东片区发育的地质遗迹类型在该片区均有分布，其中温泉景观和古人类活动遗址的

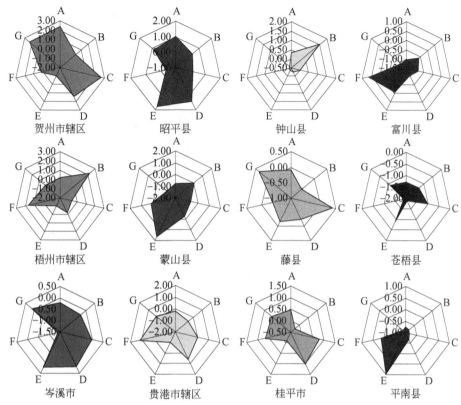

图 3-7 桂东地区各区划单元地质遗迹空间格局综合属性指标标准化值蛛网图

A：地质遗迹景观数量比例/% B：地质遗迹景观密度/（个/$10^2 km^2$） C：省级以上地质遗迹景观所占比例/% D：地质遗迹景观类型丰度/% E：与周边重要城镇平均公路距离/$10^2 km$ F：与周边其他旅游资源契合度 G：已保护开发地质遗迹景观所占比例/%

100%、喀斯特地貌的 64.10%、变质岩地貌的 66.67%、风景河段的 47.37%、湖泊景观的 45.45% 集中于该片区，是上述各类地质遗迹在桂东地区最主要的发育区。

以贺州片区各区划单元视之（表 3-15）：①贺州市辖区地质遗迹数量比例、自治区级以上地质遗迹所占比例、地质遗迹类型丰度、与周边重要城镇平均公路距离、已保护开发地质遗迹所占比例 5 项指标均位列该片区第一；②昭平县地质遗迹类型丰度居该片区第一（并列），已保护开发地质遗迹所占比例、地质遗迹数量比例居第二，地质遗迹密度居第三；③钟山县和富川县地质遗迹密度、与周边其他旅游资源契合度分列该片区第二、第三。

2. 梧州片区特征分析

总体视之：①在地质遗迹数量上，梧州片区占桂东地区总数的 30.21%（表 3-15），在桂东地区名列第二；②在地质遗迹质量上，梧州片区自治区级地质遗迹占桂东地区的比例为 32.77%，名列该地区第二（表 3-13），地质遗迹品质优良；③主要地质遗迹类型中（表 3-14），碎屑岩地貌的 77.78%、流水堆积地貌的 57.14%、瀑布景观的 50.00% 集中于该片区，是上述各类地质遗迹在桂东地区最主要的发育区。

图 3-8　桂东地区地质遗迹空间格局区划类型分布示意图（后附彩图）

图　例

☐ 优异（Ⅰ级）地质遗迹区划单元
☐ 良好（Ⅱ级）地质遗迹区划单元
☐ 一般（Ⅲ级）地质遗迹区划单元
☐ 较差（Ⅳ级）地质遗迹区划单元

以梧州片区各区划单元视之（表 3-15）：①梧州市辖区地质遗迹密度、与周边其他旅游资源契合度 2 项指标均位列该片区第一；②藤县自治区级以上地质遗迹所占比例居第三，其他区划单元地质遗迹空间格局各项指标特征不突出。

3. 贵港片区特征分析

总体视之：①在地质遗迹数量上，贵港片区占桂东地区总数的 22.3%（表 3-15），在桂东地区名列最后；②在地质遗迹质量上，贵港片区国家级地质遗迹占桂东地区的比例为 25%，名列该地区第二（表 3-13），地质遗迹品质优良；③主要地质遗迹类型中（表 3-14），地质工程景观的 66.66%、冷泉景观的 60%、花岗岩地貌的 57.14%、流水侵蚀地貌的 38.47%集中于该片区，是上述各类地质遗迹在桂东地区最主要的发育区，尤其是花岗岩地貌品质优异。

以贵港片区各区划单元视之（表3-15）：①桂平市自治区级以上地质遗迹所占比例、地质遗迹类型丰度2项指标均位列该片区第二，地质遗迹数量比例、已保护开发地质遗迹所占比例位列第三；②贵港市辖区与周边其他旅游资源契合度居、地质遗迹类型丰度分居第二、第三；③平南县地质遗迹空间格局各项指标特征不突出。

三、桂东地区地质遗迹空间格局类型划分

根据桂东地区各行政区划单元不同地质遗迹空间格局定量表征指标数值（表3-13、表3-14、表3-15），将该区地质遗迹空间格局划分为以下4种类型（表3-16），再根据各类型指标数值的优劣程度（图3-7）划分为优异（Ⅰ级）、良好（Ⅱ级）、一般（Ⅲ级）、较差（Ⅳ级）4个级次，并据此绘制出桂东地区地质遗迹空间格局图（图3-8），以直观反映该地区地质遗迹空间格局特征，并为桂东地区地质公园旅游布局研究奠定基础。

表 3-16　桂东地区地质遗迹空间格局类型划分

类别	区划单元	等级划分
第一类	贺州市辖区、桂平市、昭平县	优异（Ⅰ级）
第二类	钟山县、梧州市辖区、藤县、贵港市辖区	良好（Ⅱ级）
第三类	蒙山县、岑溪市、平南县	一般（Ⅲ级）
第四类	富川县、苍梧县	较差（Ⅳ级）

第四章 广西地质遗迹与民族文化资源的 空间关系研究

国土资源部颁布的《国家地质公园规划编制技术要求》所附"地质遗迹类型划分表"将地质遗迹分为地质（体、层）剖面、地质构造、古生物、矿物与矿床、地貌景观、水体景观、环境地质遗迹景观 7 大类，可见，地质遗迹涵盖了除气候和生物（不含古生物）之外的绝大多数地理环境。民族文化是各民族在其历史发展长河中创造并传承下来的物质和精神文化，是重要的人类文化遗产。人类对自身与自然关系的探索与认识由来已久，可追溯到由庄子阐述后被汉代思想家董仲舒发展并由此构建中华传统文化主体的"天人合一"哲学思想，以及萌芽于古希腊盛行于 18 世纪的"地理环境决定论"。现今，在人类影响下的自然环境变化，以及在自然环境影响下的人类适应性，得到国内外科学界越来越广泛的关注，已经成为自然和人文科学的主要研究对象。

地质遗迹与民族文化资源作为民族地区这一特定区域自然与人文要素的核心内容，国际、国内学者们在研究过程中敏锐地注意到了两者密切的空间关联，取得了一批颇具价值的成果：新西兰奥克兰大学学者 Marc 等（2012）指出自然地理要素与文化景观存在着复杂的相互作用关系，并认为这是值得跨学科研究的学术问题；西班牙学者 Montserrat 等（2011）注意到洞穴对文化遗产分布的影响，进而提出基于地貌特征的量化评估工具；英国约克大学学者 Geoffrey 等（2011）在数字高程数据的基础上，结合地图、卫星图像和地面观测，重建构造地貌对古人类景观的影响过程；美国学者 Robert 等（2011）探讨了科罗拉多河下游及三角洲地区流水地貌对文化景观的影响；美国丹佛大学学者（Russell，2013）甚至关注到了法罗群岛海岸地貌结构和传统捕鲸方法的空间规律；我国学者葛云健等（2007）发现丝绸之路佛教石窟与丹霞地貌空间分布的密切关联，并认为丹霞地貌在影响石窟分布的同时还决定着石窟的形制及其艺术特色；陶世龙（2008）分析了地质基础与黄河文化的关系，认为考古学文化边界与地质学大地构造单元边界的相似揭示了地质与文明发生、发展的密切关系；夏正楷等（2000）在对我国史前人类重要活动地区之一的内蒙古西拉木伦河流域考古文化演变的地貌背景进行分析后指出，河流阶地、黄土、沙地等地质地貌的发育与史前文化的垂直迁移、水平迁移和演变密切相关；胡珂等（2011）进行无定河流域全新世中期人类聚落选址的空间分析后指出，地貌类型是选址最重要的决定因素；刘峰贵等（2007）在研究青海高原山脉地理格局与地域文化的空间分异时认为，青海高原昆仑山、祁连山、唐古拉山等山脉的分布格局形成了昆仑文化、祁连文化和藏文化等不同的山地文化。上述研究成果表明国内外学界对地质遗迹与民族文化资源密切空间关联的关注和认同，同时也反映出对于民族地区这一特殊人地关系区域，地质遗迹与民族文化资源之间存在密切的空间关系，以及如何定量分析这种空间关联进而探讨其成因机理等，这些揭示出民族地区人与自然关系的重要基础性研究内容的欠缺。同时，也呈现出如何依托地质遗迹与民族文化资源这两种民族地区最具特色旅游资源的空间关系研究，为民族地区地质公园建设与特色旅游开发提供支撑等后续研究的巨大延伸空间。

桂北（桂林、柳州、来宾）与桂西（河池、百色）地区是广西乃至西南地区地质遗迹和民族文化资源优势极为突出的区域。该区地质遗迹种类齐全、数量众多、等级优越，以岩溶地貌（桂林山水、乐业大石围天坑群、凤山三门海岩溶洞穴群、大化七百弄峰丛洼地、靖西通灵大峡谷）、丹霞地貌（资源八角寨）、花岗岩地貌（兴安猫儿山）为代表的地质遗迹在全国名列前茅。同时，该区是我国典型的少数民族聚居区，居住着壮、苗、瑶、侗、仫佬、毛南、水、彝、仡佬、回等少数民族，民族文化资源极为丰富，拥有三江程阳风雨桥、马胖鼓楼、岜团桥等26处全国重点文物保护单位，以及宜州刘三姐歌谣、三江侗族大歌、田阳壮族布洛陀、田林瑶族铜鼓舞等13项国家级非物质文化遗产。

因此，本章将以桂北、桂西地区为典型研究区域，尝试提出作为民族地区自然要素与人文要素核心内容的地质遗迹和民族文化资源空间关系定量研究的普适方法，并在翔实的实地调查基础上，定量分析两者之间的空间关系，进而以人与自然相互作用的视角，从地质遗迹对民族文化的影响和民族文化对地质遗迹的影响两方面，深入剖析两者空间关系的成因机理，为揭示民族地区人与自然关系及成因机理提供科学依据，为民族地区地质公园建设与特色旅游开发，尤其是基于空间分析的民族地区地质公园旅游布局研究提供支撑。

第一节　桂北、桂西地区民族文化资源分布与等级

一、桂北、桂西地区民族文化资源分布

1. 桂北地区民族文化资源分布

通过实地考察并结合资料收集，获得桂北地区具有代表性的民族文化资源共273处（表4-1），是广西民族文化资源分布最集中的地区。在桂北地区各行政区划单元中，桂林市以162处民族文化资源位居第一，所辖区县中桂林市辖区遥遥领先（56处）；柳州市以68处民族文化资源位居第二，所辖区县中三江县最多（15处），柳州市辖区次之（13处）；来宾市以43处民族文化资源位列第三，所辖区县中象州县最多（13处），忻城县和金秀县次之（分别为10处和9处）。

若干说明：①区域内民族节庆流传较广的，只选择最典型、最具代表性的民族节庆，在分布上选择历史最为悠久或节庆规模最大的地区；②区域内民族服饰和民族歌舞普遍流行的，只选择最典型、最具有代表性的民族服饰和歌舞，在分布上选择民族文化的继承和发展最原始、最真实，或最大的民族聚居地；③选择文化遗址的标准为能够反映某一段历史时期典型的历史文化，红色旅游资源至少为县级文物保护单位或爱国主义教育基地。下同。

表 4-1　桂北地区民族文化资源分布

行政区划		民族文化资源	数量 /个
市	区县		
桂林	桂林市辖区	榕树门、靖江王府、朝晖楼（迎宾楼）、三元及第、西山摩崖造像、大岩壁书、伏波山摩崖石刻、蒋翊武就义处纪念碑、广西省立艺术馆旧址、八路军桂林办事处旧址、能仁禅寺、刘三姐景观园、圣母池、甑皮岩洞穴遗址、开元寺遗址、象山摩崖石刻、南溪山摩崖石刻、李宗仁官邸、桂林美术馆、黑山植物园、开元寺舍利塔、月牙楼、贯休十六尊者像碑、靖江王陵、张同敞墓、张曙墓、七星岩摩崖石刻、桂海碑林、华夏之光广场、襟江阁观景地、中国岩溶地质陈列馆、盆景苑天然奇石馆、李济深旧居、黄旭初旧居、《救亡日报》印刷厂旧址、瞿张二公成仁碑、苏蔓等三烈士纪念碑、木龙石塔、东镇门、窑里村窑址、宝积岩洞穴遗址、木龙古渡、静江府城池图、李四光旧居、马君武墓、竹园汉墓群、庙岩洞穴遗址、罗盛教烈士园、大岗埠唐氏庄园、桂州窑窑址、李宗仁两江旧居、陈宏谋宗祠、古桂柳运河、会仙桥、义江缘、东宅江瑶寨	56
	灵川县	大圩古镇、磨盘山码头、江头村、龙岩、金山禅院、神龙谷人景观文区	6
	兴安县	严关窑址、老山界、查淳"湘漓分派"碑、红军长征突破湘江烈士纪念碑园、灵渠、灵渠飞来石石刻	6
	全州县	湘山寺、妙明塔、燕窝楼、湘山摩崖石刻	4
	阳朔县	鉴山寺、兴坪渔村、阳朔港、阳朔西街、兴坪古镇、石头城、阳朔徐悲鸿旧居、福利古镇、图腾古道、榕荫古渡、世外桃源、蝴蝶泉人文景观区	12
	平乐县	印山亭、沙子石拱桥、平乐南门大码头、平乐榕津古街	4
	永福县	百寿岩石刻、永宁州古城遗址、窑田岭窑址、波村汉墓群、白寿烈士陵园、山北州窑址、山南悬崖洞葬、崇山头村古民居	8
	荔浦县	荔浦山歌、送寒衣节、荔浦文塔、八卦山庄、荔州城遗址、荔浦人洞穴遗址、鹅翎寺、莫王庙、丰鱼岩人文景观区、银子岩人文景观区、天河瀑布人文景观区	11
	灌阳县	西山瑶族长鼓舞、采茶舞、灌阳渔鼓、"升平天国"王府旧址、灌阳古城岗遗址、古城岗古墓群、果子园古墓群、丁塘古墓群、白沙村古墓群、月岭古村落、孝义可风坊、催官塔、百岁亭、石人山石寨、文市江西会馆、红军纪念亭、抗日阵亡将士纪念碑、步月亭、官庄古村落	19
	龙胜县	壮族竹梆舞、红衣节、红瑶服饰、银水沟侗寨、白面瑶寨、金竹壮寨、平等寨鼓楼、广南城、龙坪萨坛、孟滩风雨桥、瑶胞起义军旧址、龙坪红军楼、潘寨红军桥、龙脊梯田	14
	恭城县	恭城桃花节、瑶族盘王节、恭城文庙、武庙、周渭祠、湖南会馆、朗山瑶族古民居、莲花古墓群、凤凰山城墙残址、社山村	10
	资源县	折子戏、资源渔鼓、孟兰盆会、七月半歌节、苗族飞哈舞、风水村红军标语、抗战阵亡将士暨死难同胞纪念碑、天门山人文景观区、马家村马氏祠堂、八角寨云台山山门、唐大璋墓、瑶族团规石碑	12
		小计	162

续表

行政区划		民族文化资源	数量/个
市	区县		
柳州	柳州市辖区	白莲洞洞穴博物馆、大韩民国临时政府抗日斗争陈列馆、柳州桂南会战检讨会旧址、胡志明旧居、柳州山歌、柳州戏曲、柳州国际奇石文化节、东门城楼、柳侯祠、柳州博物馆、西来寺、柳州市烈士陵园、柳州飞机场旧址	13
	柳江县	唱彩调、壮族师公舞、进德车马灯舞、壮族歌圩对歌、游台阁、新安东汉古墓群、穿山明清城址、流山古城址、围陇"九厅十八井"、昆仑山会议旧址	10
	融安县	板榄三月三、长安文场、牌灯、旱龙船、大袍苗寨芒蒿节、黄家寨南北朝古墓群、月亮山摩崖、大洲村、长安镇古骑楼街	9
	融水县	过苗年、安太芦笙节、芦笙斗马节、香粉古龙坡会、安陲芒蒿节、侗族油茶、苗族服饰、雨卜苗寨、田头苗寨、杆洞八寨、龙女沟村	11
	柳城县	开山寺、楞寨山巨猿洞、安乐寺、宋代窑址、古廨古城、海山城址、十五坡烟台遗址	7
	三江县	座龙鼓楼、八协巩福桥、独柱鼓楼、大塘坳水库、平流赐福桥、程阳桥、邑团桥、马胖鼓楼、三江鼓楼、布央茶场、和里三王宫、人和桥、丹洲古镇、三江侗族大歌、三江侗族花炮节	15
	鹿寨县	中渡古镇、铜盆山摩岩石刻、《述旧碑记》	3
	小计		68
来宾	兴宾区	文辉塔、昆仑关战役指挥部旧址、天马运输行旧址、麒麟山人遗址	4
	合山市	寨山遗址、八仙岩摩崖	2
	忻城县	莫氏土司衙门、西山岩、永吉桥、思练双拱桥、白虎山摩崖、罗隐岩、八寨遗址、土司博物馆、莫氏祠堂、西山碑刻	10
	金秀县	帽合山崖壁画、有奇特神韵的瑶族文化、王同惠纪念亭、官坡古墓群、平道铜鼓、太平军及清军营盘、金秀功德桥、牛岭化石、江洲教堂	9
	武宣县	武宣文庙、黄肇熙庄园、郭松年故居、刘邵伯庄园、洪秀全封王旧址	5
	象州县	岭南汉墓群、象州孔庙遗址、象台书院遗址、文昌洞摩崖石刻、薛仁贵衣冠冢、汉—宋代窑址、平贯村营盘遗址、独鳌山战场遗址、郑小谷墓、孟总兵墓、关岳庙、龙女天主教堂、六祖摩崖石刻	13
	小计		43
合计			273

2. 桂西地区民族文化资源分布

通过实地考察并结合资料收集，获得桂西地区具有代表性的民族文化资源共170处（表4-2）。在桂西地区各行政区划单元中，河池市以91处民族文化资源位居第一，所辖区县中南丹县、宜州市最多（分别为13处和12处），凤山县和环江县次之（均为10处）；百色市以79处民族文化资源位居第二，所辖区县中靖西县最多（17处），平果县和乐业县次之（分别为11处和9处）。

表4-2　桂西地区民族文化资源分布

行政区划		民族文化资源	数量/个
市	区县		
河池	金城江区	拔贡梦古寨黑衣风情园、旦内民族文化生态村、壮族打陀螺活动、壮族斑鸠舞和扁担舞、罗汉岩摩崖造像、红军标语楼、红七军宿营地军部旧址	7
	大化县	布努瑶祝著节、古堡瑶寨、八十里画廊瑶壮村寨、竹弦鼓舞、宋代岩葬墓群、都阳土司衙门	6
	宜州市	壮族三月三歌节、宜州渔鼓、同德乡彩调、刘三姐山歌、刘三姐故居、刘三姐民族风情苑、三姐庙、刘三姐民族风情村、壮古佬风景区、德胜汉墓群、太平天国王府故址、宋代铁城	12
	天峨县	壮族蚂蚓舞、苗族猴鼓舞、蚂蚓圣母庙、纳洞村蚂蚓节、天峨四季鼓、都楼烈士塔、拉好岩烈士纪念碑	7
	凤山县	石马湖畔古壮寨、凤山油茶、砦牙铜鼓、猛峨瑶寨、壮族穿罗舞、平雅村壮寨、巴岗古寨、韦氏官墓群、恒里红军岩、凤山烈士陵园	10
	南丹县	白裤瑶岩洞葬、红苗服饰、白裤瑶服饰、甘河白裤瑶寨、白裤瑶生态博物馆、白裤瑶民族风情园、板鞋舞、中堡苗寨、"三月三"民俗演武节、白裤瑶陀螺文化节、白裤瑶街圩、莫氏土司、古代营盘	13
	东兰县	壮族蚂蚓节、三弄瑶族铜鼓民俗村、农民运动讲习所旧址、魁星楼、东兰革命烈士陵园	5
	巴马县	蓝靛瑶服饰、土瑶特色婚俗、巴马长寿体验村、巴马长寿博物馆、布努瑶寨、布努瑶祝著节、明代土司军事营盘遗址、红七军21师师部旧址	8
	都安县	布努瑶蚩尤舞、灭瑶关、都安文物陈列馆、九如汉墓群、光隆革命岩	5
	环江县	毛南古墓群、毛南族肥套、分龙节、民族文化公园、杨梅坳瑶族风情、驯乐苗寨、毛南族风情度假村、毛南族博物馆、北宋牌坊、长美崖刻	10
	罗城县	仫佬族依饭节、仫佬族走坡节、仫佬族博物馆、侗族村寨、花园洞歌圩、古人类文化遗址、开元古寺、旧城遗址	8
	小计		91

续表

行政区划		民族文化资源	数量/个
市	区县		
百色	右江区	民族博物馆、世纪铜鼓楼、汉墓群、粤东会馆、清风楼	5
	乐业县	亚母系氏族风情、古老造纸术、蓝衣壮风情、高山汉族唱灯艺术、《骆越歌王》实景演出、火卖生态文化村、民族风情园、九龙山天然佛像、红七军红八军会师纪念馆	9
	凌云县	朝里歌圩、高山汉族民俗博物馆、岩流瑶寨、壮族巫调音乐、牛王节、蛮王城遗址	6
	平果县	嘹歌、采花灯、旧城古城墙、弄良岑氏墓、都督庙、背王山崖墓葬、明代州府城堡、东壁塔、明代土司陵园、敢沫岩战斗遗址、革命烈士陵园	11
	那坡县	壮族民歌、蓝靛瑶民族风情园、黑衣壮生态博物馆、红彝民族风情园、达腊彝族跳弓节、黑衣壮民族风情园、弄平炮台	7
	靖西县	壮族牛魂节、三牙山民族风情、壮族织锦、壮乡夜歌圩、壮族博物馆、旧州绣球街、张天宗墓、岑氏土司墓群、同德岩画、黑旗军遗址、侬智高南天国遗址、十二道门古炮台、岳圩镇古炮台、金鸡山古炮台、河心古阁、抗美援越遗址、胡志明洞	17
	德保县	德保山歌、矮马、钟灵阁	3
	隆林县	苗族跳坡节、德峨民族风情寨、龙洞大寨民俗村、张家寨民俗村、花苗服饰	5
	田林县	北路壮剧、田林瑶族服饰	2
	田东县	敢仰岩歌圩、龙须河瑶族风情园、横山古寨、右江苏维埃政府旧址	4
	田阳县	敢壮山歌圩、布洛陀始祖遗址、瓦氏夫人墓、赖奎古人类遗址、花茶屯革命活动旧址	5
	西林县	铜鼓墓群、那劳北路壮剧、那岩古寨、达下村古商埠、那劳岑氏建筑群	5
	小计		79
合计			170

二、桂北、桂西地区民族文化资源等级

1. 民族文化资源等级划分方案

参照国家旅游局《旅游资源分类、调查与评价》（GB/T 18972—2003）中的旅游资源评价体系，确定民族文化资源等级评价赋分标准（表4-3）和民族文化资源等级划分标准。

民族文化资源等级划分标准如下：

Ⅰ世界级（★★★★★）：≥90分。

Ⅱ国家级（★★★★）：75～89分。

Ⅲ省级（★★★）：60～74分。

Ⅳ县市级（★★）：45～59分。

Ⅴ县市级以下（★）：<45分。

2. 桂北地区民族文化资源等级

依据上述标准对桂北地区273处民族文化资源进行定量评价与等级划分。结果表明，桂北地区拥有6处世界级民族文化资源，国家级以上和自治区级以上民族文化资源数量分别占该区总数的17.95%、53.85%，民族文化资源品质优越（表4-4）。

3. 桂西地区民族文化资源等级

依据上述标准对桂西地区170处民族文化资源进行定量评价与等级划分。结果表明，桂西地区拥有3处世界级民族文化资源，国家级以上和自治区级以上民族文化资源数量分别占该区总数的15.88%、48.82%，虽略逊于桂北地区，但民族文化资源品质仍属优越（表4-5）。

表4-3　民族文化资源等级评价赋分标准

评价项目	评价因子	评价依据和要求	赋值			
			Ⅰ	Ⅱ	Ⅲ	Ⅳ
资源要素价值（85分）	观赏游憩使用价值（30分）	1. 全部或其中一项具有极高的观赏价值、游憩价值、使用价值。	30-22			
		2. 全部或其中一项具有很高的观赏价值、游憩价值、使用价值。		21-13		
		3. 全部或其中一项具有较高的观赏价值、游憩价值、使用价值。			12-6	
		4. 全部或其中一项具有一般观赏价值、游憩价值、使用价值。				5-1

评价项目	评价因子	评价依据和要求	赋值			
			Ⅰ	Ⅱ	Ⅲ	Ⅳ
资源要素价值（85分）	历史文化科学艺术价值（25分）	1. 同时或其中一项具有世界意义的历史价值、文化价值、科学价值、艺术价值。	25-20			
		2. 同时或其中一项具有全国意义的历史价值、文化价值、科学价值、艺术价值。		19-13		
		3. 同时或其中一项具有省级意义的历史价值、文化价值、科学价值、艺术价值。			12-6	
		4. 历史价值、或文化价值、或科学价值，或艺术价值具有地区意义。				5-1
	珍稀奇特程（15分）	1. 有大量珍稀物种，或景观异常奇特，或此类现象在其他地区罕见。	15-13			
		2. 有较多珍稀物种，或景观奇特，或此类现象在其他地区很少见。		12-9		
		3. 有少量珍稀物种，或景观突出，或此类现象在其他地区少见。			8-4	
		4. 有个别珍稀物种，或景观比较突出，或此类现象在其他地区较多见。				3-1
	规模、丰度与几率（10分）	1. 独立型旅游资源单体规模、体量巨大；集合型旅游资源单体结构完美、疏密度优良级；自然景象和人文活动周期性发生或频率极高。	10-8			
		2. 独立型旅游资源单体规模、体量较大；集合型旅游资源单体结构很和谐、疏密度良好；自然景象和人文活动周期性发生或频率很高。		7-5		
		3. 独立型旅游资源单体规模、体量中等；集合型旅游资源单体结构和谐、疏密度较好；自然景象和人文活动周期性发生或频率较高。			4-3	
		4. 独立型旅游资源单体规模、体量较小；集合型旅游资源单体结构较和谐、疏密度一般；自然景象和人文活动周期性发生或频率较小。				2-1
	完整性（5分）	1. 形态与结构保持完整。	5-4			
		2. 形态与结构有少量变化，但不明显。		3		
		3. 形态与结构有明显变化。			2	
		4. 形态与结构有重大变化。				1

评价项目	评价因子	评价依据和要求	赋值			
			I	II	III	IV
资源影响力（15分）	知名度和影响力（10分）	1. 在世界范围内知名，或构成世界承认的名牌。	10-8			
		2. 在全国范围内知名，或构成全国性的名牌。		7-5		
		3. 在本省范围内知名，或构成省内的名牌。			4-3	
		4. 在本地区范围内知名，或构成本地区名牌。				2-1
	适游期或使用范围（5分）	1. 适宜游览的日期每年超过300天，或适宜于所有游客使用和参与。	5-4			
		2. 适宜游览的日期每年超过250天，或适宜于80%左右游客使用和参与。		3		
		3. 适宜游览的日期超过150天，或适宜于60%左右游客使用和参与。			2	
		4. 适宜游览的日期每年超过100天，或适宜于40%左右游客使用和参与。				1

表4-4　桂北地区民族文化资源等级划分

等级	民族文化资源	数量/个	占比/%
世界级	灵渠、靖江王府、龙脊梯田、程阳桥、三江侗族大歌、壮族歌圩对歌	6	2.20
国家级	伏波山摩崖石刻、八路军桂林办事处旧址、甑皮岩洞穴遗址、象山摩崖石刻、南溪山摩崖石刻、李宗仁官邸、靖江王陵、桂海碑林、西山摩崖造像、中国岩溶地质陈列馆、红军长征突破湘江烈士纪念碑园、湘山寺、燕窝楼、李宗仁两江旧居、兴坪渔村、世外桃源、金竹壮寨、恭城文庙、大韩民国临时政府抗日斗争陈列馆、胡志明旧居、柳州戏曲、柳州国际奇石文化节、东门城楼、柳侯祠、芦笙斗马节、侗族油茶、楞寨山巨猿洞、宋代窑址、独柱鼓楼、三江鼓楼、邑团桥、马胖鼓楼、丹洲古镇、三江侗族花炮节、莫氏土司衙门、土司博物馆、有奇特神韵的瑶族文化、阳朔西街、白莲洞洞穴博物馆、苗族服饰、孝义可风坊、昆仑关战役指挥部旧址、七星岩摩崖石刻	43	15.75

等级	民族文化资源	数量/个	占比/%
自治区级	榕树门、朝晖楼（迎宾楼）、三元及第、大岩壁书、蒋翊武就义处纪念碑、广西省立艺术馆旧址、刘三姐景观园、开元寺遗址、桂林美术馆、黑山植物园、月牙楼、贯休十六尊者像碑、华夏之光广场、襟江阁观景地、盆景苑天然奇石馆、江头村、严关窑址、李济深旧居、瞿、张二公成仁碑、木龙石塔、东镇门、木龙古渡、静江府城池图、李四光旧居、马君武墓、大岗埠唐氏庄园、大圩古镇、磨盘山码头、老山界、查淳"湘漓分派"碑、灵渠飞来石石刻碑刻、妙明塔、湘山摩崖石刻、古桂柳运河、义江缘、东宅江瑶寨、鉴山寺、阳朔港、兴坪古镇、福利古镇、图腾古道、蝴蝶泉人文景观区、平乐南门大码头、平乐榕津古街、永宁州古城遗址、窑田岭窑址、白寿烈士陵园、山北州窑址、山南悬崖洞葬、八卦山庄、丰鱼岩人文观区、银子岩人文景观区、天河瀑布人文景观区、灌阳古城岗遗址、月岭古村落、红军纪念亭、步月亭、壮族竹梆舞、红衣节、红瑶服饰、银水沟侗寨、白面瑶寨、瑶族盘王节、武庙、周渭祠、湖南会馆、朗山瑶族古民居、七月半歌节、天门山人文景观区、八角寨云台山山门、柳州桂南会战检讨会旧址、柳州山歌、柳州博物馆、柳州市烈士陵园、柳州飞机场旧址、围陇"九厅十八井"、板榄三月三、大洲村、长安镇古骑楼街、过苗年、安太芦笙节、雨卜苗寨、田头苗寨、龙女沟村、开山寺、安乐寺、古廨古城、海山城址、座龙鼓楼、大塘坳水库、平流赐福桥、布央茶场、和里三王宫、中渡古镇、铜盆山摩岩石刻、《述旧碑记》、罗隐岩、八寨遗址	98	35.90
县市级	能仁禅寺、圣母池、开元寺舍利塔、张同敞墓、张曙墓、黄旭初旧居、《救亡日报》印刷厂旧址、苏蔓等三烈士纪念碑、宝积岩洞穴遗址、竹园汉墓群、庙岩洞穴遗址、罗盛教烈士陵园、桂州窑窑址、金山禅院、神龙谷人文景文区人文区、陈宏谋宗祠、石头城、榕荫古渡、印山亭、沙子石拱桥、百寿岩石刻、荔州城遗址、鹅翎寺、西山瑶族长鼓舞、采茶舞、"升平天国"王府旧址、古城岗古墓群、果子园古墓群、丁塘古墓群、白沙村古墓群、抗日阵亡将士纪念碑、平等寨鼓楼、广南城、龙坪萨坛、孟滩风雨桥、龙坪红军楼、潘寨红军桥、恭城桃花节、莲花古墓群、社山村、孟兰盆会、风水村红军标语、抗战阵亡将士暨死难同胞纪念碑、瑶族团规石碑、西来寺、唱彩调、进德车马灯舞、新安东汉古墓群、昆仑山会议旧址、大袍苗寨芒蒿节、黄家寨南北朝古墓群、香粉古龙坡会、安陲芒蒿节、杆洞八寨、十五坡烟台遗址、八协巩福桥、人和桥、寨山遗址、永吉桥、白虎山摩崖、莫氏祠堂、武宣文庙、黄肇熙庄园、郭松年故居、刘邵伯庄园、洪秀全封王旧址、岭南汉墓群、窑里村窑址、龙岩、会仙桥、阳朔徐悲鸿旧居、波村汉墓群、崇山头村古民居、荔浦山歌、送寒衣节、荔浦文塔、荔浦人洞穴遗址、莫王庙、灌阳渔鼓、催官塔、百岁亭、石人山石寨、文市江西会馆、官庄古村落、瑶胞起义军旧址、凤凰山城墙残址、折子戏、资源渔鼓、苗族飞哈舞、马家村马氏祠堂、唐大璋墓、壮族师公舞、游台阁、穿山明清城址、流山古城址、长安文场、牌灯、旱龙船、月亮山摩崖、八仙岩摩崖、文辉塔、天马运输行旧址、麒麟山人遗址、西山岩、思练双拱桥、西山碑刻、帽合山崖壁画、象州孔庙遗址、象台书院遗址、文昌洞摩崖石刻、汉—宋代窑址、平贯村营盘遗址、独鳌山战场遗址、关岳庙、六祖摩崖石刻、王同惠纪念亭、官坡古墓群、平道铜鼓、太平军及清军营盘、金秀功德桥、牛岭化石、江洲教堂、薛仁贵衣冠冢、郑小谷墓、孟总兵墓、龙女天主教堂	126	46.15
合计		273	100

表 4-5 桂西地区民族文化资源等级划分

等级	民族文化资源	数量/个	占比/%
世界级	刘三姐山歌、壮族民歌、巴马长寿体验村	3	1.76
国家级	红军标语楼、壮族三月三歌节、同德乡彩调、壮族蚂蚓舞、纳洞村蚂蚓节、白裤瑶服饰、白裤瑶生态博物馆、壮族蚂蚓节、蓝靛瑶服饰、毛南古墓群、毛南族肥套、分龙节、仫佬族依饭节、仫佬族博物馆、民族博物馆、粤东会馆、清风楼、嘹歌、达腊彝族跳弓节、壮族织锦、壮族博物馆、矮马、田林瑶族服饰、布洛陀始祖遗址	24	14.12
自治区级	拔贡梦古寨黑衣风情园、壮族斑鸠舞和扁担舞、红七军宿营地军部旧址、布努瑶祝著节、八十里画廊瑶壮村寨、宜州渔鼓、刘三姐民族风情村、苗族猴鼓舞、砦牙铜鼓、巴岗古寨、红苗服饰、甘河白裤瑶群、白裤瑶民族风情园、中堡苗寨风情、"三月三"民俗演武节、白裤瑶陀螺文化节、白裤瑶街圩、农民运动讲习所旧址、魁星楼、革命烈士陵园、布努瑶祝著节、仫佬族走坡节、世纪铜鼓楼、汉墓群、亚母系氏族风情、古老造纸术、九龙山天然佛像、红七军红八军会师纪念馆、朝里歌圩、高山汉族民俗博物馆、岩流瑶寨、壮族巫调音乐、牛王节、蛮王城遗址、都督庙、明代府城堡、明代土司陵园、黑衣壮生态博物馆、黑衣壮民族风情园、弄平炮台、壮族牛魂节、壮乡夜歌圩、旧州绣球街、同德岩画、德保山歌、苗族跳坡节、花苗服饰、北路壮剧、敢仰岩歌圩、横山古寨、右江苏维埃政府旧址、敢壮山歌圩、铜鼓墓群、那劳北路壮剧正调、那岩古寨、那劳岑氏建筑群	56	32.94
县市级	旦内民族文化生态新村、打陀螺活动、古堡瑶寨、都阳土司衙门、刘三姐故居、刘三姐民族风情苑、壮古佬风景区、德胜汉墓群、太平天国王府故址、宋代铁城、蚂蚓圣母庙、天峨四季歌、拉好岩烈士纪念碑、猛峨瑶寨、壮族穿罗舞、韦氏官墓群、恒里红军岩、凤山烈士陵园、白裤瑶岩洞葬、板鞋舞、莫氏土司、古代营盘、三弄瑶族铜鼓民俗村、土瑶特色婚俗、巴马长寿博物馆、明代土司军事营盘遗址、红七军21师师部旧址、布努瑶蚩尤舞、灭瑶关、九如汉墓群、民族文化公园、杨梅坳瑶族风情、驯乐苗寨、毛南族风情度假村、毛南族博物馆、北宋牌坊、长美崖刻、侗族寨群、古人类文化遗址、旧城遗址、蓝衣壮风情、高山汉族唱灯艺术、《骆越歌王》实景演出、火卖生态文化村、乐业民族风情园、采花灯、旧城古城墙、背王山崖葬、东壁塔、敢沫岩战斗遗址、革命烈士陵园、蓝靛瑶民族风情园、红彝民族风情园、三牙山景区民族风情、张天宗墓、岑氏土司墓群、黑旗军遗址、侬智高南天国遗址、十二道门古炮台、岳圩镇古炮台、龙邦金鸡山古炮台、河心古阁、抗美援越遗址、胡志明洞、钟灵阁、德峨民族风情寨、龙洞大寨民俗村、张家寨民俗村、龙须河瑶族风情园、瓦氏夫人墓、赖奎古人类遗址、花茶屯革命活动旧址、达下村古商埠、罗汉岩摩崖造像、竹弦鼓舞、宋代岩葬墓群、三姐庙、都楼烈士塔、石马湖畔古壮寨、凤山油茶、平雅村壮寨、布努瑶寨、都安文物陈列馆、光隆革命岩、花园洞歌圩、开元古寺、弄良岑氏墓	87	51.18
合计		170	100

第二节　地质遗迹与民族文化资源空间关系
研究方案设计

本书在桂北、桂西地区地质遗迹与民族文化资源系统调查的基础上，尝试从地质遗迹与民族文化资源的数量空间关系、质量空间关系和空间耦合关系3个方面，提出一套具有普适性的地质遗迹与民族文化资源空间关系定量研究方案，为民族地区以地质公园为载体的两种优势资源的整合开发提供方法支撑。

一、地质遗迹与民族文化资源数量空间关系研究

1. 研究思路

地质遗迹和民族文化资源在宏观空间上呈点状分布，两者之间可能存在正关联、负关联或无显著关联，其关联性的测量是反映地质遗迹与民族文化资源空间关系的重要手段。本书运用地理信息系统（Geographic Information System，GIS）图形管理和数据库管理工具，借鉴生态学景观（资源）要素空间关联分析方法，设计地质遗迹和民族文化资源的数量空间关系研究方案。

首先，在GIS软件支持下生成正方形统一网格样方图层。样方大小的确定对地质遗迹与民族文化资源的数量空间关系的计算有重要影响，过多或过少都会使计算结果产生明显偏差，需根据景观（资源）取点直径确定网格间距。其次，将统一网格图层与景观（资源）图层叠加，进行地质遗迹与民族文化资源点取样，获得复合图层。再次，由复合图层相应的拓扑数据库统计地质遗迹与民族文化资源点在各样方中的二元数据。最后为地质遗迹与民族文化资源点列出二元列联表，计算出两者之间的数量空间关联指数。

2. 计算公式

地质遗迹与民族文化资源之间的数量空间关联指数R，可由下式计算：

$$R = \frac{ad-bc}{\sqrt{(a+b)(c+d)(a+c)(b+d)}}$$

式中：a为全部样方中同时包含地质遗迹与民族文化资源点的样方数；b为全部样方中仅包含地质遗迹点的样方数；c为全部样方中仅包含民族文化资源点的样方数；d为全部样方中同时不包含地质遗迹与民族文化资源点的样方数（下同）；R的取值介于-1到$+1$之间，$R>0$为正关联，$R<0$为负关联。并可用下式对R值进行显著性检验。

$$X^2 = \frac{n(ad-bc)^2}{\sqrt{(a+b)(c+d)(a+c)(b+d)}}$$

若$|X^2|>X_\alpha^2(1)$，说明地质遗迹与民族文化资源之间的数量空间关联关系显著；$|X^2|<X_\alpha^2(1)$，则说明两者之间数量空间关联关系不显著（式中n为样方总数）。

二、地质遗迹与民族文化资源质量空间关系研究

1. 研究思路

数量空间关联在一定程度上反映出民族地区地质遗迹与民族文化资源的空间关系，但尚难以反映不同等级地质遗迹与民族文化资源间的空间关系，而高等级地质遗迹与民族文化资源的空间关联是影响民族地区人与自然关系及以地质公园为载体的这两种优势资源整合开发的核心要素。因此，进一步揭示地质遗迹与民族文化资源的空间关联，需对两者的质量空间关系进行研究。

采用耦合协调度分析进行地质遗迹与民族文化资源的质量空间关联研究。协调度分析一般采用静态要素间的距离协调度来判断其协调性。将反应地质遗迹与民族文化资源质量空间关系的距离协调度称为耦合协调度，先分别累加得到研究区域各区划单元地质遗迹和民族文化资源的质量评价总分值，再测定两者评价总分值的耦合协调度，其数值高低反映两者质量空间关系的密切程度。

2. 计算公式

设 X、Y 分别代表研究区域内各市县地质遗迹和民族文化资源的质量评价总分值，X、Y 的相对离差系数 C 越小，表明两者质量空间关系越协调。则有：

$$C = \frac{2\,|X-Y|}{X+Y} \tag{1}$$

变形得到：

$$C = 2\sqrt{1 - \frac{XY}{((X+Y)\,/2)^2}} \tag{2}$$

$$令\ CI = \frac{XY}{((X+Y)\,/2)^2} \tag{3}$$

因此，$0 \leqslant CI \leqslant 1$。$X$、$Y$ 间协调状态最佳时，CI 值最大，C 值最小。

也可借鉴物理学容量耦合概念及容量耦合系数模型，建立多要素相互作用的耦合度模型计算协调度。设多要素变量 U_i（$i=1,2,3,\cdots,m$），U_j（$j=1,2,3,\cdots,n$），则多要素相互作用的耦合度模型为：

$$C_n = \left[(U_1 \cdot U_2 \cdot \cdots U_n) \Big/ \prod (U_i + U_j) \right]^{1/n} \tag{4}$$

当只有两个要素(地质遗迹与民族文化资源)时，两者的耦合度函数为：

$$C = 2\left[XY/(X+Y)(Y+X) \right]^{1/2} \tag{5}$$

显然，式（3）开平方后即得式（5）。鉴于 $0 \leqslant C \leqslant 1$，取平方后变小的数值能更精确的表现地质遗迹与民族文化资源间的质量空间关系。因此，最终选取式（3）作为计算模型，将 CI 称为反映地质遗迹与民族文化资源质量空间关系的耦合协调度。可根据耦合协调度与协调等级对应表（表4-6），对研究区域地质遗迹与民族文化资源的质量空间关联进行判断，耦合协调度 CI 越高表明两者质量空间关系越密切。

表4-6　地质遗迹与民族文化资源耦合协调度与协调等级对应表

协调等级	严重失调	中度失调	失调	勉强协调	中等协调	良好协调	优质协调
协调度	$0<CI\leqslant0.2$	$0.2<CI\leqslant0.4$	$0.4<CI\leqslant0.6$	$0.6<CI\leqslant0.7$	$0.7<CI\leqslant0.8$	$0.8<CI\leqslant0.9$	$0.9<CI\leqslant1.0$

三、地质遗迹与民族文化资源空间耦合关系研究

1. 研究思路

虽然 CI 通过地质遗迹与民族文化资源之间的协调程度反映了两者之间的质量空间关系，但某些情况下，单纯依靠 CI 值有可能产生误判。例如，X、Y 均取值 0.01 与分别取值 0.8 和 0.9 的耦合协调度，前者竟大于后者。为了克服这一问题，需要构建进行地质遗迹与民族文化资源空间耦合关系研究的耦合型资源评价模型。

2. 计算公式

将度量地质遗迹与民族文化资源空间耦合关系的定量指标称为耦合型资源评价值：

$$D=(CI\cdot T)^{\theta} \tag{6}$$

$$T=\alpha\cdot P+\beta\cdot Q \tag{7}$$

$$\alpha+\beta=1 \tag{8}$$

其中，D 为耦合型资源评价值；CI 为耦合协调度；P、Q 分别为地质遗迹与民族文化资源的评价总分值；α、β、θ 为可变参数，一般取 $\theta=1/2$，α、β 则需据研究区域地质遗迹与民族文化资源的实际情况而定。D 值越高，表明地质遗迹与民族文化资源空间耦合关系越密切。

该模型综合了地质遗迹与民族文化资源的质量水平及其协调状况，有效地避免了地质遗迹与民族文化资源整体质量水平均较低且两者协调的不足。与耦合协调度模型相比，耦合型资源评价模型具有更高的稳定性、整体性和适用性。

第三节　桂北地区地质遗迹与民族文化资源空间关系

一、数量空间关系

地质遗迹和民族文化资源在宏观上呈点状分布，可认为桂北地区每个地质遗迹和民族文化资源都是可以确定具体位置的点，并将其在地图上表现出来，形成了桂北地区地质遗迹与民族文化资源空间分布图层。由于桂北地区地质遗迹多为山体、洞穴和河流，民族文化资源多集中在民族村寨，以一般山体或村落覆盖面及其缓冲区为参考确定取点直径为 2.5km，网格间距按一般旅游景区范围取点直径的 4 倍为 10km（经度约 0.08°）。在桂北地区行政区划图上沿经线和纬线方向间隔 0.08°画等距直线，将桂北地区划分为832 个样方。利用 MapInfo 软件制作桂北地区网络样方图层，将之与地质遗迹与民族文化资源空间分布图层叠加，得到桂北地区地质遗迹与民族文化资源空间关系及样方分解图（图4-1）。经计算，同时包含地质遗迹与民族文化资源的样方数为 88 个，仅包含地质遗

迹的样方数为 67 个，仅包含民族文化资源的样方数为 117 个，同时不包含地质遗迹与民族文化资源的样方数为 560 个，即 $a=88$、$b=67$、$c=117$、$d=560$。

将数字代入空间关联指数计算公式得：

$$R = \frac{88 \times 560 - 67 \times 117 = 41441}{\sqrt{(88+67)(117+560)(88+117)(67+560)}} = 0.357$$

将数字代入 R 值显著性检验计算公式得：

$$X^2 = \frac{832 \times (88 \times 560 - 67 \times 117)^2}{(88+67)(117+560)(88+117)(67+560)} = 105.94$$

查 X^2 分布表可得：当显著性水平 $\alpha = 0.05$ 时，$X_\alpha^2 (1) = 3.841$。此时 $|X^2| > X_\alpha^2 (1)$，可见，地质遗迹和民族文化资源空间关联指数计算结果通过显著性检验，桂北地区地质遗迹与民族文化资源之间数量空间关联显著。

图 4-1　桂北地区地质遗迹与民族文化资源空间分布及样方分解示意图（后附彩图）

二、质量空间关系

桂北地区各县（市、区）地质遗迹和民族文化资源的赋存状况应由该地区所拥有的地质遗迹和民族文化资源的数量及其质量等级综合体现。将桂北地区各县（市、区）地质遗迹与民族文化资源以行政区划为单位进行逐项汇总，得到各县（市、区）地质遗迹评价总得分（X_i）和民族文化资源总得分（Y_j）（表4-7）。

由于地质遗迹与民族文化资源的评价标准不同，评价得分的总体水平存在一定的差距。为减小量纲选择所带来的误差，提高距离协调度计算的精确度，本书将桂北地区各县（市、区）地质遗迹评价总得分（X_i）和民族文化资源总得分（Y_j）分别除以桂北地区地质遗迹评价平均值（$\overline{X}$）和民族文化资源评价平均值（$\overline{Y}$），对 X_i 和 Y_j 进行去量纲化处理，得到 X'_i 和 Y'_j。

将 X'_i 和 Y'_j 分别代入式（3）计算得到桂北地区各县（市、区）地质遗迹与民族文化资源耦合协调度（表4-8）。

表4-7 桂北地区各县（市、区）地质遗迹与民族文化资源评价得分

区县	地质遗迹评价总得分（X_i）	$X'_i = \dfrac{X_i}{\overline{X}}$	民族文化资源评价总得分（Y_j）	$Y'_j = \dfrac{Y_j}{\overline{Y}}$
秀峰区	452	0.94	812	1.64
象山区	225	0.47	659	1.33
七星区	552	1.14	817	1.65
叠彩区	618	1.28	676	1.36
雁山区	384	0.80	392	0.79
临桂区	581	1.20	347	0.70
灵川县	588	1.22	352	0.71
兴安县	419	0.87	437	0.88
全州县	318	0.66	290	0.58
阳朔县	1022	2.12	791	1.59
平乐县	127	0.26	248	0.50
恭城县	316	0.65	641	1.29
资源县	636	1.32	669	1.35
龙胜县	384	0.80	861	1.74
荔浦县	564	1.17	632	1.27
永福县	442	0.92	456	0.92
灌阳县	618	1.28	965	1.95
鱼峰区	717	1.48	561	1.13
城中区	77	0.16	275	0.55
柳南区	69	0.14	77	0.16

区县	地质遗迹评价总得分（X_i）	$X'_i = \dfrac{X_i}{\overline{X}}$	民族文化资源评价总得分（Y_j）	$Y'_j = \dfrac{Y_j}{\overline{Y}}$
柳北区	205	0.42	62	0.13
柳江县	747	1.55	503	1.01
融安县	476	0.99	468	0.94
融水县	510	1.06	744	1.50
柳城县	193	0.40	475	0.96
三江县	237	0.49	1085	2.19
鹿寨县	1201	2.49	218	0.44
合山市	434	0.90	95	0.19
兴宾区	433	0.90	134	0.27
忻城县	219	0.45	554	1.12
象州县	1086	2.25	503	1.01
金秀县	727	1.51	277	0.56
武宣县	371	0.77	278	0.56

表 4-8　桂北地区各县（市、区）地质遗迹与民族文化资源耦合协调度

区县	CI	协调等级	区县	CI	协调等级	区县	CI	协调等级
秀峰区	0.93	优质协调	资源县	1.00	优质协调	柳城县	0.83	良好协调
象山区	0.95	优质协调	龙胜县	0.86	良好协调	三江县	0.61	勉强协调
七星区	0.97	优质协调	荔浦县	1.00	优质协调	鹿寨县	0.93	优质协调
叠彩区	1.00	优质协调	永福县	1.00	优质协调	合山市	0.61	勉强协调
雁山区	1.00	优质协调	灌阳县	0.96	优质协调	兴宾区	0.71	中等协调
临桂区	0.93	优质协调	鱼峰区	0.98	优质协调	忻城县	0.82	良好协调
灵川县	0.93	优质协调	城中区	0.71	中等协调	象州县	0.86	良好协调
兴安县	1.00	优质协调	柳南区	1.00	优质协调	金秀县	0.79	中等协调
全州县	1.00	优质协调	柳北区	0.72	中等协调	武宣县	0.98	优质协调
阳朔县	0.98	优质协调	柳江县	0.96	优质协调	总平均	0.96	优质协调
平乐县	0.90	优质协调	融安县	1.00	优质协调			
恭城县	0.89	良好协调	融水县	0.97	优质协调			

　　桂北地区 33 个县（市、区）地质遗迹与民族文化资源的协调等级中，有 22 个为优质协调，5 个为良好协调，4 个为中等协调，2 个为勉强协调，平均耦合协调度达 0.96，说明桂北地区地质遗迹与民族文化资源在质量上具有很高的耦合协调度。

三、空间耦合关系

　　将桂北地区地质遗迹与民族文化资源的评价得分去量纲化处理，取 $P = X'_i$，$Q = Y'_j$。

桂北地区地质遗迹类型丰富，品级较高，在区域内具有较强的垄断性和竞争力。民族文化旅游资源绚丽多彩，特色鲜明。根据桂北地区地质遗迹和民族文化资源的重要性，取 $\alpha=0.6$，$\beta=0.4$。

将 P、Q、α、β、θ 代入式（6）和式（7），得桂北地区各县（市、区）耦合型资源综合评价值（表4-9）。

表4-9　桂北地区各县（市、区）耦合型资源评价值

区　县	D	区　县	D	区　县	D
秀峰区	1.07	资源县	1.15	柳城县	0.72
象山区	0.88	龙胜县	1.01	三江县	0.84
七星区	1.14	荔浦县	1.10	鹿寨县	1.25
叠彩区	1.15	永福县	0.96	合山市	0.61
雁山区	0.89	灌阳县	1.22	兴宾区	0.68
临桂区	0.96	鱼峰区	1.15	忻城县	0.77
灵川县	0.97	城中区	0.47	象州县	1.23
兴安县	0.93	柳南区	0.38	金秀县	0.94
全州县	0.79	柳北区	0.47	武宣县	0.82
阳朔县	1.37	柳江县	1.13	总平均	0.93
平乐县	0.57	融安县	0.98		
恭城县	0.90	融水县	1.09		

结果表明：

1）尽管桂北地区地质遗迹与民族文化资源具有显著的空间关联和极高的耦合协调度，但33个县（市、区）耦合型资源的分布是不均衡的，地质遗迹与民族文化资源存在质和量的差异。

2）耦合型资源评价值最高的区县在桂北地区的3个地级市中均有分布，分别为桂林市的阳朔县（1.37），柳州市的鹿寨县（1.25）和来宾市的象州县（1.23），此3县地质遗迹与民族文化资源总体质量位列桂北地区前列，说明在桂北地区资源耦合协调度水平极高且差距很小的情况下，地质遗迹与民族文化资源的总体质量决定了耦合型资源综合评价水平。

3）耦合型资源评价值高于平均值的区县中，桂林市最多，分别为阳朔县、七星区、叠彩区、秀峰区、临桂区、灌阳县、灵川县、兴安县、永福县、资源县、龙胜县、荔浦县；柳州市次之，分别为鹿寨县、鱼峰区、柳江县、融安县、融水县；来宾市最少，为象州县、金秀县。

第四节　桂西地区地质遗迹与民族文化资源空间关系

一、数量空间关系

采用与桂北地区相同的取点直径和网络间距，形成桂西地区地质遗迹与民族文化资源空间分布图层，并将桂西地区划分为 968 个样方。利用 MapInfo 软件制作桂西地区网络样方图层，将之与地质遗迹与民族文化资源空间分布图层叠加，得到桂西地区地质遗迹与民族文化资源空间关系及样方分解图（图 4-2）。经计算，同时包含地质遗迹与民族文化资源的样方数为 55 个，仅包含地质遗迹的样方数为 43 个，仅包含民族文化资源的样方数为 51 个，同时不包含地质遗迹与民族文化资源的样方数为 719 个，即 $a=55$、$b=43$、$c=51$、$d=719$。

将数字代入空间关联指数计算公式得：

$$R = \frac{55 \times 719 - 43 \times 51}{\sqrt{(55+43)(51+719)(55+51)(43+719)}} = 0.478$$

将数字代入 R 值显著性检验计算公式得：

$$X^2 = \frac{968 \times (55 \times 719 - 43 \times 51)^2}{(55+43)(51+719)(55+51)(43+719)} = 221.58$$

查 X^2 分布表可得：当显著性水平 $\alpha = 0.05$ 时，$X_\alpha^2(1) = 3.841$。此时 $|X^2| > X_\alpha^2(1)$，可见，地质遗迹和民族文化资源空间关联指数计算结果通过显著性检验，桂西地区地质遗迹与民族文化资源之间数量空间关联显著。

图 4-2　桂西地区地质遗迹与民族文化资源空间分布及样方分解示意图（后附彩图）

表4-10　桂西地区各县（市、区）地质遗迹与民族文化资源评价得分

区　县	地质遗迹评价总得分（X_i）	$X'_i = \dfrac{X_i}{\bar{X}}$	民族文化资源评价总得分（Y_j）	$Y'_j = \dfrac{Y_j}{\bar{Y}}$
金城江区	531	1.24	427	0.96
大化县	531	1.24	327	0.74
宜州市	576	1.35	752	1.70
天峨县	520	1.22	429	0.97
凤山县	648	1.52	475	1.07
南丹县	699	1.63	837	1.89
东兰县	318	0.74	332	0.75
巴马县	529	1.24	453	1.02
都安县	260	0.61	225	0.51
环江县	388	0.91	617	1.39
罗城县	576	1.35	469	1.06
右江区	115	0.27	362	0.82
乐业县	710	1.66	544	1.23
凌云县	230	0.54	384	0.87
平果县	725	1.70	633	1.43
那坡县	232	0.54	479	1.08
靖西县	1 076	2.52	970	2.19
德保县	261	0.61	195	0.44
隆林县	181	0.42	291	0.66
田林县	62	0.15	135	0.30
田东县	118	0.28	239	0.54
田阳县	418	0.98	298	0.67
西林县	130	0.30	313	0.71

二、质量空间关系

将桂西地区各县（市、区）不同地质遗迹与民族文化资源的评分以行政区划为单位进行逐项汇总，得到各县（市、区）地质遗迹评价总得分（X_i）和民族文化资源总得分（Y_j）（表4-10）。为减小量纲选择所带来的误差，提高距离协调度计算的精确度，将桂西地区各县（市、区）地质遗迹评价总得分（X_i）和民族文化资源总得分（Y_j）分别除以桂北地区地质遗迹评价平均值（$\bar{X}$）和民族文化资源评价平均值（$\bar{Y}$），对 X_i 和 Y_j 进行

去量纲化处理，得到 X'_i 和 Y'_j。将 X'_i 和 Y'_j 分别代入式（3）计算得到桂西地区各县（市、区）地质遗迹与民族文化资源耦合协调度（表4-11）。

表4-11　桂西地区各县（市、区）地质遗迹与民族文化旅游资源耦合协调度

区　县	CI	协调等级	区　县	CI	协调等级	区　县	CI	协调等级
金城江区	0.98	优质协调	都安县	0.99	优质协调	靖西县	1.00	优质协调
大化县	0.94	优质协调	环江县	0.96	优质协调	德保县	0.97	优质协调
宜州市	0.99	优质协调	罗城县	0.99	优质协调	隆林县	0.95	优质协调
天峨县	0.99	优质协调	右江区	0.75	中等协调	田林县	0.87	良好协调
凤山县	0.97	优质协调	乐业县	0.98	优质协调	田东县	0.90	良好协调
南丹县	0.99	优质协调	凌云县	0.95	优质协调	田阳县	0.97	优质协调
东兰县	1.00	优质协调	平果县	0.99	优质协调	西林县	0.84	良好协调
巴马县	0.99	优质协调	那坡县	0.89	良好协调	总平均	0.95	优质协调

　　结果表明，桂西地区地质遗迹与民族文化资源具有很高的质量空间关联，23 个县（市、区）中有 18 个优质协调、4 个良好协调、1 个中等协调，平均耦合协调度为 0.95，达到优质协调等级（图4-3）。

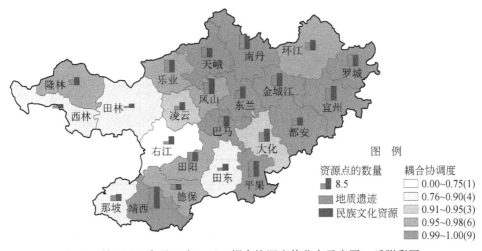

图4-3　桂西地区各县（市、区）耦合协调度值分布示意图（后附彩图）

三、空间耦合关系

　　将桂西地区地质遗迹与民族文化资源的评价得分去量纲化处理，取 $P = X'_i$，$Q = Y'_j$。按桂西地区地质遗迹和民族文化资源的重要性，取 $\alpha = 0.6$，$\beta = 0.4$。

　　将 P、Q、α、β、θ 代入式（6）和式（7），得桂西地区各县（市、区）耦合型资源

综合评价值（表4-12）。

结果表明：桂西地区地质遗迹与民族文化资源空间耦合关系总体较密切，但耦合型资源评价值 D 在桂西地区 23 个县（市、区）的分布不均衡。D 值较高的分别为百色市的靖西县（1.68）、平果县（1.36）和河池市的南丹县（1.45）、宜州市（1.34），是桂西地区地质遗迹与民族文化资源空间耦合关系最为密切的区域。此 4 县地质遗迹与民族文化资源总体质量位列桂西地区前列，说明在桂西地区资源耦合协调度水平极高且差距很小的情况下，地质遗迹与民族文化资源的总体质量决定了耦合型资源评价水平。其他高于总平均 D 值的区县为河池市金城江区、大化县、天峨县、凤山县、巴马县、环江县、罗城县和百色市乐业县。百色市田林县、田东县、右江区等少数区县 D 值较低（图4-4）。

表 4-12　桂西地区各县（市、区）耦合型资源综合评价值

区县	D	区县	D	区县	D
金城江区	1.14	都安县	0.82	靖西县	1.68
大化县	1.05	环江县	1.15	德保县	0.78
宜州市	1.34	罗城县	1.19	隆林县	0.79
天峨县	1.14	右江区	0.70	田林县	0.49
凤山县	1.23	乐业县	1.30	田东县	0.66
南丹县	1.45	凌云县	0.89	田阳县	0.98
东兰县	0.95	平果县	1.36	西林县	0.71
巴马县	1.16	那坡县	0.93	总平均	1.04

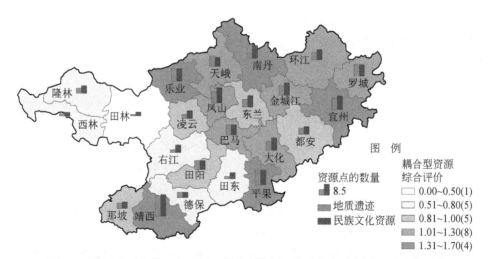

图 4-4　桂西地区各县（市、区）耦合型资源评价值分布示意图（后附彩图）

第五节　地质遗迹与民族文化资源空间关系成因探讨

一、地质遗迹对民族文化资源的影响

以山岳地貌、河流地貌等地质遗迹对民族文化及其多样性的影响为例，从宏观和微观两个维度以及物质文化和非物质文化两个方面，分析地质遗迹对民族文化资源的影响，进而揭示地质遗迹与民族文化资源密切空间关系的成因机理。

从宏观维度分析山岳地貌、河流地貌等地质遗迹对民族文化资源多样性的影响：在桂西北地区的山岳、河流等地质遗迹构成的半封闭自然空间中，自然环境赋予的封闭性和包容性表现出强烈的文化生态作用，涵养出包括瑶族千家峒、壮族敢壮山等民族文化发祥地的民族聚居空间以及仫佬族、毛南族等桂西北独有的少数民族。这些地质遗迹成为桂西北各民族屏蔽外界影响、保持自身民族文化特点的天然盾牌，从而孕育了在空间上与这些地质遗迹密切相伴的千姿百态的民族文化资源。

从微观的维度以及物质文化和非物质文化两个方面对比分析山岳地貌、河流地貌等不同地质遗迹类型对民族文化资源的影响：桂西北地区的侗族聚落多分布于依山傍水的河流阶地，空间较为开阔的河流地貌对侗族文化的影响显著，表现在建筑文化上，侗寨多沿河流呈带状分布且规模较大，侗寨的两大标志性建筑——沟通河流两岸的风雨桥和彰显村寨规模的鼓楼都与河流地貌息息相关。同时，河流地貌赋予侗族文化浪漫的气息，表现在文化艺术方面，侗族音乐以曲调委婉的复调大歌表达自己与溪流潺潺、鸟语花香的河谷环境的和谐，口承文学重英雄故事和神话，水是自然崇拜中的重要元素。桂西北地区的苗族聚落多分布于山顶或山腰，险峻且水平空间狭小的山岳地貌对苗族文化的影响明显，表现在建筑文化上，苗寨多散布于山腰或山顶陡坎且规模较小，建筑形式为吞口式或吊脚楼，贴壁悬空，极为壮观。同时，山岳地貌赋予苗族文化豪放的气息，表现在文化艺术方面，苗族音乐以高亢的曲调、较广的音域和较大的音量来表达某种忘我的洒脱以及与险峻自然环境相伴的粗犷豪迈之情，其口承文学重神话且多围绕山神崇拜展开。由河流地貌和山岳地貌两种截然不同的地质遗迹类型导致的侗、苗民族文化鲜明的差异，揭示了地质遗迹与民族文化资源密切空间关系的成因机理。

二、民族文化资源对地质遗迹的影响

以各民族对岩溶地貌等地质遗迹及其自然环境的选择与适应能力为例，分析民族文化资源对地质遗迹的影响，进而揭示地质遗迹与民族文化资源密切空间关系的成因机理。

从桂北各民族对岩溶地貌等地质遗迹及其自然环境的选择来分析民族文化资源对地质遗迹的影响：在岩溶地貌广布有着"八山一水一分田"之称的桂北地区，散落在延绵峰丛、峰林中的片片岩溶洼地、盆地和槽谷，以其底部较为平坦的地势、周围环山的庇护以及地表河流和地下排水系统较为发育的优越自然环境，成为各民族聚落选址的最佳场所，最终演变成与岩溶洼地、盆地和槽谷的空间分布相对应的"大分散，小聚集"的

民族聚落空间格局。这些大小不等的民族聚落，往往依据岩溶洼地等地质遗迹提供的自然庇护，在自然的历史磨合中，以民族文化资源与地质遗迹密切共生的形式找到了两者空间关系的契合点，从而完成对地质遗迹及其自然环境的选择与适应过程。同时，"天人合一"的原始自然观和对原生环境的敬畏以及由此滋生的对生存空间的自然崇拜（例如山神、河神文化），使得桂北地区各民族的生产、生活以与自然环境新陈代谢周期同步的方式轻度进行，较少扰动自然，在避免了因自然环境恶化、人口压力加大带来的空间与资源的大规模生存斗争的同时，最大限度地保护了桂西北地区珍稀的地质遗迹。

　　从农耕文化所反映的桂北各民族对地质遗迹及其自然环境的适应能力来分析民族文化资源对地质遗迹的影响：桂北各民族多以大米为主食，稻作成为生产、生活的核心，而稻作所需的水和土壤，在岩溶地貌广布而水土难以蓄存的桂北石山区均是稀缺资源。为解决这一关乎生存的核心问题，桂北各族人民表现出对地质遗迹及其自然环境高超的适应能力和生存智慧，创造出独特的"高山为靠、山腰设寨、山坡梯田、山麓临河"的四位一体的"梯田稻作文化"图景。"高山为靠"以高山森林孕育的溪流、泉水解决农业和生活用水；"山腰设寨"取中半山区冬暖夏凉的宜居气候且便于梯田耕作；"山坡梯田"以岩溶地貌区最常见的山石砌成田埂，积蓄泥土依山坡形成大小、形态各异的平整农田，杜绝稀缺土壤资源的流失。开挖沟渠引高山溪流、泉水自上而下注入梯田，同时以水槽连接离沟渠较远的梯田，最大限度地利用宝贵的水资源；"山麓临河"将顺梯田而下的流水汇入山麓河流，经蒸发化为云雾阴雨贮于高山，实现水资源的循环利用。

　　实际上，地质遗迹对民族文化资源的影响和民族文化资源对地质遗迹的影响往往难以截然割裂，两者的相互影响和作用始终同步进行并贯穿于民族地区人与自然关系的各个方面，而这种同步性正是造成两者密切空间关系的根本原因。

第五章　广西地质公园旅游布局研究

地质公园旅游布局研究是民族地区依托地质遗迹和民族文化资源的优势，实施特色旅游产业创新发展的基础，对于这一重要的基础性研究，目前却少有学者涉及，致使民族地区的地质公园建设及其旅游开发带有相当的盲目性。为数不多的研究成果则大多沿用传统的旅游空间布局方法，在定性分析资源和开发条件的基础上完成（齐德利，2003）。因此，本章将针对桂北地区、桂西地区、桂南地区、桂东地区 4 个研究区域的不同特征，分别采用定量研究与定性研究的方法进行地质公园旅游布局研究，即体现定量研究严谨科学的优势，又保留定性研究简单明了的特色。在定量研究方面，创新性地提出两种民族地区地质公园布局定量研究方法，并将以桂北地区为典型区域进行基于地质遗迹与民族文化资源空间关系分析的地质公园旅游布局研究，以桂西地区为典型区域进行基于地质遗迹与人地关系耦合的地质公园旅游布局研究，据此探索具有普适性的建立在定量分析基础上的民族地区地质公园旅游布局研究新途径。在定性研究方面，桂南地区和桂东地区地质公园旅游布局研究则采用传统的定性研究方法进行。

第一节　基于地质遗迹与民族文化资源空间关系分析的桂北地区地质公园旅游布局研究

一、研究方案概述

地质遗迹与民族文化资源是民族地区最具特色的优势旅游资源，两者在应承关系上高度关联，在空间分布上密切共生，地质遗迹及其自然环境构成影响和制约民族文化产生、发展与演变的"地学基因"，而民族文化资源则是体现了各民族对地质遗迹及其自然环境的适应能力的创造物（如梯田、干栏式建筑等）。两者之间密切的空间关系，为民族地区地质公园建设与特色旅游产业创新发展创造了优越的条件，成为影响民族地区地质公园旅游布局的关键要素。因此，该研究方案将以桂北地区为典型研究区域，进行基于地质遗迹与民族文化资源空间关系分析的地质公园旅游布局研究，探讨建立在定量分析基础上的民族地区地质公园旅游布局研究新途径。

研究方案按照以下六项内容渐次展开，可普适于民族地区地质公园布局研究。

第一，地质遗迹调查与评价。 经过系统的实地考察并结合资料收集，确定研究区域内各行政区划单元中地质遗迹的数量、位置、等级。详见第二章。

第二，民族文化资源调查与评价。 经过系统的实地考察并结合资料收集，确定研究区域内各行政区划单元中民族文化资源的数量、位置、等级。详见第四章第一节。

第三，**地质遗迹与民族文化资源数量空间关系分析**。运用 GIS 图形管理和数据库管理工具，借鉴生态学景观（资源）要素空间关联分析方法，通过计算地质遗迹与民族文化资源之间的数量空间关联指数判断两者之间的数量空间关联。详见第四章第三节。

第四，**地质遗迹与民族文化资源质量空间关系分析**。采用耦合协调度分析地质遗迹与民族文化资源的质量空间关联。运用物理学耦合度函数建立耦合度模型，通过计算协调度对研究区域地质遗迹与民族文化资源的耦合协调程度进行判断。详见第四章第三节。

第五，**地质遗迹与民族文化资源空间耦合关系分析**。构建耦合型资源综合评价模型，通过耦合型资源评价值度量地质遗迹与民族文化资源的空间耦合关系。详见第四章第三节。

第六，**基于地质遗迹与民族文化资源空间关系分析的民族地区地质公园旅游布局研究**。结合地质遗迹与民族文化资源数量空间关系、质量空间关系和空间耦合关系分析结果，综合判断研究区域不同行政区划单元地质遗迹与民族文化资源空间关系的密切程度，并据此构建民族地区地质公园旅游布局。

二、桂北地区地质公园旅游区划

桂北地区地质公园旅游区划主要是根据地质遗迹与民族文化资源在不同区域内的异质性和在同一区域内的均质性而划分出的不同均质区域。基于地质遗迹与民族文化资源空间关系分析的地质公园旅游区划，是以民族地区地质公园建设最突出的优势资源——地质遗迹与民族文化资源两者空间关系的特征与结构为主要依据，将桂北地区划分为以下 14 个地质公园旅游发展区，并按照"地市级行政区划单元+县级行政区划单元"的形式进行命名，以构建桂北地区地质公园旅游的区域空间结构优势（表 5-1、图 5-1）。

（1）桂林市辖区–阳朔地质公园旅游发展区

（2）桂林市资源–龙胜地质公园旅游发展区

（3）桂林市灌阳地质公园旅游发展区

（4）桂林市荔浦地质公园旅游发展区

（5）桂林市全州–兴安–灵川–临桂–永福地质公园旅游发展区

（6）桂林市平乐–恭城地质公园旅游发展区

（7）柳州市辖区–鹿寨–柳江地质公园旅游发展区

（8）柳州市融水地质公园旅游优先发展区

（9）柳州市三江–融安地质公园旅游发展区

（10）柳州市柳城地质公园旅游发展区

（11）来宾市金秀–象州地质公园旅游发展区

（12）来宾市兴宾地质公园旅游发展区

（13）来宾市武宣地质公园旅游发展区

（14）来宾市忻城–合山地质公园旅游发展区

表 5-1　桂北地区地质公园旅游总体布局

十四个地质公园旅游发展区	一个核心发展区	桂林市辖区–阳朔地质公园旅游核心发展区（不含临桂区）
	六个优先发展区	桂林市资源–龙胜地质公园旅游优先发展区 桂林市灌阳地质公园旅游优先发展区 桂林市荔浦地质公园旅游优先发展区 柳州市辖区–鹿寨–柳江地质公园旅游优先发展区 柳州市融水地质公园旅游优先发展区 来宾市金秀–象州地质公园旅游优先发展区
	三个鼓励发展区	桂林市全州–兴安–灵川–临桂–永福地质公园旅游鼓励发展区 柳州市三江–融安地质公园旅游鼓励发展区 来宾市兴宾地质公园旅游鼓励发展区
	四个预留发展区	桂林市平乐–恭城地质公园旅游预留发展区 柳州市柳城地质公园旅游预留发展区 来宾市武宣地质公园旅游预留发展区 来宾市忻城–合山地质公园旅游预留发展区
十六个地质公园旅游依托城市	二个核心发展中心城市	桂林市、柳州市
	六个优先发展中心城市	阳朔县城、龙胜县城、荔浦县城、鹿寨县城、融水县城、金秀县城
	八个鼓励发展中心城市	资源县城、灌阳县城、全州县城、兴安县城、永福县城、三江县城、兴宾区、象州县城
十个地质公园	一个重点建设世界地质公园	资源世界地质公园
	六个重点建设国家地质公园	资源八角寨国家地质公园、鹿寨香桥岩溶国家地质公园（以上已建）、龙胜地质公园、灌阳国家地质公园、荔浦岩溶地质公园、灵川国家地质公园
	三个优先建设自治区级地质公园	融水地质公园、象州温泉地质公园、永福地质公园

三、桂北地区地质公园旅游空间结构布局

结合地质遗迹与民族文化资源数量空间关系分析、质量空间关系分析和空间耦合关系综合评价，综合判断桂北地区不同行政区划单元地质遗迹与民族文化资源空间关系的密切程度，将桂北地区 14 个地质公园旅游发展区根据区内地质遗迹与民族文化资源空间关系的密切程度进行分类，空间关系密切程度最高的地质公园旅游区确定为核心发展

区，密切程度较高的确定为优先发展区，密切程度一般的确定为鼓励发展区，密切程度较差确定为预留发展区。以此形成"一个核心发展区、六个优先发展区、三个鼓励发展区、四个预留发展区"的桂北地区地质公园旅游空间布局（表5-1、表5-2、图5-1）。

1. 桂北地区地质公园旅游核心发展区

桂林市辖区–阳朔地质公园旅游核心发展区

区划范围：桂林市辖秀峰、象山、七星、叠彩、雁山5城区和阳朔县（图5-1）。考虑到临桂新区地质遗迹资源与其他市辖区的差异，而未将其纳入核心发展区。

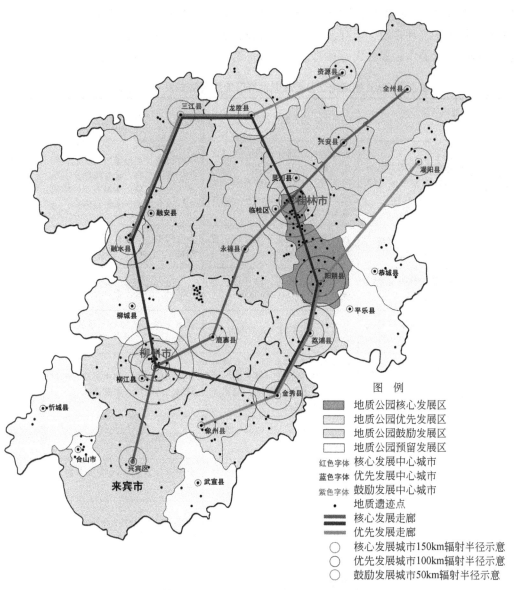

图 例

地质公园核心发展区
地质公园优先发展区
地质公园鼓励发展区
地质公园预留发展区
红色字体 核心发展中心城市
蓝色字体 优先发展中心城市
紫色字体 鼓励发展中心城市
• 地质遗迹点
核心发展走廊
优先发展走廊
○ 核心发展城市150km辐射半径示意
○ 优先发展城市100km辐射半径示意
○ 鼓励发展城市50km辐射半径示意

图 5-1　桂北地区地质公园旅游布局示意图（后附彩图）

　　划分依据：桂林市辖 5 城区和阳朔县地质遗迹与民族文化资源耦合协调度（CI）均达到最高等级的优质协调（表 4-8），阳朔县地质遗迹与民族文化资源耦合型资源综合评价值（D）为桂北地区最高，桂林市辖 5 城区的耦合型资源综合评价值（D）均较高（表 4-9），反映该区域内地质遗迹与民族文化资源的空间关系极为密切，加之桂林市辖区和阳朔县在广西旅游业中举足轻重的突出地位，使该区成为桂北地区唯一一个地质公园旅游核心发展区。

　　资源特色：由沿大圩至福利漓江河段分布的峰林平原（如葡萄峰林平原等），以及由桂林市区内沿江分布的独秀峰、象鼻山、伏波山、叠彩山等组成的孤峰平原，组成举世闻名的"桂林山水"，是世界喀斯特峰林平原和孤峰平原地貌最典型的代表。分布于漓江两岸峰林平原上的兴坪古镇、兴坪渔村、福利古镇，建设在孤峰平原上的靖江王府，以及镌刻于独秀峰、伏波山、象鼻山等孤峰上的摩崖石刻，共同组成天人合一的绝美画卷。

表 5-2　桂北地区地质公园旅游发展区地质遗迹与民族文化资源库

	地质公园旅游发展区	代表地质遗迹	代表民族文化资源
核心发展区	桂林市辖区-阳朔地质公园旅游发展区（不含临桂区）	大圩至福利漓江河段、九马画山、黄布滩与"仙女"群峰、芦笛岩、象鼻山、独秀峰、伏波山、七星岩、叠彩山、冠岩、葡萄峰林平原、碧莲峰	兴坪古镇、兴坪渔村、福利古镇、阳朔西街、靖江王府、独秀峰摩崖石刻、伏波山摩崖石刻、象山摩崖石刻、南溪山摩崖石刻、木龙古渡、木龙石塔
优先发展区	桂林市资源-龙胜地质公园旅游发展区	八角寨、宝鼎瀑布、资江、五排河、龙胜矮岭温泉	龙脊梯田、金竹壮寨、红瑶服饰、苗族飞哈舞、"七月半"河灯歌节
	桂林市灌阳地质公园旅游发展区	文市石林、黑岩、海洋山、都庞岭	月岭古村落、孝义可风坊、催官塔
	桂林市荔浦地质公园旅游发展区	丰鱼岩、银子岩、天河瀑布	荔浦文塔、鹅翎寺、荔浦芋美食文化旅游节
	柳州市辖区-鹿寨-柳江地质公园旅游发展区	碰冲石炭系"金钉子"、鱼峰山、白莲洞遗址、都乐岩、香桥岩天生桥、九龙洞、响水石林、响水瀑布	壮族歌圩对歌、柳州戏曲、柳侯祠、白莲洞洞穴博物馆、中渡古镇
	柳州市融水地质公园旅游发展区	贝江、元宝山、老君洞（真仙岩）	苗族服饰、过苗年、贝江苗寨、田头苗寨
	来宾市金秀-象州地质公园旅游发展区	莲花山、圣堂山、五指山、罗汉山、象州温泉	金秀瑶族文化、岭南汉墓群、象州孔庙遗址
鼓励发展区	桂林市全州-兴安-灵川-临桂-永福地质公园旅游发展区	三江口、天湖、炎井温泉、猫儿山、越城岭、海洋河、大野瀑布、古东瀑布、桃花江、百寿岩、永福岩	湘山寺、妙明塔、湘山摩崖石刻、华江瑶族风情、永福福寿文化、百寿岩石刻
	柳州市三江-融安地质公园旅游发展区	榕江、浔江、苗江、融江、泗维河、皇宫洞	程阳桥、邑团桥、马胖鼓楼、长安镇古骑楼街
	来宾市兴宾地质公园旅游发展区	蓬莱滩"金钉子"、鲤鱼洲	蓬莱洲象州故城遗址、文辉塔

续表

地质公园 旅游发展区	代表地质遗迹	代表民族文化资源
预留 发展区	桂林市平乐–恭城地质 公园旅游发展区	仙家温泉、车田石林、银殿山	平乐榕津古街、印山亭、瑶族盘王节、恭城文庙、武庙
	柳州市柳城地质公园 旅游发展区	龙寨水岩、安乐湖、洛崖山	开山寺、古廨古城
	来宾市武宣地质公园 旅游发展区	百崖大峡谷	黄肇熙庄园
	来宾市忻城–合山地质 公园旅游发展区	翠屏山	莫氏土司衙门

开发潜力：该区处在世界旅游胜地桂林的核心地带，是广西旅游业发展最早和成效最好的区域，也是桂北地区拥有地质遗迹数量最多、等级最高同时与民族文化资源结合最紧密的地质公园旅游发展区，极佳的资源条件加上绝好的区位条件，使该区成为桂北地区乃至广西开发潜力最好的地质公园旅游发展区。

功能定位：桂北地区乃至广西地质公园旅游发展的龙头和核心，最重要的山水观光旅游区、山水田园休闲度假地和喀斯特地貌科考旅游地。

开发方向：山水观光游、山水田园度假游、乡村生态休闲游、喀斯特地貌科考游、康体度假游。

2. 桂北地区地质公园旅游优先发展区

（1）桂林市资源–龙胜地质公园旅游优先发展区

区划范围：桂林市资源县和龙胜县（图5-1）。

划分依据：资源县和龙胜县地质遗迹与民族文化资源耦合协调度（CI）分别达到最高等级的优质协调和良好协调（表4-8），两县地质遗迹与民族文化资源耦合型资源综合评价值（D）均较高（表4-9），反映该区域内地质遗迹与民族文化资源的空间关系较为密切，加之龙胜县在桂林旅游业中的重要地位以及资源县较好的地质公园建设基础，使该区成为桂林市三个地质公园旅游优先发展区之一。

资源特色：八角寨与资江组成的丹山碧水是世界自然遗产——资新盆地丹霞地貌的精华，有"世界丹霞之魂"之称，被《中国国家地理》评为中国最美的丹霞地貌之一。矮岭温泉是广西最早开发利用的温泉，是稀缺的中性、极软、含锶、偏硅酸、超低钠、富含氡的浴疗矿泉。此外，峡深谷幽、滩险流急的五排河，延绵千米、气势磅礴的九级宝鼎瀑布等均是高等级的地质遗迹。龙脊梯田则是少数民族改造自然、适应自然的经典之作，"神水"矮岭温泉孕育的瑶族文化，五排河两岸的苗瑶民族风情，资江河畔的"七月半"河灯歌节等民族文化资源与地质遗迹交相辉映。

开发潜力：龙胜县是桂北地区民族风情游开发历史最悠久的区域，旅游产业根基较好。资源八角寨国家地质公园是广西首批国家地质公园，地质公园建设基础良好。该区地质遗迹与民族文化资源品质优异、空间关联密切，在桂林市3个地质公园旅游优先发展区中开发潜力最大。

功能定位：桂北地区地质公园旅游发展的次中心，重要的山水观光旅游区、温泉养生度假地、山水民族风情体验地和丹霞地貌科考旅游地。

开发方向：丹霞风光观光游、温泉养生度假游、民族村寨休闲游、丹霞地貌科考游。

（2）桂林市灌阳地质公园旅游优先发展区

区划范围：桂林市灌阳县（图5-1）。

划分依据：灌阳县地质遗迹与民族文化资源耦合协调度（CI）达到最高等级的优质协调（表4-8），地质遗迹与民族文化资源耦合型资源综合评价值（D）在桂林市各县级区划单元中仅次于龙胜县位列第二（表4-9），反映该区域内地质遗迹与民族文化资源的空间关系较为密切，加之灌阳文市石林省级地质公园为桂林唯一一处石林类地质公园，使该区成为桂林市三个地质公园旅游优先发展区之一。

资源特色：灌阳文市石林无论是分布面积、高度、密度、成景数量、形态丰富程度等在广西均首屈一指，是广西最具规模和代表性的石林地貌景观。黑岩是罕见的在水洞内各种形态钟乳石极为发育的岩溶洞穴，堪称"世界第一水洞"。文市石林周边的月岭古村落始建于明末清初，是目前广西区内保存最为完整的古民宅群落之一。建于清道光年间，造型雄伟庄重，雕刻精湛的孝义可风坊则是广西壮族自治区级文物保护单位。

开发潜力：整合文市石林等地质遗迹和月岭古村落、孝义可风坊等民族文化资源的灌阳文市石林省级地质公园建设，填补了以峰林、孤峰平原为特色的桂林喀斯特地貌缺少高品质石林景观的空白，丰富了桂林山水景观的类型，在桂林市3个地质公园旅游优先发展区中独具特色。

功能定位：以石林地貌为特色的地质公园旅游核心发展区周边的互补区。

开发方向：石林观光游、古村落休闲游、溶洞猎奇游、石林地貌科考游。

（3）桂林市荔浦地质公园旅游优先发展区

区划范围：桂林市荔浦县（图5-1）。

划分依据：荔浦县地质遗迹与民族文化资源耦合协调度（CI）达到最高等级的优质协调（表4-8），地质遗迹与民族文化资源耦合型资源综合评价值（D）在桂林市各县级区划单元中位居前列（表4-9），反映该区域内地质遗迹与民族文化资源的空间关系较为密切，加之荔浦银子岩是目前桂林最火爆溶洞的发展势态，使该区成为桂林市三个地质公园旅游优先发展区之一。

资源特色：银子岩内的钟乳石大多处在生长发育旺盛的青幼年期，次生碳酸钙沉积物以白色为主，晶莹剔透，闪闪发光，银子岩因此而得名。对比开发较早的芦笛岩、冠岩等溶洞的钟乳石由于光照、洞内外空气对流以及花粉附着等的破坏，逐渐风化变黄、变黑，银子岩的钟乳石景观在桂林已开发的溶洞中是最美的。而以高阔的洞天、幽深的暗河、密集的石笋为特色的丰鱼岩同样品质非凡。同时还拥有荔浦文塔、鹅翎寺、荔浦芋美食文化旅游节等民族文化资源。

开发潜力：银子岩与阳朔县城相距仅18公里的优越区位，使该区得以分享阳朔、漓江丰富的客源市场，桂林最美溶洞景观形成该区独特的资源优势。优越的区位条件和独特的资源优势赋予该区较大的开发潜力。

功能定位：以喀斯特洞穴为特色的地质公园旅游核心发展区周边的互补区。

开发方向：溶洞观光游、洞穴探险游、溶洞科考游。

（4）柳州市辖区-鹿寨-柳江地质公园旅游优先发展区

区划范围：柳州市辖区、鹿寨县和柳江县（图5-1）。

划分依据：柳州市辖鱼峰区和柳南区、鹿寨县、柳江县地质遗迹与民族文化资源耦合协调度（CI）达到最高等级的优质协调（表4-8），鹿寨县地质遗迹与民族文化资源耦合型资源综合评价值（D）在桂北地区各县级区划单元中仅次于阳朔位列第二，柳州市辖鱼峰区和柳江县的耦合型资源综合评价值（D）均较高（表4-9），反映该区域内地质遗迹与民族文化资源的空间关系较为密切，加之柳州市广西工业重镇的经济优势和鹿寨县地质公园建设良好的基础，使该区成为柳州市两个地质公园旅游优先发展区之一。

资源特色：该区地质遗迹品质优越，有"中国最具观赏价值的水上天生桥"之称的鹿寨香桥岩天生桥，以其独特的"一河一桥两窗"形体结构，被岩溶学家作为典范收录进地质出版社出版的《岩溶学词典》。柳州碰冲石炭系"金钉子"为国际石炭纪维宪阶全球界线层型，鹿寨香桥岩溶国家地质公园的中渡古镇，以及壮族歌圩对歌、柳州戏曲等高品质民族文化资源。

开发潜力：鹿寨香桥岩溶国家地质公园是广西第二批国家地质公园，在柳州旅游业发展中占据重要位置，依托柳州市优越的经济和区位条件，结合地质遗迹和民族文化资源优势，使该区成为柳州市3个地质公园旅游发展区中开发潜力最大的区域。

功能定位：柳州市地质公园旅游发展的龙头。

开发方向：岩溶地貌观光游、古镇民俗体验游、"金钉子"科普修学游、岩溶科考游。

（5）柳州市融水地质公园旅游优先发展区

区划范围：柳州市融水县（图5-1）。

划分依据：融水县地质遗迹与民族文化资源耦合协调度（CI）达到最高等级的优质协调（表4-8），地质遗迹与民族文化资源耦合型资源综合评价值（D）在柳州市各县级区划单元中位居前列（表4-9），反映该区域内地质遗迹与民族文化资源的空间关系较为密切，使该区成为柳州市两个地质公园旅游优先发展区之一。

资源特色：发源于桂黔交界处九万大山的贝江流经融水苗族自治县全境，因其水位落差变化大，形成了许多激流险滩和平静深潭，正如当地民谣所言"贝江河，水穹弯，七十二潭三十六个滩"。贝江两岸风光旖旎，座座苗寨点缀于青山绿水之间，流水地貌地质遗迹与苗族文化资源交相辉映。此外，蜚声广西的岩溶洞穴老君洞及其宗教建筑和碑刻，广西第三高峰元宝山等均是该区的优势资源。

开发潜力：该区是柳州市地质遗迹与民族文化资源结合最为完美的区域，旅游开发基础条件较好，现有国家AAAA级旅游景区贝江及沿江多处已有多年开发历史的苗寨、国家森林公园元宝山等，具有较大开发潜力。

功能定位：柳州市重要的地质公园旅游发展区。

开发方向：山水观光游、生态休闲游、民族风情游、生态科考游。

（6）来宾市金秀–象州地质公园旅游优先发展区

区划范围：来宾市金秀县、象州县（图 5-1）。

划分依据：象州县地质遗迹与民族文化资源耦合协调度（CI）达到良好协调（表 4-8），其地质遗迹与民族文化资源耦合型资源综合评价值（D）在桂北地区各县级区划单元中位列第三，金秀县耦合型资源综合评价值（D）亦较高（表 4-9），反映该区域内地质遗迹与民族文化资源的空间关系较为密切，加之金秀、象州 2 县在来宾市良好的旅游发展基础，使该区成为来宾市唯一的一个地质公园旅游优先发展区。

资源特色：该区的砂岩峰林地貌在桂北地区以岩溶地貌为主的地质遗迹类型中独树一帜。金秀县大瑶山的莲花山、圣堂山、五指山是广西砂岩峰林地貌发育最完美的区域，可与湖南张家界相媲美，具有极高的旅游开发价值。象州温泉有"中南第一温泉"美誉，是广西著名的高温温泉，其温泉可开采量居广西首位，目前开发程度也较高。大瑶山孕育了金秀瑶族文化，金秀县是世界瑶族支系最多的县份和瑶族主要聚居县，金秀大瑶山的瑶族因其源流、信仰、习俗、语言、文化和服饰的不同，形成了五彩缤纷的瑶族风情，是该区最具特色的民族文化资源。

开发潜力：独特的砂岩峰林地貌景观，稀缺的高温温泉资源，璀璨的瑶族文化，承接广西南北的区位优势，使该区成为来宾市 3 个地质公园旅游发展区中开发潜力最大的区域。

功能定位：来宾市最重要的地质公园旅游发展区。

开发方向：砂岩峰林奇观观光游、温泉养生游、瑶族风情游、砂岩峰林地貌科考游。

3. 桂北地区地质公园旅游鼓励发展区

（1）桂林市全州–兴安–灵川–临桂–永福地质公园旅游鼓励发展区

区划范围：桂林市全州、兴安、灵川、临桂、永福 5 县（区）（图 5-1）。

划分依据：该区是桂北地区范围最大的地质公园旅游发展区，北东向跨越整个桂林市。尽管全州、兴安、灵川、临桂、永福 5 县地质遗迹与民族文化资源耦合协调度（CI）达到最高等级的优质协调（表 4-8），但 5 县地质遗迹与民族文化资源耦合型资源综合评价值（D）均在桂北地区平均值左右（表 4-9），反映该区域内地质遗迹与民族文化资源的空间关系较为一般，因此将该区划分为地质公园旅游鼓励发展区。

资源特色：尽管该区地质遗迹与民族文化资源的空间关系总体一般，但局部地区仍颇具特色。全州县三江口由湘江、灌江、万乡河三江汇聚形成，其流水地貌形态的丰富程度和汇流区域面积在广西首屈一指，与之遥相呼应的湘山寺则有"兴唐显宋"之美誉和"楚南第一名刹"之雅称。位于兴安县华江瑶族自治乡的猫儿山为南岭山脉越城岭主峰，居五岭之冠，为华南第一高峰。位于灵川县大境瑶族自治乡的大野瀑布，与福寿文化相伴的永福县百寿岩、永福岩，均是较高品质的地质遗迹与民族文化资源。

开发潜力：该区的开发潜力主要体现在局部区域的个别景观类型，尤其是天湖、三江口、大野瀑布、古东瀑布、炎井温泉等水体景观以及猫儿山、越城岭等高山景观具有较好的开发潜力。

功能定位：桂林市重要的地质公园旅游延伸发展区。

开发方向：水体休闲度假游、观瀑休闲游、高山避暑游、福寿养生游、流水地貌科考游。

（2）柳州市三江–融安地质公园旅游鼓励发展区

区划范围：柳州市三江县、融安县（图5-1）。

划分依据：尽管该区融安县地质遗迹与民族文化资源耦合协调度（CI）达到最高等级的优质协调（表4-8），但三江县CI值仅为勉强协调，且两县地质遗迹与民族文化资源耦合型资源综合评价值（D）接近桂北地区平均值（表4-9），反映该区域内地质遗迹与民族文化资源的空间关系总体一般，故将该区划分为地质公园旅游鼓励发展区。

资源特色：三江侗族自治县是柳州市民族文化资源最丰富的地区，程阳桥、岜团桥、马胖鼓楼等民族文化资源知名度和等级均较高，但缺少高等级的地质遗迹与之呼应。融安县的融江与长安古镇，泗维河与沿江的苗族、瑶族村寨关联密切，但地质遗迹与民族文化资源等级均较一般。

开发潜力：总体一般的地质遗迹与民族文化资源的空间关联影响了该区地质公园旅游开发的潜力。

功能定位：柳州市地质公园旅游延伸发展区。

开发方向：水体观光游、民族风情游。

（3）来宾市兴宾地质公园旅游鼓励发展区

区划范围：来宾市兴宾区（图5-1）。

划分依据：兴宾区地质遗迹与民族文化资源耦合协调度（CI）为中等协调（表4-8），地质遗迹与民族文化资源耦合型资源综合评价值（D）低于桂北地区平均值（表4-9），反映该区域内地质遗迹与民族文化资源的空间关系总体一般，考虑到该区拥有世界级地质遗迹，故将该区划分为地质公园旅游鼓励发展区。

资源特色：兴宾区红水河畔蓬莱滩"金钉子"是近年来国际地层学界的"麦加"，该剖面完整的生物地层序列在全球的二叠纪（距今3亿~2.5亿年前）地层中最为典型。

开发潜力："金钉子"科学价值有余而景观价值不足，同时也缺乏与之呼应的高品质民族文化资源，影响了该区地质公园旅游开发的潜力。

功能定位：来宾市地质公园旅游延伸发展区。

开发方向：地质科考修学游。

4. 桂北地区地质公园旅游预留发展区

桂北地区划分了桂林市平乐–恭城地质公园旅游预留发展区、柳州市柳城地质公园旅游发展区、来宾市武宣地质公园旅游发展区、来宾市忻城–合山地质公园旅游发展区4个地质公园旅游预留发展区。

预留发展区中平乐县地质遗迹与民族文化资源耦合型资源综合评价值（D）为桂林市各区县中最低，恭城、柳城、武宣、忻城、合山个县（市）地质遗迹与民族文化资源耦合协调度（CI）和（或）耦合型资源综合评价值（D）均低于桂北地区平均水平，反映该区域地质遗迹与民族文化资源空间关联总体较差，故将其划分为地质公园旅游预留发展区，作为地质公园旅游核心发展区、优先发展区和鼓励发展区之间的过渡地带。

四、桂北地区地质公园旅游依托城市布局

地质公园除了依托旅游目的地作为旅游开发的载体外，尚需依托若干地质公园旅游中心城市作为客源的服务支撑系统。城市是区域内的政治、经济、文化中心，是游客进入旅游目的地，在旅游地过夜停留，享受旅游服务娱乐的场所。即使一个地区地质遗迹品质优异，若依托的地质公园旅游中心城市经济落后，旅游配套设施不全，仍将严重制约地质公园旅游开发。除了单独的地质公园旅游中心城市，整个依托城市体系的空间布局及服务设施体系的完善程度都将影响到地质公园旅游的发展。同时，由于地质遗迹分布的特殊性，地质公园旅游中心城市的空间布局与传统的旅游中心城市有所不同。因此，建立层次清晰的地质公园旅游依托城市体系，是增强地质公园旅游的吸引力和竞争力的关键。

1. 空间结构体系构建

桂北地区地质公园旅游依托城市空间结构体系的构建，需要根据该区地质公园旅游空间结构布局（表5-1、图5-1），并结合桂北地区各地市城镇体系来完成。桂北地区地质公园旅游依托城市按级别由高到低划分为核心发展中心城市、优先发展中心城市、鼓励发展中心城市3个等级。决定地质公园旅游依托城市等级的四个方面的因素：①地质公园旅游空间结构布局中的等级；②地质遗迹品质，包括中心城市周边的地质遗迹分布密度、级别、类型等；③城市的经济实力，即经济发展现状（包括旅游业发展现状），因为只有经济基数足够大，才能获得旅游发展的乘数效应；④城市区位优势，包括在整个城市体系中的区位和在地质公园旅游发展体系中的区位；⑤城市人口规模。

据此，建立"2个核心发展中心城市、6个优先发展中心城市、8个鼓励发展中心城市"的桂北地区地质公园旅游依托城市空间结构体系（图5-1、表5-3）。根据中心地理论，高等级中心城市同样具有低等级中心城市的职能，提供较低等级地质公园旅游中心城市所提供的服务。而等级越高，中心城市的数量越少；等级越低，中心城市的数量越多。

表5-3　桂北地区地质公园旅游依托城市分布

地域	核心发展中心城市	优先发展中心城市	鼓励发展中心城市
桂林市	桂林市城区	阳朔县城、龙胜县城、荔浦县城	资源县城、灌阳县城、全州县城、兴安县城、永福县城
柳州市	柳州市城区	鹿寨县城、融水县城	三江县城
来宾市	—	金秀县城	兴宾区、象州县城
2个核心发展中心城市、6个优先发展中心城市、8个鼓励发展中心城市			

2. 核心发展中心城市

核心发展中心城市是具有地级市及以上服务范围性质的核心城市，主要从地质公园旅游核心发展区的地级市政府所在地，以及个别地位较突出的地质公园旅游优先发展区的地级市政府所在地中选取。这些城市是广西各区域的经济、文化中心，是自治区和各

市政府大量投入资金的主要区域，具有良好的资金和区位条件，最适于作为地质公园旅游的核心发展中心城市。据此确定桂林市和柳州市 2 个桂北地区地质公园旅游的核心发展中心城市。根据中心地理论，以这些城市为中心，取 150km 为辐射半径，以此作为地质公园旅游核心发展中心城市的服务范围，该区域基本上可覆盖各自的市域并辐射整个桂北地区。

3. 优先发展中心城市

优先发展中心城市是具有跨县域服务范围性质的中心城市，主要从地质公园旅游核心发展区和优先发展区的各个县级政府所在地中选取（如果某个县城紧邻更高级别的旅游中心城市，将不被列入鼓励发展中心城市，如临桂区等）。这些城市是各地级市和县政府资金投入的主要区域，也是县域的核心，适于作为地质公园旅游的优先发展中心城市。阳朔、龙胜、荔浦、鹿寨、融水、金秀这 6 个县城由于在桂北地区城镇体系中的地位和良好的经济基础及区位条件，可承担桂北地区地质公园优先发展中心城市的任务。以这些城市为中心，取 100km 为辐射半径（优先发展中心城市在其辐射范围内应有较高的地质遗迹密度），这个圈域内基本是由中心城市乘汽车在 2 个小时左右能够到达的距离，也就是方便 1 天来回的空间范围，以此作为桂北地区地质公园旅游优先发展中心城市的服务范围，该圈域基本上可覆盖中心城市所服务地域的大部分地质遗迹。

4. 鼓励发展中心城市

鼓励发展中心城市是具有县域服务范围性质的中心城市。鼓励发展中心城市的选择基于以下原则：第一，城市的经济规模和人口规模；第二，中心城市周边地质遗迹的密度和等级，鼓励发展中心城市在 50km 圈域内具有较高的地质遗迹密度或者具有高等级的地质遗迹；第三，主要从地质公园旅游优先发展区中未入选优先发展中心城市的各个县城，以及地质公园旅游鼓励发展区的各个县城中选取。如果某个县城紧邻更高级别的旅游中心城市，将不被列入鼓励发展中心城市，如柳江县城等。据此确定资源县城、灌阳县城、全州县城、兴安县城、永福县城、三江县城、兴宾区、象州县城 8 个鼓励发展中心城市。以这些城市为中心，取 50km 为辐射半径，这个圈域内基本是由中心城市在乘汽车 1 个小时左右可以达到的范围，也就是方便半天来回的空间范围。以此作为桂北地区地质公园旅游鼓励发展中心城市的服务范围，该圈域基本上可覆盖中心城市所服务地区的大部分地质遗迹。

五、桂北地区地质公园旅游发展走廊组织

1. 走廊格局构建

桂北地区地质公园旅游发展走廊的组织与 1 个核心发展区、6 个优先发展区、3 个鼓励发展区、4 个预留发展区的地质公园旅游空间结构相呼应，对接地质公园旅游中心城市的三个不同发展层次，构建核心发展走廊和优先发展走廊 2 个层次的地质公园旅游发展走廊，形成"一轴、一环、两翼"的桂北地区地质公园旅游发展走廊格局。核心发展走廊主要穿越地质公园旅游空间布局中的核心发展区和优先发展区内条件最好、最适于建设旅游接待服务以及娱乐设施的城镇，并连接尽可能多的城镇，体现交互作用的协

同效益最优或开发潜力最大的走廊格局构建方向。优先发展走廊主要连接地质公园旅游空间布局中的优先发展区和鼓励发展区，并与优先发展走廊共同构成地质公园旅游依托城市发展走廊网络。发展走廊网络通过辐射作用影响桂北地区全境，带动该区地质公园旅游中心城市建设，进而促进桂北地区地质公园旅游的发展。

2. 核心发展走廊

构筑"一轴、一环"2 条桂北地区地质公园旅游依托城市核心发展走廊（图 5-1）。"一轴"核心发展走廊近南北向贯通桂北地区，将广西旅游业龙头桂林市与广西工业重镇柳州市相连，并可北出广西与湖南零陵相接，南下来宾与南宁市相通；"一环"核心发展走廊将桂北地区绝大多数地质公园旅游优先发展区与桂林、柳州 2 个核心发展区连成一体，形成环绕桂北地区的闭合圆环。"一轴、一环"两条优先发展走廊形成的空间网络将桂北地区地质公园旅游空间布局中的 2 个核心发展区和 5 个优先发展区紧密联系起来，形成有机的整体。

一轴：湖南省—全州县—兴安县—桂林市—永福县—鹿寨县—柳州市—来宾市—南宁市；

一环：桂林市—阳朔县—荔浦县—金秀县—柳州市—融水县—三江县—龙胜县—桂林市。

3. 优先发展走廊

构筑"东西两翼"2 条桂北地区地质公园旅游依托城市优先发展走廊（图 5-1），"东翼"将桂北地区地质公园旅游空间布局中的 3 个优先发展区相联，并可东出广西与湖南道县相通，南下来宾与南宁市相接；"西翼"将桂北地区地质公园旅游空间布局中的 2 个优先发展区和 1 个鼓励发展区相联，并可西出广西与贵州从江县相通，北出与湖南省相通。

东翼：湖南省—灌阳县—阳朔县—荔浦县—金秀县—象州县—南宁市；

西翼：湖南省—资源县—龙胜县—三江县(贵州省)—融水县—河池市。

第二节　基于地质遗迹资源与人地关系耦合的桂西地区地质公园旅游布局研究

一、研究方案概述

人地关系是指以地球表层一定地域为基础的人与地之间的相互作用，包括人对自然的依赖性和人的能动地位（吴传钧，1991；陆大道，1998），人地关系研究是近代地理学发展的基础，人地关系研究涉及领域广泛，科学界关注的全球环境变化与可持续发展两个热点问题都与人地关系息息相关（郑度，2002），因此，越来越多的学者将人地关系研究作为其他相关研究的基础（朱诚，2003；朱光耀，2005；李永化，2003；肖生春，2004；莫多闻，2002）。

人地关系中的"人"是指社会性的人，即在一定地域内、一定生产方式下从事各种生产活动或社会活动的人；"地"是指与人类活动有密切关系的无机和有机自然界诸要素有规律结合的地理环境，即存在着地域差异的地理环境，也是指在人类作用下已经改变了的地理环境，即经济、文化、社会地理环境（杨青山，2001）。可见，人地关系是对自然、社会、经济、人文环境的综合表达。民族地区既有丰富的地质遗迹、民族文化资源等自然和人文资源，又多处于生态环境极其脆弱的石山地区，人地关系极为复杂。如何针对该区丰富的自然和人文资源与脆弱的生态环境共存的人地关系特征，走可持续发展的道路成为民族地区发展的关键。因此，本节将以桂西地区为典型研究区域，进行基于地质遗迹与人地关系耦合的地质公园旅游布局研究，在上节基于地质遗迹与民族文化资源空间关系分析的地质公园旅游布局研究基础上，再次探讨建立在定量分析基础上的民族地区地质公园旅游布局研究新途径。

研究方案按照以下四项内容渐次展开，同样普适于民族地区地质公园布局研究。

第一，地质遗迹调查与评价。经过系统的实地考察并结合资料收集，确定研究区域内各行政区划单元中地质遗迹的数量、位置、等级。详见第二章。

第二，地质遗迹空间格局研究。构建包括地质遗迹的数量、等级、类型、保护开发条件4类定量表征指标，以及地质遗迹数量比例、地质遗迹密度、各级别地质遗迹所占比例、省级以上地质遗迹所占比例、各类型地质遗迹所占比例、地质遗迹丰度、与周边重要城镇平均公路距离、与周边其他旅游资源关系、已保护开发地质遗迹所占比例等9项具体指标因子的地质遗迹空间格局定量表征指标体系。据此确定研究区域各行政区划单元不同地质遗迹空间格局定量表征指标数值，采用聚类分析等方法确定研究区域地质遗迹空间格局类型。详见第三章。

第三，民族地区人地关系综合评价指标体系构建及类型划分。建立由自然结构、人口结构、社会结构、经济结构4个评价结构层，以及与之对应的耕地比重、林地比重、人均水能蕴藏量、人口密度、非农业人口比重、少数民族人口比重、人均地区生产总值、第一产业产值比重、第二产业产值比重、第三产业产值比重、人均旅游收入11个评价指标层组成的民族地区人地关系综合评价指标体系，进而根据各项指标数值特征划分民族地区人地关系类型。

第四，基于地质遗迹与人地关系耦合的民族地区地质公园旅游布局研究。将各地质遗迹空间格局类型与不同的人地关系类型进行空间耦合，根据两者的耦合程度，从地质公园旅游区划、地质公园旅游空间结构布局、地质公园旅游依托城市布局、地质公园旅游发展走廊组织等方面，进行宏观尺度的民族地区地质公园旅游布局研究。

二、民族地区人地关系综合评价指标体系构建

1. 指标体系构建原则

为定量地表征民族地区这一特殊区域复杂的人地关系，选取若干评价指标，构建具有普适性的民族地区人地关系综合评价指标体系，对民族地区人地关系进行定量评价。

民族地区人地关系综合评价指标体系的构建原则如下：

1）民族地区人地关系综合评价指标体系侧重反映民族地区人地关系的结构特征和发育水平。

2）民族地区人地关系综合评价指标体系的结构层依据人地关系的结构组成确定。

3）民族地区人地关系综合评价指标体系的指标层，根据民族地区人地关系的实际情况和特征，选取区域差异较大、容易量化以及具有代表性的典型指标进入指标体系。

4）考虑到定量分析方法对各指标之间综合信息提取能力的局限性，实际操作中将指标体系设置在满足要求的前提下尽量精简，以减少指标间的相互干扰。

2. 指标体系构成

基于上述原则，根据人地关系的结构组成，确定自然结构、人口结构、社会结构、经济结构4个人地关系评价指标结构层，各结构层分别对应耕地比重、林地比重、人均水能蕴藏量、人口密度、非农业人口比重、少数民族人口比重、人均地区生产总值、第一产业产值比重、第二产业产值比重、第三产业产值比重、人均旅游收入等11个人地关系评价指标层，由此构成由1个评价总目标层、4个评价结构层和11个评价指标层组成的民族地区人地关系综合评价指标体系（图5-2）。

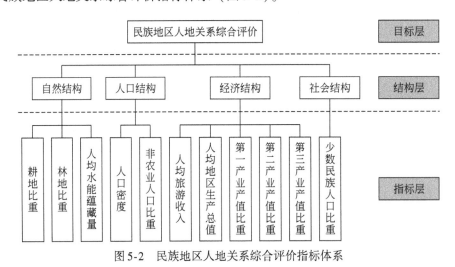

图 5-2　民族地区人地关系综合评价指标体系

三、桂西地区人地关系类型划分与特征分析

1. 桂西地区人地关系类型划分

依据桂西地区河池、百色2市的行政区划，对金城江、右江、乐业、凤山等23个县（市、区）按照11项人地关系评价指标分别赋值（表5-4），根据评价指标数值的特征将桂西地区人地关系类型划分为以下6类，再计算出不同类型各评价指标均值并将其标准化，绘制成桂西地区各人地关系类型评价指标标准化值蛛网图（图5-3），根据各类型指标数值的特征确定桂西地区"中心城市地区人地关系类型"等6类人地关系类型（表5-5），奠定基于地质遗迹资源与人地关系耦合的桂西地质公园旅游开发布局定量研究的基础。

表 5-4 桂西地区行政区划单元—人地关系评价指标变量矩阵

地区名称	人地关系综合评价指标原始值										
	自然结构			人口结构		社会结构	经济结构				
	耕地比重/%	林地比重/%	人均水能蕴藏量/kw	人口密度/(人/km²)	城镇人口比重/%	少数民族人口比重/%	人均地区生产总值/万元	第一产业产值比重/%	第二产业产值比重/%	第三产业产值比重/%	人均旅游收入/元
金城江区	6.68	44.42	0.57	144.25	36.34	76.32	2.93	9.18	53.10	37.72	3626
大化县	5.96	37.81	3.96	168.08	11.55	93.33	0.73	21.94	47.97	30.09	1092
宜州市	11.81	21.37	0.43	171.41	15.93	83.14	1.34	36.46	31.22	32.33	1855
天峨县	4.26	85.31	1.01	53.91	11.92	61.48	2.25	14.25	66.25	19.50	3966
凤山县	3.90	23.62	0.42	124.05	9.42	64.26	0.78	26.54	40.62	32.84	3894
南丹县	4.06	40.55	0.59	79.75	22.11	67.00	2.46	11.51	67.24	21.25	2668
东兰县	5.34	35.03	0.55	124.84	7.35	91.09	0.60	27.97	33.24	38.80	1691
巴马县	5.02	65.40	0.63	143.27	9.75	85.93	1.01	28.69	43.28	39.02	6989
都安县	7.55	60.59	0.20	172.75	6.08	96.97	0.44	36.77	24.43	38.80	673
环江县	6.10	66.20	0.27	83.09	14.52	94.02	0.97	40.13	32.23	27.64	952
罗城县	16.87	65.80	0.33	141.50	12.29	73.78	0.99	35.11	35.90	28.99	1043
右江区	9.05	76.49	0.42	86.80	37.95	86.77	4.36	13.21	56.05	30.75	9958
乐业县	9.59	69.81	0.36	64.23	8.15	51.70	0.81	33.48	28.04	38.48	2628
凌云县	7.37	73.63	0.41	84.56	10.36	58.10	0.88	29.69	37.78	32.53	2280
平果县	18.75	78.51	0.05	190.42	13.08	94.50	1.99	12.54	66.26	21.20	2315
那坡县	12.33	61.39	0.91	88.30	9.90	87.25	0.67	39.45	17.73	42.83	1111
靖西县	14.53	26.81	0.16	182.98	8.25	99.60	1.45	13.27	66.76	19.97	1446
德保县	7.51	46.76	0.38	137.76	9.25	94.18	1.51	15.53	65.39	19.08	1649
隆林县	6.44	75.42	0.46	107.85	7.14	81.22	1.08	18.92	51.62	29.46	959
田林县	3.64	88.31	2.45	43.89	9.67	78.78	1.02	39.36	27.39	33.26	1215
田东县	8.77	32.79	0.52	146.29	13.57	94.10	2.38	20.34	57.72	21.94	2123
田阳县	19.50	61.50	0.43	142.34	11.91	92.40	1.68	29.93	40.41	29.66	2565
西林县	8.02	86.63	1.51	51.54	8.27	90.58	0.89	42.95	20.71	36.33	1481

注：根据《2013年广西统计年鉴》及各县（市、区）政府网站数据计算。

表 5-5　桂西地区人地关系类型划分

类别	人地关系类型	地区名称
第一类	中心城市地区人地关系类型	金城江区、右江区
第二类	旅游业发展较好的贫困 地区人地关系类型	巴马县、凤山县、乐业县、凌云县
第三类	较发达的少数民族聚居地区 人地关系类型	靖西县、德保县、田东县、田阳县、宜州市
第四类	第一、第三产业为主导的少数民族聚居地区 人地关系类型	大化县、东兰县、罗城县、那坡县、 都安县、环江县
第五类	资源型工业（矿业、水电） 地区人地关系类型	平果县、南丹县、天峨县、隆林县
第六类	欠发达农业地区人地关系类型	田林县、西林县

表 5-6　桂西地区各人地关系类型综合评价指标原始均值及其标准化值

类型	人地关系综合评价指标原始均值及其标准化值										
	耕地 比重 /%	林地 比重 /%	人均水 资源量 /m³	人口密 度/（人 /km²）	城镇人 口比重 /%	少数民 族人口 比重 /%	人均地 区生产 总值 /万元	第一产 业产值 比重/%	第二产 业产值 比重/%	第三产 业产值 比重/%	人均旅 游收入 /万元
第一类	7.87/ -0.20	60.46/ -0.06	0.50/ -0.51	115.53/ 0.15	37.15/ 2.02	81.55/ 0.00	3.65/ 1.83	11.20/ -1.24	54.58/ 0.72	34.24/ 0.54	6792/ 1.80
第二类	6.47/ -0.80	58.12/ -0.20	0.46/ -0.58	104.03/ -0.17	9.42/ -0.53	65.00/ -1.66	0.87/ -0.70	29.60/ 0.36	37.43/ -0.43	35.72/ 0.80	3947.75/ 0.47
第三类	12.42/ 1.75	37.85/ -1.42	0.38/ -0.71	156.16/ 1.28	11.78/ -0.31	92.68/ 1.11	1.67/ 0.03	23.11/ -0.21	52.30/ 0.56	24.60/ -1.13	1927.60/ -0.47
第四类	9.03/ 0.30	54.47/ -0.42	1.04/ 0.36	129.76/ 0.54	10.28/ -0.45	89.41/ 0.79	0.73/ -0.83	33.56/ 0.70	31.92/ -0.80	34.53/ 0.59	1093.67/ -0.86
第五类	8.38/ 0.02	69.95/ 0.52	0.53/ -0.46	107.98/ -0.06	13.56/ -0.15	76.05/ -0.55	1.95/ 0.28	14.31/ -0.97	62.84/ 1.27	22.58/ -1.43	2477/ -0.21
第六类	5.83/ -1.07	87.47/ 1.58	1.98/ 1.89	47.72/ -1.74	8.97/ -0.57	84.68/ 0.31	0.96/ -0.62	41.16/ 1.36	24.05/ -1.32	34.80/ 0.64	1348/ -0.74

　　注：A/B，A 为原始均值，B 为标准化值。

2. 桂西地区人地关系特征分析

　　将桂西地区行政区划单元—人地关系评价指标变量矩阵中各评价指标原始值（表 5-4）按照人地关系类型划分结果（表 5-5），计算出桂西地区不同人地关系类型各项评价指标的均值并将其标准化（表 5-6），绘制成直观反映桂西地区各人地关系类型特征的评价指标标准化值蛛网图（图 5-3），进而通过不同人地关系类型各项评价指标数值特征的比对展开桂西地区人地关系特征分析。

（1）第一类——中心城市地区人地关系类型

该类型包括河池和百色2市的市政府所在地金城江区、右江区。依托桂西地区政治、经济、文化中心的区位优势，其人均地区生产总值高居各类型第一，加之良好的生态环境和不高的人口密度，第三产业成为该区域的支柱产业，并带动了旅游业的发展（人均旅游收入居各类型之首）。同时，居各类型之首的城镇人口比重和居倒数第一的第一产业产值比重，均反映出该区明显的中心城市地区人地关系类型特征。

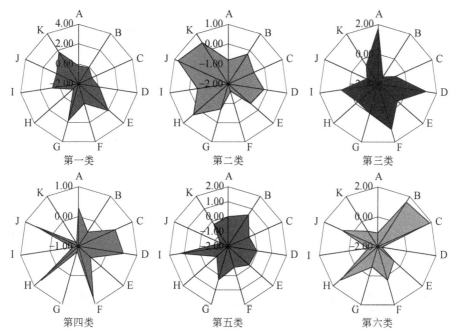

图5-3　桂西地区人地关系类型综合评价指标标准化值蛛网图

A：耕地比重/%　B：林草地比重/%　C：人均水资源量/m³　D：人口密度/（人/km²）　E：城镇人口比重/%
F：少数民族人口比重/%　G：人均地区生产总值/万元　H：第一产业产值比重/%　I：第二产业
产值比重/%　J：第三产业产值比重/%　K：人均旅游收入/万元

（2）第二类——旅游业发展较好的贫困地区人地关系类型

该类型包括巴马县、凤山县、乐业县、凌云县4县，是广西国家级贫困县集中区（4县全部为国家级贫困县），其人均地区生产总值、城镇人口比重均居各类型倒数第二。依托丰富的旅游资源（拥有乐业天坑群、凤山溶洞群、巴马长寿文化等一批高品质旅游资源）和良好的生态环境，该区旅游业发展势态良好，是桂西地区旅游扶贫绩效最显著的区域。以旅游业为特色的第三产业在该区产业结构中占有绝对重要的地位（第三产业产值比重居各类型第一，人均旅游收入居第二），而第一产业产值比重居各类型第三与耕地比重居倒数第二的突出矛盾，也使得该类型地区将发展旅游业作为产业升级和结构优化的重要途径。

（3）第三类——较发达的少数民族聚居地区人地关系类型

该类型包括靖西县、德保县、田东县、田阳县、宜州市5县市，其少数民族人口比重、人口密度、耕地比重均居各类型第一，人均地区生产总值、第二产业产值比重、城镇人口比重均居第三，表现出该类型具有的较发达的少数民族聚居地区人地关系类型特征。

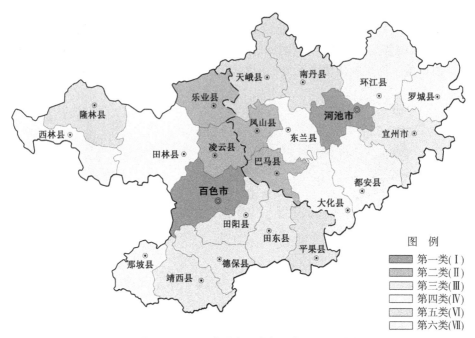

图5-4　桂西地区人地关系类型分布示意图（后附彩图）

（4）第四类——第一、第三产业为主导的少数民族聚居地区人地关系类型

该类型包括大化、东兰、罗城、那坡、都安、环江6县，其第一产业产值比重、第三产业产值比重、少数民族人口比重、人口密度均居各类型第二，人均地区生产总值居各类型倒数第一，农业和服务业在该类型地区占据重要地位的特色产业结构，大化县七百弄峰丛洼地、都安县地苏地下河、环江县木伦峰丛、罗城县剑江等一大批高品质地质遗迹资源，加之较高少数民族人口比重和人口密度带来的丰富的民族文化资源，为该类型地区旅游业的发展创造了优越的条件。

（5）第五类——资源型工业（矿业、水电）地区人地关系类型

该类型包括平果、南丹、天峨、隆林4县，该类型地区自然资源丰富，水能蕴藏量、林地比重居各类型第三、第二，平果、南丹2县的矿业和天峨、隆林2县的水电在广西均具有重要的战略地位，使其第二产业产值比重高居各类型之首，人均地区生产总值、城镇人口比重均居各类型第二，而第一产业产值比重和第三产业产值比重均较低，表现出明显的资源型工业（矿业、水电）地区人地关系类型特征。

（6）第六类——欠发达农业地区人地关系类型

该类型包括田林、西林2县。该区第一产业产值比重居各类型第一，而第二产业产值比重、人口密度、城镇人口比重、耕地比重均居倒数第一，反映出明显的欠发达农业地区人地关系类型特征，而位居第一的第一产业产值比重与位居倒数第一的耕地比重成

为该区急需破解的突出矛盾。

四、桂西地区地质公园旅游区划

桂西地区地质公园旅游区划主要是根据地质遗迹在不同区域内的异质性和在同一区域内的均质性而划分出的不同均质区域。基于地质遗迹与人地关系耦合的地质公园旅游区划，是综合考量地质遗迹资源的特征与结构，地质公园旅游开发条件、发展方向与主导功能，行政区划的完整性、社会文化的统一性与发展动力的一致性，旅游合作的紧密性和线路组织的可行性等要素，将桂西地区划分为以下十四个地质公园旅游发展区，并按照"地市级行政区划单元+县级行政区划单元"的形式进行命名，以构建桂西地区地质公园旅游的区域空间结构优势（表5-7、图5-5）。

表5-7 桂西地区地质公园旅游总体布局

十四个地质公园旅游发展区	二个核心发展区	河池市金城江地质公园旅游核心发展区 百色市平果地质公园旅游核心发展区
	五个优先发展区	河池市凤山–天峨–百色市乐业地质公园旅游优先发展区 河池市巴马–大化地质公园旅游优先发展区 河池市罗城–宜州–都安地质公园旅游优先发展区 河池市南丹地质公园旅游优先发展区 百色市靖西地质公园旅游优先发展区
	五个鼓励发展区	河池市环江地质公园旅游鼓励发展区 河池市东兰地质公园旅游鼓励发展区 百色市隆林地质公园旅游鼓励发展区 百色市凌云–右江–田阳–德保地质公园旅游鼓励发展区 百色市那坡地质公园旅游鼓励发展区
	二个预留发展区	百色市田林–西林地质公园旅游预留发展区 百色市田东地质公园旅游预留发展区
十三个地质公园旅游依托城市	二个核心发展中心城市	河池市金城江区、百色市平果县城
	六个优先发展中心城市	凤山县城、乐业县城、巴马县城、宜州县城、南丹县城、靖西县城
	五个鼓励发展中心城市	大化县城、天峨县城、罗城县城、都安县城、环江县
十二个地质公园	二个重点建设世界地质公园	乐业–凤山世界地质公园（已建）、大化–巴马世界地质公园
	八个重点建设国家地质公园	宜州水上石林国家地质公园、罗城国家地质公园、都安国家地质公园（以上已建）、平果国家矿山公园、大厂国家矿山公园、靖西通灵–古龙山峡谷群国家地质公园、临江河地质公园、金城江岩溶地质公园
	四个优先建设省级地质公园	冷水瀑布地质公园、那坡玄武岩地质公园、木伦峰丛地质公园、纳灵洞地质公园

（1）河池市金城江地质公园旅游发展区

（2）百色市平果地质公园旅游发展区

（3）河池市凤山–天峨–百色市乐业地质公园旅游发展区

（4）河池市巴马–大化地质公园旅游发展区

（5）河池市罗城–宜州–都安地质公园旅游发展区

（6）河池市南丹地质公园旅游发展区

（7）百色市靖西地质公园旅游发展区

（8）河池市环江地质公园旅游发展区

（9）河池市东兰地质公园旅游发展区

（10）百色市隆林地质公园旅游发展区

（11）百色市凌云–右江–田阳–德保地质公园旅游发展区

（12）百色市那坡地质公园旅游发展区

（13）百色市田林–西林地质公园旅游发展区

（14）百色市田东地质公园旅游发展区

五、桂西地区地质公园旅游空间结构布局

将桂西地区地质遗迹空间格局区划单元类型（表3-8、图3-4）与人地关系类型（表5-5、图5-4）所处区域进行空间耦合，耦合程度最好的区域确定为地质公园旅游开发核心发展区，较好的为优先发展区，一般的为鼓励发展区，较差的为预留发展区。据此将桂西地区23个县（市、区）划分为"2个核心发展区""5个优先发展区""5个鼓励发展区""2个预留发展区"，构成完整的桂西地质公园旅游开发布局体系(图5-5)。

1. 桂西地区地质公园旅游核心发展区

（1）河池市金城江地质公园旅游核心发展区

区划范围：河池市金城江区（图5-5）。

划分依据：由良好（Ⅱ级）地质遗迹空间格局类型（表3-8）与中心城市地区人地关系类型（表5-5）区域耦合而成。该区拥有姆洛甲峡谷等国家级地质遗迹资源和全国重点文物保护单位红军标语楼等人文资源，以及河池市政治、经济、文化中心的优势区位，使该区成为桂西地区地质遗迹资源与人地关系耦合程度最好的区域之一和桂西（尤其是河池市）地质公园旅游开发的核心发展区。

资源依托：该区的核心地质遗迹资源有姆洛甲峡谷、壮王湖、流水岩、龙江峡谷、珍珠岩等，可整合的民族文化资源有红军标语楼、金城江老街、白土"平蛮"碑、壮族"蜂鼓舞""扁担舞"等。

开发构想：金城江区是河池市旅游开发程度最高的地区，不仅应成为发挥重要枢纽作用的桂西地质公园旅游中心城市，也是地质公园建设及旅游开发的关键区域，可以姆洛甲峡谷等地质遗迹资源为核心，捆绑金城江老街等民族文化资源申报"金城江岩溶国家地质公园"，为该区地质公园旅游开发增添一个国家级品牌。

（2）百色市平果地质公园旅游核心发展区

区划范围：百色市平果县（图5-5）。

划分依据：由优异（Ⅰ级）地质遗迹空间格局类型（表3-8）与资源型工业（矿业、水电）地区人地关系类型（表5-5）区域耦合而成。拥有平果铝土矿等世界级和国家级地质遗迹资源以及矿业开发促成的强大经济支撑，该区是桂西地区地质遗迹资源与人地关系耦合程度最好的区域之一，加之桂西东大门的区位优越，使其成为桂西（尤其是百色市）地质公园旅游开发的核心发展区。

资源依托：该区的核心地质遗迹资源有平果铝土矿、敢沫岩、芦仙湖、布镜河、甘河等，可整合的民族文化资源有壮族嘹歌、明代土司陵园、崖洞葬棺等。

开发构想：优越的经济基础，承担南宁中心城市向桂西经济辐射与吸引的"纽带"与"桂西次中心城市"的发展定位，使平果完全能够胜任发挥重要枢纽作用的桂西地质公园旅游中心城市的角色，同时旅游开发也将促进平果产业结构的优化调整。以平果铝土矿为核心，整合明代土司陵园等民族文化资源申报"平果国家矿山公园"，重点开发矿业观光旅游产品，是该区地质公园建设及旅游开发的有效途径。

2. 桂西地区地质公园旅游优先发展区

（1）河池市凤山-天峨-百色市乐业地质公园旅游优先发展区

区划范围：河池市凤山、天峨2县和百色市乐业县（图5-5）。

划分依据：由优异（Ⅰ级）地质遗迹空间格局类型（表3-8）与旅游业发展较好的贫困地区人地关系类型区域（乐业、凤山，表5-5），以及良好（Ⅱ级）地质遗迹空间格局类型（表3-8）与资源型工业（矿业、水电）地区人地关系类型区域（天峨，表5-5）耦合而成。该区以世界级岩溶天坑、洞穴、天生桥为特色的地质遗迹资源优势十分突出，以此为依托的旅游业发展势头良好，地质遗迹资源与人地关系空间耦合程度良好。

资源依托：该区的核心地质遗迹资源有乐业大石围天坑群，凤山三门海岩溶洞穴群、坡心水源洞天坑群，天峨布柳河峡谷和天生桥等，可整合的民族文化资源有马庄母里屯亚母系文化、高山汉族唱灯艺术、蓝衣壮族和蓝靛瑶族文化等。

开发构想：该区是桂西地区高等级地质遗迹资源分布最集中和地质公园建设基础最好的区域，广西唯一的一处世界地质公园（乐业-凤山世界地质公园）位于此，依托大石围天坑群、三门海岩溶洞穴群等世界级地质遗迹资源和已建世界地质公园，整合其他地质遗迹与民族文化资源，打造并建设好桂西地质公园旅游世界品牌，展现桂西地质公园旅游独特魅力。

（2）河池市巴马-大化地质公园旅游优先发展区

区划范围：河池市巴马、大化2县（图5-5）。

划分依据：由优异（Ⅰ级）地质遗迹空间格局类型（表3-8）与旅游业发展较好的贫困地区人地关系类型区域（巴马，表5-5），以及良好（Ⅱ级）地质遗迹空间格局类型（表3-8）与一、三产业为主导的少数民族聚居地区人地关系类型区域（大化，表5-5）耦合而成，大化的喀斯特峰丛洼地和巴马盘阳河流域的长寿文化是该区最具特色的世界级旅游资源，加之处于"南宁一小时经济圈"的优势区位和良好的旅游发展势头，地质遗迹资源与人地关系空间耦合程度总体良好。

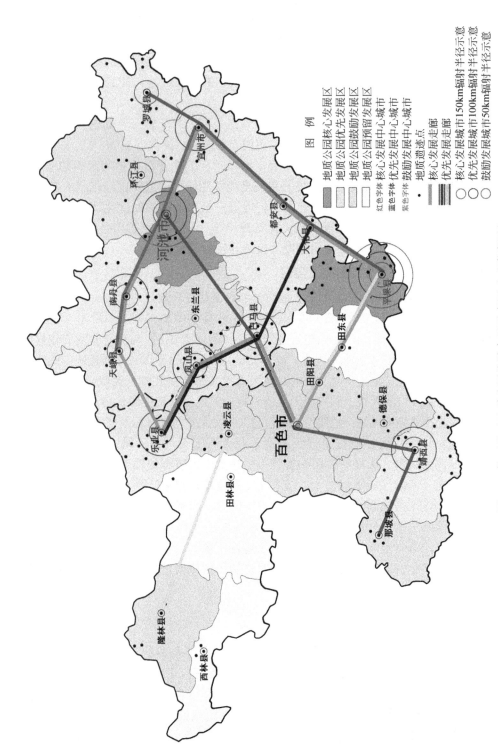

图 5-5　桂西地区地质公园旅游布局示意图（后附彩图）

资源依托：该区核心地质遗迹资源有大化七百弄峰丛洼地、红水河八十里画廊、岩滩彩玉石，巴马盘阳河、百魔洞等，可整合的民族文化资源为巴马长寿文化、布努瑶文化等。

开发构想：该区已建有1处国家地质公园（大化七百弄国家地质公园），以喀斯特峰丛洼地为核心，捆绑盘阳河流域长寿文化申报"大化-巴马世界地质公园"，充分利用大化"南宁卫星城市"的优越区位和巴马绝佳的长寿环境，将该区建设成为面向南宁客源市场的桂西地质公园旅游重要区域。

（3）河池市罗城-宜州-都安地质公园旅游优先发展区

区划范围：河池市罗城、宜州、都安3县市（图5-5）。

划分依据：由优异（Ⅰ级）地质遗迹空间格局类型（表3-8）与旅游业发展较好的少数民族聚居地区人地关系类型区域（宜州，表5-5），以及良好（Ⅱ级）地质遗迹空间格局类型（表3-8）与第一、第三产业为主导的少数民族聚居地区人地关系类型区域（罗城、都安，表5-5）耦合而成，高等级的河流景观地质遗迹和丰富的壮族、仫佬族民族文化是该区最具特色的旅游资源，旅游发展已具一定基础，加之处于"柳州一小时经济圈"的优越区位，地质遗迹资源与人地关系空间耦合程度总体良好。

资源依托：该区的核心地质遗迹资源有都安地苏地下河，宜州水上石林、下枧河、古龙河、祥贝河和罗城剑江等；可整合的民族文化资源为壮族歌仙刘三姐和民歌文化、仫佬族文化等。

开发构想：该区目前建有3处国家地质公园（宜州水上石林国家地质公园、罗城国家地质公园、都安国家地质公园），充分发挥该区地质遗迹与民族文化资源契合度高的资源优势和宜州"柳州卫星城市"的区位优势，依托已建有的3处国家地质公园，打造以岩溶石林、岩溶山水、岩溶地下河三大地质遗迹景观为核心并整合壮族和仫佬族民族文化的特色地质公园旅游线路，对接以大桂林辐射下的桂北客源市场。

（4）河池市南丹地质公园旅游优先发展区

区划范围：河池市南丹县（图5-5）。

划分依据：由优异（Ⅰ级）地质遗迹空间格局类型（表3-8）与资源型工业（矿业、水电）地区人地关系类型（表5-5）区域耦合而成，该区拥有以大厂锡多金属矿为代表的世界和国家级地质遗迹以及奇异多彩的白裤瑶民俗风情，矿业开发使其经济实力有了长足发展，加之桂、黔交通枢纽的优越区位，地质遗迹资源与人地关系空间耦合程度良好。

资源依托：该区的核心地质遗迹资源有大厂锡多金属矿、里湖和恩村岩溶洞穴群、罗富泥盆纪剖面、南丹铁陨石等；可整合的民族文化资源为里湖乡白裤瑶生态博物馆等。

开发构想：以大厂锡多金属矿为核心捆绑白裤瑶民族文化申报"大厂国家矿山公园"，发挥该区作为桂西地质公园旅游开发与西南诸省实现跨省域联动的桥梁纽带作用。

（5）百色市靖西地质公园旅游优先发展区

区划范围：百色市靖西县（图5-5）。

划分依据：由优异（Ⅰ级）地质遗迹空间格局类型（表3-8）与较发达的少数民族

聚居地区人地关系（表5-5）区域耦合而成，拥有以峡谷、瀑布为特色的世界级地质遗迹资源和桂西最好的旅游开发基础，加之延边的区位优越，地质遗迹资源与人地关系空间耦合程度良好。

资源依托：该区核心地质遗迹资源有通灵大峡谷和瀑布群、古龙山峡谷群、三叠岭瀑布、爱布瀑布群等，可整合的民族文化资源为旧州古镇、靖西壮族绣球文化与歌咏文化、瓦氏夫人故居、侬智高南天国遗址等。

开发构想：该区是桂西地质遗迹资源与壮族文化资源结合最好的区域，以通灵大峡谷瀑布为核心，整合靖西独具特色的峡谷、瀑布和壮文化资源申报"靖西通灵-古龙山峡谷群国家地质公园"，发挥靖西作为桂西地质公园旅游开发面向东盟客源市场的窗口和桥头堡的重要作用。

3. 桂西地区地质公园旅游鼓励发展区

区划范围：桂西地区共有河池市环江、东兰，百色市隆林、凌云-右江-田阳-德保和那坡5个地质公园旅游鼓励发展区（表5-7、图5-5）。

划分依据：这些地质公园旅游鼓励发展区有的尽管属于中心城市地区人地关系类型，但地质遗迹空间格局类型较差（例如右江）；有的则是地质遗迹空间格局类型与人地关系类型均较一般（例如凌云、那坡、德保），总体视之，鼓励发展区地质遗迹资源与人地关系耦合程度一般。

资源依托：地质公园旅游鼓励发展区的地质遗迹等级一般，一些自治区级地质遗迹是其中的佼佼者，例如那坡感驮岩遗址、金龙洞，隆林冷水瀑布、天生桥水电站，凌云纳灵洞，环江木伦峰丛等；可整合的民族文化资源有那坡黑衣壮生态博物馆、隆林苗族跳坡节、凌云高山汉族民俗博物馆、环江毛南族肥套等。

开发构想：可选择地质遗迹与民族文化资源均较丰富的区域（例如那坡、隆林、凌云、环江等）开展自治区级地质公园建设，与核心和优先发展区的世界和国家级地质公园共同构成一个品类齐全、级次有序、分布相对均衡的完整的桂西地质公园网络。

4. 桂西地区地质公园旅游预留发展区

桂西地区共有百色市田林-西林、百色市田东2个地质公园旅游预留发展区（表5-7、图5-5），地质遗迹资源与人地关系耦合程度总体较差，预留发展区的设置一是为与其他发展区域相匹配共同构成桂西地质公园旅游开发空间布局体系，二是为桂西地质公园旅游的长远发展预留一定的空间。

六、桂西地区地质公园旅游依托城市布局

1. 空间结构体系构建

桂西地区地质公园旅游依托城市空间结构体系的构建，需要根据该区地质公园旅游空间结构布局（表5-7、图5-5），并结合桂西地区各地市城镇体系来完成。桂西地区地质公园旅游依托城市按级别由高到低划分为核心发展中心城市、优先发展中心城市、鼓励发展中心城市3个等级。根据地质公园旅游依托城市等级的确定因素（详见"桂北地区地质公园旅游依托城市布局"相应部分），建立"2个核心发展中心城市、5个优先发

展中心城市、8个鼓励发展中心城市"的桂西地区地质公园旅游依托城市空间结构体系（图5-5、表5-8）。根据中心地理论，高等级中心城市同样具有低等级中心城市的职能，提供较低等级地质公园旅游中心城市所提供的服务。而等级越高，中心城市的数量越少；等级越低，中心城市的数量越多。

表5-8　桂西地区地质公园旅游依托城市分布

地域	核心发展中心城市	优先发展中心城市	鼓励发展中心城市
河池市	河池市金城江区	巴马县城、宜州市区、南丹县城	凤山县城、大化县城、天峨县城、罗城县城
百色市	百色市右江区	平果县城、靖西县城	乐业县城、隆林县城、凌云县城、那坡县城
2个核心发展中心城市、5个优先发展中心城市、8个鼓励发展中心城市			

2. 核心发展中心城市

核心发展中心城市是具有地级市及以上服务范围性质的核心城市，主要从地质公园旅游核心发展区的地级市政府所在地，及个别地位较突出的地质公园旅游优先发展区的地级市政府所在地中选取。这些城市是广西各区域的经济、文化中心，是自治区和各市政府大量投入资金的主要区域，具有良好的资金和区位条件，最适于作为地质公园旅游的核心发展中心城市。据此确定河池市金城江区和百色市右江区2个桂西地区地质公园旅游的核心发展中心城市。根据中心地理论，以这些城市为中心，取150km为辐射半径，以此作为地质公园旅游核心发展中心城市的服务范围，该区域基本上可覆盖各自的市域范围并辐射整个桂西地区。

3. 优先发展中心城市

优先发展中心城市是具有跨县域服务范围性质的中心城市，主要从地质公园旅游核心发展区和优先发展区的各个县级政府所在地中选取。这些城市是各地级市和县政府资金投入的主要区域，也是县域的核心，适于作为地质公园旅游的优先发展中心城市。巴马、宜州、南丹、平果、靖西这5个县城（市区）由于在桂西地区城镇体系中的地位和良好的经济基础和区位条件，可承担桂西地区地质公园优先发展中心城市的任务。以这些城市为中心，取100km为辐射半径（优先发展中心城市在其辐射范围内应有较高的地质遗迹密度），这个圈域内基本是由中心城市乘汽车在2个小时左右能够到达的距离，也就是方便1天来回的空间范围，以此作为桂西地区地质公园旅游优先发展中心城市的服务范围，该圈域基本上可覆盖中心城市所服务地域的大部分地质遗迹。

4. 鼓励发展中心城市

鼓励发展中心城市是具有县域服务范围性质的中心城市。根据鼓励发展中心城市的选择原则（详见"桂北地区地质公园旅游依托城市布局"相应部分），确定凤山县城、大化县城、天峨县城、罗城县城、乐业县城、隆林县城、凌云县城、那坡县城8个鼓励发展中心城市。（如果某个县城紧邻更高级别的旅游中心城市，将不被列入鼓励发展中心城市，如环江县城。或者两个县城紧邻，则取旅游综合条件相对较好的县城，如大化县城）。以这些城市为中心，取 50km 为辐射半径，这个圈域内基本是由中心城市在乘汽车 1 个小时左右可以达到的范围，也就是方便半天来回的空间范围。以此作为桂西地区地质公园旅游鼓励发展中心城市的服务范围，该圈域基本上可覆盖中心城市所服务地区的大部分地质遗迹。

七、桂西地区地质公园旅游发展走廊组织

1. 走廊格局构建

桂西地区地质公园旅游发展走廊的组织与 2 个核心发展区、5 个优先发展区、5 个鼓励发展区、2 个预留发展区的地质公园旅游空间结构相呼应，对接地质公园旅游中心城市的三个不同发展层次，构建核心发展走廊和优先发展走廊 2 个层次的地质公园旅游发展走廊，形成"一环、二纵、三横"的桂西地区地质公园旅游发展走廊格局。核心发展走廊主要穿越地质公园旅游空间布局中的核心发展区和优先发展区内条件最好、最适于建设旅游接待服务以及娱乐设施的城镇，并连接尽可能多的城镇，体现交互作用的协同效益最优或开发潜力最大的走廊格局构建方向。优先发展走廊主要连接地质公园旅游空间布局中的优先发展区和鼓励发展区，并与优先发展走廊共同构成地质公园旅游依托城市发展走廊网络。发展走廊网络通过辐射作用影响桂西地区全境，带动该区地质公园旅游中心城市建设，进而促进桂西地区地质公园旅游的发展。

2. 核心发展走廊

构筑"一环"桂西地区地质公园旅游核心发展走廊（图 5-5）。"一环"核心发展走廊将桂西地区绝大多数地质公园旅游优先发展区与该区 2 个核心发展区和 2 个核心发展中心城市连成一体，形成环绕桂西地区的闭合圆环。"一环"核心发展走廊形成的空间网络将桂西地区地质公园旅游空间布局中的 2 个核心发展区和 5 个优先发展区紧密联系起来，形成有机的整体。

一环：河池市金城江区—南丹县—天峨县—乐业县—凤山市—巴马县—河池市右江区—平果县—大化县—宜州市—河池市金城江区。

3. 优先发展走廊

构筑"三横、二纵"5 条桂西地区地质公园旅游优先发展走廊（图 5-5），将桂西地区地质公园旅游空间布局中的 3 个优先发展区相连，北出环江与贵州省荔波县相通成为省际旅游走廊，东北出宜州对接大桂林旅游圈，东南出大化、平果与省城南宁市相接，南下靖西与越南衔接成为国际旅游走廊，西出隆林与贵州省兴义市相连成为省际旅游走廊，西南出那坡县与云南省富宁县相同成为省际旅游走廊。

一横：天峨县—南丹县—金城江区—宜州市—柳州市

二横：乐业县—凤山县—巴马县—大化县—南宁市

三横：贵州省兴义市—隆林县—凌云县—右江区—平果县—南宁市

一纵：罗城县—宜州市—大化县—平果县

二纵：贵州省荔波县—金城江区—巴马县—右江区—靖西县—那坡县—云南省富宁县

第三节　桂南地区地质公园旅游布局研究

一、桂南地区地质公园旅游区划

表 5-9　桂南地区地质公园旅游总体布局

十个 地质公园 旅游发展区	一个核心发展区	北海市辖区地质公园旅游核心发展区
	四个优先发展区	南宁市辖区-武鸣-马山地质公园旅游优先发展区 钦州市辖区-防城港市辖区-东兴地质公园旅游优先发展区 防城港市上思-崇左市江州区-扶绥-龙州-大新地质公园旅游优先发展区 玉林市容县-北流-玉林市辖区-陆川-博白-钦州市浦北地质公园旅游优先发展区
	二个鼓励发展区	崇左市凭祥-宁明地质公园旅游鼓励发展区 南宁市隆安-崇左市天等地质公园旅游鼓励发展区
	三个预留发展区	南宁市宾阳县-上林县-横县地质公园旅游预留发展区 玉林市兴业地质公园旅游预留发展区 北海市合浦-钦州市灵山地质公园旅游预留发展区
十五个 地质公园旅游 依托城市	三个核心发展中心城市	南宁市辖区、北海市辖区、防城港市辖区
	二个优先发展中心城市	玉林市辖区、崇左市江州区
	十个鼓励发展中心城市	钦州市辖区、武鸣县城、马山县城、容县县城、陆川县城、浦北县城、东兴市、上思县城、大新县城、扶绥县城
十个 地质公园	一个重点建设 世界地质公园	北海涠洲岛火山世界地质公园
	六个重点建设 国家地质公园	浦北五皇山国家地质公园（已建）、崇左德天瀑布国家地质公园、北海银滩国家地质公园、防城港江山半岛国家地质公园、钦州龙门群岛国家地质公园、南宁伊岭岩国家地质公园
	三个优先建设 自治区级地质公园	钦州三娘湾自治区级地质公园、玉林陆川温泉自治区级地质公园、南宁金伦洞自治区级地质公园
"三纵一横"四条 骨干地质公园旅游线路		桂南一纵线（南宁—武鸣—马山）：岩溶洞穴、北回归线之旅
		桂南二纵线（容县—北流—玉林—陆川—博白—浦北）：丹霞洞天、温泉仙境之旅
		桂南三纵线（上思—崇左—大新）：高山森林、跨国瀑布之旅
		桂南一横线（北海—钦州—防城港）：火山海岛、滨海风情之旅

桂南地区地质公园旅游区划主要是根据地质遗迹在不同区域内的异质性和在同一区域内的均质性而划分的不同均质区域。该区的地质公园旅游区划将采用传统定向研究的方法，在综合考量地质遗迹资源和旅游开发条件的基础上，将桂南地区划分为以下 10 个地质公园旅游发展区，并按照"地市级行政区划单元+县级行政区划单元"的形式进行命名，以构建桂南地区地质公园旅游的区域空间结构优势（表 5-9、图 5-6）。

（1）北海市辖区地质公园旅游发展区

（2）南宁市辖区-武鸣-马山地质公园旅游发展区

（3）钦州市辖区-防城港市辖区-东兴地质公园旅游发展区

（4）防城港市上思-崇左市江州区-扶绥-龙州-大新地质公园旅游展区

（5）玉林市容县-北流-玉林市辖区-陆川-博白-钦州市浦北地质公园旅游发展区

（6）崇左市凭祥-宁明地质公园旅游发展区

（7）南宁市隆安-崇左市天等地质公园旅游发展区

（8）南宁市宾阳县-上林县-横县地质公园旅游发展区

（9）玉林市兴业地质公园旅游发展区

（10）北海市合浦-钦州市灵山地质公园旅游发展区

二、桂南地区地质公园旅游空间结构布局

按照地质遗迹资源和旅游开发条件的优劣程度，将桂南地区 10 个地质公园发展区中条件最好的区域确定为地质公园旅游开发核心发展区，较好的为优先发展区，一般的为鼓励发展区，较差的为预留发展区。据此将桂南地区 28 个县（市、区）划分为"1 个核心发展区""4 个优先发展区""2 个鼓励发展区""3 个预留发展区"，构成完整的桂南地质公园旅游开发布局体系（图 5-6）。

1. 桂南地区地质公园旅游核心发展区

（1）北海市辖区地质公园旅游核心发展区

区划范围：北海市辖海城区、银海区、铁山港区（图 5-6）。

划分依据：北海在桂南地区乃至广西旅游业中占有极为重要的地位，具有良好的产业基础。广西壮族自治区人民政府《关于加快建设旅游强区的决定》（桂政发〔2010〕92 号）中明确提出将把北海打造成宜旅宜居的滨海休闲度假目的地，加之广西北部湾经济区的开发建设，均为该区旅游业的发展创造了机遇。北海市地质遗迹资源品质优越，是桂南地区世界级地质遗迹集中区，已建的北海涠洲岛火山国家地质公园是广西较早建立的国家地质公园。同时，北海丰富多彩的客家文化、疍家文化、南珠文化、西洋文化等多元文化资源，为该区以地质公园为载体的特色旅游资源整合开发提供了强有力的支撑。因此，该区当仁不让地成为桂南地区地质公园旅游核心发展区。

资源依托：该区的核心地质遗迹资源有北海银滩、冠头岭、涠洲岛火山、斜阳岛等，可整合的文化资源有北海老街、北海领事馆旧址、北海客家民俗、北海疍家民俗等。

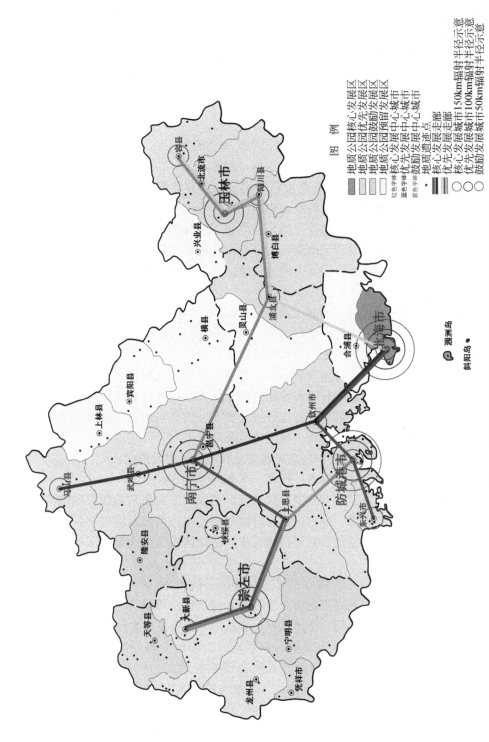

图5-6　桂南地区地质公园旅游布局示意总图（后附彩图）

开发构想：北海市是桂南地区旅游开发程度和知名度最高的地区，不仅应成为发挥重要枢纽作用的桂南地质公园旅游中心城市，也是地质公园建设及旅游开发的关键区域，可积极申报北海涠洲岛火山世界地质公园，争取实现桂南地区世界地质公园零的突破。同时，申报北海银滩国家地质公园，将该地质公司旅游核心发展区打造成为北海滨海休闲度假目的地的核心组成部分。

2. 桂南地区地质公园旅游优先发展区

（1）南宁市辖区-武鸣-马山地质公园旅游优先发展区

区划范围：南宁市辖区及武鸣、马山2县（图5-6）。

划分依据：得益于中国-东盟自由贸易区建设、广西北部湾经济区建设等国家战略的实施，南宁市迎来了历史上最佳的发展机遇，其作为广西政治、经济中心的地位得以彰显，旅游业成为南宁重点发展的产业类型并取得了持续的增长，并成功辐射带动了武鸣等卫星城市的发展。该区以南宁市辖区为中心，辐射带动周边武鸣、马山2县，将南宁市的经济、区位优势，与武鸣、马山的地质遗迹资源优势相融合，形成支撑和带动桂南北部区域地质公园旅游发展的优先发展区。

资源依托：该优先发展区的核心地质遗迹资源有武鸣大明山、伊岭岩及马山金伦洞、南宁清秀山，可整合的文化资源有杨美古镇、昆仑关战役遗址、武鸣壮族山歌等。

开发构想：该优先发展区的地质公园旅游开发以岩溶洞穴之旅为主要特色。可以桂南地区最著名的喀斯特溶洞伊岭岩为核心，捆绑浓郁的壮文化民俗风情，依托南宁市的经济和区位优势，申报南宁伊岭岩国家地质公园。此外，以桂南地区规模最大的喀斯特溶洞金伦洞为核心，捆绑壮族英雄韦金轮等人文资源，依托马山县处在南宁市1小时经济圈的区位优势，申报南宁金伦洞自治区级地质公园。

（2）钦州市辖区-防城港市辖区-东兴地质公园旅游优先发展区

区划范围：钦州市辖区和防城港市辖区、东兴市（图5-6）。

划分依据：该优先发展区拥有桂南地区乃至广西仅次于北海的最优异的滨海地质遗迹及江河入海口地质遗迹资源，加之钦州、防城港2市在广西北部湾经济区建设中的重要地位及该区沿海、沿江、沿边的独特优越区位，使该区成为桂南地区重要的地质公园旅游优先发展区。

资源依托：该优先发展区的核心地质遗迹资源有钦州龙门群岛、三娘湾、八寨沟，防城港江山半岛、月亮湾，东兴京岛、金滩、北仑河口等，可整合的文化资源有我国唯一的沿海古运河——潭蓬古运河、全国重点文物保护单位白龙古炮台群等。

开发构想：该优先发展区配合北海市辖区地质公园旅游核心发展区，共同打造桂南地区以火山海岛、滨海风情为特色的地质公园旅游产品，并对接广西精品旅游线路——"北部湾休闲度假跨国游"。可以广西最大的半岛江山半岛为依托，整合世界罕见的钛质沙滩——白浪滩和怪石滩、月亮湾、白沙湾、珍珠湾等海蚀海积地貌，以及潭蓬古运河、白龙古炮台群等人文资源申报防城港江山半岛国家地质公园；以钦州著名海湾地质遗迹景观龙门七十二泾为核心，申报钦州龙门群岛国家地质公园；以广西唯一的花岗岩海岸和媲美钱塘江潮的三娘湾大潮为核心，申报钦州三娘湾自治区级地质公园。

（3）防城港市上思–崇左市江州区–扶绥–龙州–大新地质公园旅游优先发展区

区划范围：防城港市上思县及崇左市江州区、扶绥、龙州、大新5区县（图5-6）。

划分依据：该优先发展区拥有桂西地区最精华的流水瀑布、岩溶山地、花岗岩山地等地质遗迹资源，地质遗迹资源条件优越。广西壮族自治区人民政府新修订的《关于促进广西北部湾经济区开放开发的若干政策规定》明确了崇左作为广西北部湾经济区"4+2"格局中的重要组成部分，发挥该区"沿边近海连东盟"的区位优势和地缘优势，打造成以岩溶山地、跨国瀑布为特色的地质公园旅游优先发展区。

资源依托：该优先发展区的核心地质遗迹资源有世界第四大、亚洲第一大跨国瀑布——大新德天瀑布以及上思十万大山、龙州弄岗岩溶山地等，可整合的文化资源有龙州起义纪念馆、小连城和大新靖边城炮楼等。

开发构想：该优先发展区可以德天瀑布为核心，结合地处中越边境优越的区位条件和浓郁的边关风情申报崇左德天瀑布国家地质公园。整合十万大山国家级自然保护区（花岗岩地貌）、弄岗国家级自然保护区（岩溶地貌）等具有地质公园性质的自然保护区，打造桂南地区以流水瀑布、岩溶山地、花岗岩山地为特色的地质公园旅游产品，并对接广西精品旅游线路"中越边关探秘游"。

（4）玉林市容县–北流–玉林市辖区–陆川–博白–钦州市浦北地质公园旅游优先发展区

区划范围：玉林市辖区、容县、北流、陆川、博白和钦州市浦北6区县（图5-6）。

划分依据：该优先发展区拥有桂南地区最为丰富的地质遗迹类型，丹霞地貌、花岗岩地貌、温泉地貌、岩溶地貌一应俱全，而且地质遗迹品质优良，目前已建有浦北五皇山国家地质公园（花岗岩地貌）和具有地质公园性质的大容山国家森林公园（花岗岩地貌）、勾漏洞自治区级风景名胜区（岩溶地貌）、宴石山自治区级风景名胜区（丹霞地貌）、都峤山自治区级风景名胜区（丹霞地貌）等。同时地质遗迹与人文资源的关联度较高，都峤山、勾漏洞分别是道教第二十、二十二洞天，加之地处广西东大门的独特区位优势，完全可以胜任桂南地区的地质公园旅游优先发展区的角色。

资源依托：该优先发展区的核心地质遗迹资源有北流大容山和勾漏洞、容县都峤山、陆川温泉、博白宴石山、北流五皇山等，可整合的文化资源有国家重点文物保护单位容县真武阁、道教第二十和二十二洞天等。

开发构想：该优先发展区可以陆川温泉为核心，依托"温泉之乡"陆川悠久的温泉开发历史，申报玉林陆川温泉自治区级地质公园。整合都峤山自治区级风景名胜区、勾漏洞自治区级风景名胜区、大容山自治区级森林公园、陆川温泉自治区级地质公园、宴石山自治区级风景名胜区、浦北五皇山国家地质公园，发挥临近广东的区位优势，形成以丹霞洞天、温泉仙境为特色的地质公园旅游产品。

3. 桂南地区地质公园旅游鼓励发展区

区划范围：桂南地区共有南宁市隆安–崇左市天等、崇左市凭祥–宁明2个地质公园旅游鼓励发展区（图5-6）。

划分依据：该区主要是由于地质遗迹资源品质总体不够突出，或者地质遗迹分布不够集中，或者周边其他自然与人文旅游资源不够丰富、等级不够优越等原因，而被划为地质公园旅游鼓励发展区。

资源依托：地质公园旅游鼓励发展区的地质遗迹等级一般，一些自治区级地质遗迹是其中的佼佼者，例如隆安龙虎山、渌水江，天等百感岩等；一些高等级的人文资源成为该鼓励发展区的重要支撑，例如宁明花山崖壁画、凭祥友谊关和大连城、隆安壮族"那"文化、大石铲遗址以及天等万福寺等。

开发构想：可选择地质遗迹与民族文化资源相对丰富的区域（例如隆安、凭祥等）开展自治区级地质公园建设，与核心和优先发展区的世界级和国家级地质公园共同构成一个品类齐全、级次有序、分布相对均衡的完整的桂南地质公园网络。

4. 桂南地区地质公园旅游预留发展区

桂南地区共有南宁市宾阳县–上林县–横县、玉林市兴业、北海市合浦–钦州市灵山3个地质公园旅游预留发展区，地质遗迹资源与人文资源总体较差，预留发展区的设置一是为了与其他发展区域相匹配共同构成桂西地质公园旅游开发空间布局体系，二是为桂南地质公园旅游的长远发展预留一定的空间。

三、桂南地区地质公园旅游依托城市布局

1. 空间结构体系构建

桂南地区地质公园旅游依托城市空间结构体系的构建，需要根据该地区地质公园旅游空间结构布局（表5-9、图5-6），并结合桂南地区各地市城镇体系来完成。桂南地区地质公园旅游依托城市按级别由高到低划分为核心发展中心城市、优先发展中心城市、鼓励发展中心城市3个等级。根据地质公园旅游依托城市等级的确定因素（详见"桂北地区地质公园旅游依托城市布局"相应部分），建立"3个核心发展中心城市、2个优先发展中心城市、10个鼓励发展中心城市"的桂南地区地质公园旅游依托城市空间结构体系（图5-9、表5-10）。根据中心地理论，高等级中心城市同样具有低等级中心城市的职能，提供较低等级地质公园旅游中心城市所提供的服务。而等级越高，中心城市的数量越少；等级越低，中心城市的数量越多。

表5-10　桂南地区地质公园旅游依托城市分布

地域	核心发展中心城市	优先发展中心城市	鼓励发展中心城市
南宁市	南宁市辖区	—	武鸣县城、马山县城
北海市	北海市辖区	—	—
钦州市	—	—	钦州市辖区、浦北县城
防城港市	防城港市辖区	—	东兴市、上思县城
玉林市	—	玉林市辖区	容县县城、陆川县城
崇左市	—	崇左市江州区	大新县城、扶绥县城
3个核心发展中心城市、2个优先发展中心城市、10个鼓励发展中心城市			

2. 核心发展中心城市

核心发展中心城市是具有地级市及以上服务范围性质的核心城市,主要从地质公园旅游核心发展区的地级市政府所在地,以及个别地位较突出的地质公园旅游优先发展区的地级市政府所在地中选取。这些城市是广西各区域的经济、文化中心,是自治区和各市政府大量投入资金的主要区域,具有良好的资金和区位条件,最适于作为地质公园旅游的核心发展中心城市。据此确定南宁市辖区、北海市辖区和防城港市辖区3个桂南地区地质公园旅游的核心发展中心城市(如果两个中心城市紧邻,则取旅游综合条件相对较好的城市,例如防城港市辖区)。根据中心地理论,以这些城市为中心,取150km为辐射半径,以此作为地质公园旅游核心发展中心城市的服务范围,该区域基本上可覆盖各自的市域范围并辐射整个桂西地区。

3. 优先发展中心城市

优先发展中心城市是具有跨县域服务范围性质的中心城市,主要从地质公园旅游核心发展区和优先发展区的各个地级市政府所在地中选取。这些城市是各地级市政府资金投入的主要区域,也是市域的核心,适于作为地质公园旅游的优先发展中心城市。玉林市辖区和崇左市江州区2个市区由于在桂南地区城镇体系中的地位和良好的经济基础和区位条件,可承担桂南地区地质公园优先发展中心城市的任务。以这些城市为中心,取100km为辐射半径(优先发展中心城市在其辐射范围内应有较高的地质遗迹密度),这个圈域内基本是由中心城市乘汽车在2个小时左右能够到达的距离,也就是方便一天来回的空间范围,以此作为桂南地区地质公园旅游优先发展中心城市的服务范围,该圈域基本上可覆盖中心城市所服务地域的大部分地质遗迹。

4. 鼓励发展中心城市

鼓励发展中心城市是具有县域服务范围性质的中心城市。根据鼓励发展中心城市的选择基于原则(详见"桂北地区地质公园旅游依托城市布局"相应部分),确定钦州市辖区(由于该市与防城港市距离太近,故列为鼓励发展中心城市)、武鸣县城、马山县城、容县县城、陆川县城、浦北县城、东兴市、上思县城、大新县城、扶绥县城10个鼓励发展中心城市。以这些城市为中心,取50km为辐射半径,这个圈域内基本是由中心城市在乘汽车1个小时左右可以达到的范围,也就是方便半天来回的空间范围。以此作为桂南地区地质公园旅游鼓励发展中心城市的服务范围,该圈域基本上可覆盖中心城市所服务地区的大部分地质遗迹。

四、桂南地区地质公园旅游发展走廊组织

1. 走廊格局构建

桂南地区地质公园旅游发展走廊的组织与2个核心发展区、5个优先发展区、5个鼓励发展区、2个预留发展区的地质公园旅游空间结构相呼应,对接地质公园旅游中心城市的三个不同发展层次,构建核心发展走廊和优先发展走廊2个层次的地质公园旅游发展走廊,形成"三纵、三横"的桂西地区地质公园旅游发展走廊格局(图5-6)。核心发展走廊主要贯穿地质公园旅游空间布局中的核心发展区和优先发展区内

条件最好、最适于建设旅游接待服务以及娱乐设施的城镇，并连接尽可能多的城镇，体现交互作用的协同效益最优或开发潜力最大的走廊格局构建方向。优先发展走廊主要连接地质公园旅游空间布局中的优先发展区和鼓励发展区，并与优先发展走廊共同构成地质公园旅游依托城市发展走廊网络。发展走廊网络通过辐射作用影响桂西地区全境，带动该区地质公园旅游中心城市建设，进而促进桂南地区地质公园旅游的发展。

2. 核心发展走廊

构筑"一横、一纵" 2 条桂南地区地质公园旅游核心发展走廊（图 5-6）。"一横一纵"核心发展走廊将桂西地区绝大多数地质公园旅游优先发展区与该区 1 个核心发展区、2 个优先发展区和 3 个核心发展中心城市连成一体，形成贯通桂南地区的有机整体，并可南下东兴与越南衔接成为国际旅游走廊。

一横：北海市辖区—钦州市辖区—防城港市辖区—东兴市—越南

一纵：北海市辖区—钦州市辖区—南宁市辖区—武鸣县—马山县

3. 优先发展走廊

构筑"二横、二纵" 4 条桂南地区地质公园旅游优先发展走廊（图 5-6），将桂南地区地质公园旅游空间布局中的 3 个优先发展区相联，并东出容县与广东省肇庆市相通成为省际旅游走廊，西南下大新与越南衔接成为国际旅游走廊。

一横：南宁市辖区—浦北县—陆川县—玉林市辖区—容县—广东省肇庆市

二横：南宁市辖区—上思县—崇左市江州区—大新县—越南

一纵：北海市辖区—浦北县—陆川县—玉林市辖区—容县—广东省肇庆市

二纵：防城港市辖区—上思县—崇左市江州区—大新县—越南

第四节　桂东地区地质公园旅游布局研究

一、桂东地区地质公园旅游区划

桂东地区地质公园旅游区划主要是根据地质遗迹在不同区域内的异质性和在同一区域内的均质性而划分出的不同均质区域。该区域的地质公园旅游区划将采用传统定向研究的方法，在综合考量地质遗迹资源和旅游开发条件的基础上，将桂东地区划分为以下 7 个地质公园旅游发展区，并按照"地市级行政区划单元+县级行政区划单元"的形式进行命名，以构建桂东地区地质公园旅游的区域空间结构优势（表 5-11、图 5-7）。

（1）贵港市桂平地质公园旅游发展区

（2）贺州市辖区地质公园旅游发展区

（3）梧州市辖区–藤县–苍梧–贺州市昭平地质公园旅游发展区

（4）贵港市辖区地质公园旅游发展区

（5）梧州市蒙山–贵港市平南地质公园旅游发展区

（6）贺州市富川–钟山地质公园旅游发展区

（7）梧州市岑溪地质公园旅游发展区

表 5-11　桂东地区地质公园旅游总体布局

七个 地质公园 旅游发展区	二个核心发展区	贵港市桂平地质公园旅游核心发展区 贺州市辖区地质公园旅游核心发展区
	二个优先发展区	梧州市辖区-藤县-苍梧-贺州市昭平地质公园旅游优先发展区 梧州市蒙山-贵港市平南地质公园旅游鼓励发展区
	一个鼓励发展区	贵港市辖区地质公园旅游优先发展区
	二个预留发展区	贺州市富川-钟山地质公园旅游预留发展区 梧州市岑溪地质公园旅游预留发展区
六个地质公园 旅游依托城市	二个核心发展中心城市	贺州市辖区、桂平市
	二个优先发展中心城市	梧州市辖区、贵港市辖区
	二个鼓励发展中心城市	藤县、昭平县
七个 地质公园	一个重点建设世界地质公园	桂平世界地质公园
	二个重点建设国家地质公园	贺州温泉国家地质公园、梧州石表山国家地质公园
	四个优先建设 自治区级地质公园	贺州石林自治区级地质公园、贺州紫云洞自治区级地质公园、 贵港鹏山自治区级地质公园、梧州蒙山自治区级地质公园

二、桂东地区地质公园旅游空间结构布局

按照地质遗迹资源和旅游开发条件的优劣程度，将桂东地区 7 个地质公园发展区中条件最好的区域确定为地质公园旅游开发核心发展区，较好的为优先发展区，一般的为鼓励发展区，较差的为预留发展区。据此将桂东地区 12 个县、市（区）划分为"2 个核心发展区""2 个优先发展区""1 个鼓励发展区""2 个预留发展区"，构成完整的桂东地质公园旅游开发布局体系（图 5-7）。

1. 桂东地区地质公园旅游核心发展区

（1）贵港市桂平地质公园旅游核心发展区

区划范围：贵港市桂平市（图 5-7）。

划分依据：该地质公园核心发展区拥有桂东地区目前建有的唯一一处国家地质公园——桂平国家地质公园，是广西唯一一处多种地质遗迹类型合一的国家地质公园，整合了桂平绝大多数国家乃至世界级地质遗迹。同时，该区拥有与地质遗迹资源空间关系极为密切的优越的宗教文化、红色文化等人文资源条件，加之桂平市作为广西首个中国优秀旅游城市和桂东地区的旅游发展中心所积淀的良好的旅游产业发展根基，使该区成为桂东地区地质公园旅游核心发展区。

资源依托：该地质公园旅游核心发展区的核心地质遗迹资源有桂平西山（花岗岩地貌）、大藤峡（岩溶地貌）、白石山（丹霞地貌）等，可整合的文化资源有桂平西山李公祠、洗石庵、龙华寺，道教第二十一洞天白石山，大藤峡毛泽东题词，国家首批重点

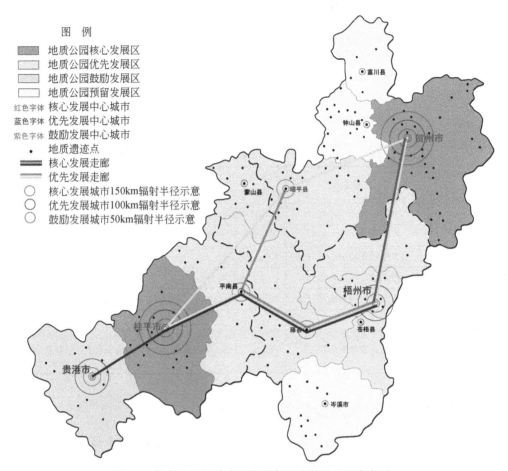

图 5-7　桂东地区地质公园旅游布局示意图（后附彩图）

文物保护单位太平天国金田起义地址等。

　　开发构想：桂平市是桂东地区旅游开发程度和知名度最高的地区，桂平国家地质公园地质遗迹类型丰富、品质优越，且与人文资源契合度极高，以其为核心的桂平旅游业已成为该市重要的支柱产业，具备申报世界地质公园的优越条件，申报桂平世界地质公园是桂东地区打造世界级旅游品牌和实现世界地质公园零的突破的关键所在。

　　（2）贺州市辖区地质公园旅游优先发展区

　　区划范围：贺州市辖八步区、平桂管理区（图5-7）。

　　划分依据：贺州市辖区汇聚了贺州市高等级地质遗迹资源的绝大多数，加之拥有2100多年的建城史，融汇潇湘文化、岭南文化、瑶族文化、客家文化等多文化的人文底蕴，以及广西东大门和面向粤港澳最便捷通道，北部湾3小时经济圈、珠三角2小时经济圈，中国优秀旅游城、国家森林城市等众多优越条件。

　　资源依托：该地质公园优先发展区的核心地质遗迹资源有贺州温泉、南乡温泉群、姑婆山、大桂山、紫云洞、玉石林等。可整合的文化资源有瑶族服饰、瑶族盘王节等国家级非物质文化遗产，连接海陆丝绸之路的潇贺古道，黄姚古镇和秀水状元村等。

开发构想：该优先发展区地质公园旅游开发以温泉景观、花岗岩地貌、喀斯特地貌等高品质地质遗迹为特色。可以贺州温泉、南乡温泉群等稀缺的温泉地质遗迹为核心，捆绑贺州客家文化等特色人文资源，申报贺州温泉国家地质公园。此外，分别以独具特色的白色粗晶大理岩石林——贺州玉石林、紧邻市区的岩溶洞天紫云洞为核心申报贺州石林自治区级地质公园和贺州紫云洞自治区级地质公园。

2. 桂东地区地质公园旅游优先发展区

（1）梧州市辖区-藤县-苍梧-贺州市昭平地质公园旅游优先发展区

区划范围：梧州市辖区及藤县、苍梧2县，贺州市昭平县（图5-7）。

划分依据：梧州市拥有"三圈一带"（珠三角经济圈、北部湾经济圈、大西南经济圈和西江经济带）交汇点的区位优势和桂东地区最强的经济实力，昭平、藤县、苍梧均是该区旅游业较为发达或发展较快的区域，拥有优越的地质遗迹和人文旅游资源。充分发挥梧州市的辐射带动作用，将其经济、区位优势与藤县、苍梧、昭平3县的地质遗迹资源优势相融合，形成支撑和带动桂东地区地质公园旅游优先发展区。

资源依托：该地质公园旅游优先发展区的核心地质遗迹资源有藤县石表山、昭平临江冲山冲峡谷、苍梧皇殿梯级瀑布群等。可整合的文化资源有获评"五星级乡村旅游区"的藤县道家村、藤县水上民歌、牛歌戏，国家级非物质文化遗产瑶族服饰、盘王节等。

开发构想：该优先发展区的丹霞地貌在桂东地区独具特色，以藤县石表山为核心，捆绑道家村丰富的乡村文化资源以及国家级非物质文化遗产瑶族服饰、盘王节等民俗文化资源，申报梧州石表山国家级地质公园。整合藤县太平狮山国家森林公园（丹霞地貌）、苍梧飞龙湖国家森林公园（瀑布景观）、昭平七冲国家级自然保护区（峡谷景观）等具有地质公园性质的景区，形成该区以丹霞洞天、峡谷瀑布奇观为特色的地质公园旅游产品。

（2）梧州市蒙山-贵港市平南地质公园旅游优先发展区

区划范围：梧州市蒙山县和贵港市平南县（图5-7）。

划分依据：蒙山县2014年入选广西特色旅游名县，是梧州市旅游发展的重点区域。平南县得益于桂平市旅游发展的辐射带动，旅游开发力度和实力不断加强。两县地质遗迹资源和可整合开发的人文资源均较为丰富，具备桂东地区地质公园旅游优先发展区的条件。

资源依托：该地质公园旅游优先发展区的核心地质遗迹资源有平南鹏山和蒙山龙潭瀑布、天书峡谷等。可整合的文化资源有鹏化南汉状元梁嵩故乡、广西农运中心和蒙山梁羽生故乡等。

开发构想：该优先发展区拥有广西罕见和桂东地区唯一的砂岩峰林地貌——平南鹏山，以此为核心，整合鹏化南汉状元梁嵩故乡、广西农运中心等人文资源申报贵港鹏山自治区级地质公园，目标是国家地质公园。此外，整合蒙山县城周边的龙潭瀑布、天书峡谷、梁羽生公园等申报贵港蒙山自治区级地质公园。共同打造该区以砂岩峰林地貌和瀑布峡谷景观为特色的地质公园旅游产品。

3. 桂东地区地质公园旅游鼓励发展区

区划范围：桂东地区设贵港市辖区 1 个地质公园旅游鼓励发展区（图 5-7）。

划分依据：尽管该区地质遗迹资源优势不突出，但作为华南地区水陆联运的交通枢纽和中国西部地区最大的内河港口，坐落于广西最大的冲积平原——浔郁平原中部和广西重要城市南宁、柳州、梧州、北海的几何中心的贵港市具有得天独厚的区位优势，故将其划为桂东地区地质公园旅游鼓励发展区。

资源依托：该地质公园旅游优先发展区的核心地质遗迹资源有平天山国家森林公园（丹霞地貌，桂南第二高山），南山二十四峰和千年古寺、岭南名刹南山寺等。

开发构想：可选择地质遗迹与文化资源相对丰富的区域开展自治区级地质公园建设，与核心和优先发展区的世界级和国家级地质公园共同构成一个品类齐全、级次有序、分布相对均衡的完整的桂东地质公园网络。

4. 桂东地区地质公园旅游预留发展区

桂东地区共有贺州市富川–钟山、梧州市岑溪 2 个地质公园旅游预留发展区，地质遗迹资源与人文资源总体较差，预留发展区的设置一是为了与其他发展区域相匹配共同构成桂东地质公园旅游开发空间布局体系，二是为桂东地质公园旅游的长远发展预留一定的空间。

三、桂东地区地质公园旅游依托城市布局

1. 空间结构体系构建

表 5-12　桂东地区地质公园旅游依托城市分布

地域	核心发展中心城市	优先发展中心城市	鼓励发展中心城市
贺州市	贺州市辖区	—	昭平县城
梧州市	—	梧州市辖区	藤县城
贵港市	桂平市	贵港市辖区	平南县城
2 个核心发展中心城市、2 个优先发展中心城市、3 个鼓励发展中心城市			

桂东地区地质公园旅游依托城市空间结构体系的构建，需要根据该区地质公园旅游空间结构布局（表 5-11、图 5-7），并结合桂东地区各地市城镇体系来完成。桂东地区地质公园旅游依托城市按级别由高到低划分为核心发展中心城市、优先发展中心城市、鼓励发展中心城市 3 个等级。根据地质公园旅游依托城市等级的确定因素（详见"桂北地区地质公园旅游依托城市布局"相应部分），建立"2 个核心发展中心城市、2 个优先发展中心城市、3 个鼓励发展中心城市"的桂东地区地质公园旅游依托城市空间结构体系（图 5-7、表 5-12）。根据中心地理论，高等级中心城市同样具有低等级中心城市的职能，能提供较低等级地质公园旅游中心城市所提供的服务。而等级越高，中心城市的数量越少；等级越低，中心城市的数量越多。

2. 核心发展中心城市

核心发展中心城市是具有地级市及以上服务范围性质的核心城市，主要从地质公园

旅游核心发展区的地级市政府所在地，以及个别地位较突出的地质公园旅游优先发展区的地级市政府所在地中选取。这些城市是广西各区域的经济、文化中心，自治区和各市政府大量投入资金的主要区域，具有良好的资金和区位条件，最适于作为地质公园旅游的核心发展中心城市。据此确定贺州市辖区、桂平市城区2个桂东地区地质公园旅游的核心发展中心城市。根据中心地理论，以这些城市为中心，取150km为辐射半径，以此作为地质公园旅游核心发展中心城市的服务范围，该区域基本上可覆盖各自的市域范围并辐射整个桂东地区(图5-7)。

3. 优先发展中心城市

优先发展中心城市是具有跨县域服务范围性质的中心城市，主要从地质公园旅游核心发展区和优先发展区的各个地级市政府所在地中选取。这些城市是各地级市政府资金投入的主要区域，也是市域的核心，适于作为地质公园旅游的优先发展中心城市。梧州市辖区和贵港市辖区2个市区由于在桂东地区城镇体系中的地位和良好的经济基础和区位条件，可承担桂东地区地质公园优先发展中心城市的任务。以这些城市为中心，取100km为辐射半径（优先发展中心城市在其辐射范围内应有较高的地质遗迹密度），这个圈域内基本是由中心城市乘汽车在2个小时左右能够到达的距离，也就是方便1天来回的空间范围，以此作为桂南地区地质公园旅游优先发展中心城市的服务范围，该圈域基本上可覆盖中心城市所服务地域的大部分地质遗迹（图5-7）。

4. 鼓励发展中心城市

鼓励发展中心城市是具有县域服务范围性质的中心城市。根据鼓励发展中心城市的选择基于原则（详见"桂北地区地质公园旅游依托城市布局"相应部分），确定贺州市昭平县城、梧州市藤县县城、贵港市平南县城3个鼓励发展中心城市（梧州市蒙山县城由于与贺州市昭平县城距离较近，未列入鼓励发展中心城市）。以这些城市为中心，取50km为辐射半径，这个圈域内基本是由中心城市在乘汽车1个小时左右可以达到的范围，也就是方便半天来回的空间范围。以此作为桂东地区地质公园旅游鼓励发展中心城市的服务范围，该圈域基本上可覆盖中心城市所服务地区的大部分地质遗迹（图5-7）。

四、桂东地区地质公园旅游发展走廊组织

1. 走廊格局构建

桂东地区地质公园旅游发展走廊的组织与2个核心发展区、2个优先发展区、1个鼓励发展区、2个预留发展区的地质公园旅游空间结构相呼应，对接地质公园旅游中心城市的三个不同发展层次，构建核心发展走廊和优先发展走廊2个层次的地质公园旅游发展走廊，形成"一纵、二横、一环"的桂东地区地质公园旅游发展走廊格局（图5-7）。核心发展走廊主要贯穿地质公园旅游空间布局中的核心发展区和优先发展区内条件最好、最适于建设旅游接待服务以及娱乐设施的城镇，并连接尽可能多的城镇，体现交互作用的协同效益最优或开发潜力最大的走廊格局构建方向。优先发展走廊主要连接地质公园旅游空间布局中的优先发展区和鼓励发展区，并与优先发展走廊共同构成地质公园旅游依托城市发展走廊网络。发展走廊网络通过辐射作用影响桂东地区全境，带动该

区地质公园旅游中心城市建设，进而促进桂东地区地质公园旅游的发展。

2. 核心发展走廊

构筑"一纵、一横"2条桂东地区地质公园旅游核心发展走廊（图5-7）。"一横一纵"核心发展走廊将桂东地区绝大多数地质公园旅游优先发展区与该区2个核心发展区、2个优先发展区和2个核心发展中心城市连成一体，形成贯通桂东地区的有机整体，并可往西北连平乐对接大桂林旅游圈、东连广东成为省际旅游走廊、南下南宁市和玉林对接北部湾旅游区。

一纵：桂林市（平乐县）—贺州市辖区—梧州市辖区—广东省肇庆市

一横：南宁市—玉林市—贵港市辖区—桂平市—平南县—藤县—梧州市辖区—广东省肇庆市

3. 优先发展走廊

构筑"一横、一环"2条桂东地区地质公园旅游优先发展走廊（图5-7），将桂东地区地质公园旅游空间布局中的2个优先发展区相连，并东出梧州与广东省肇庆市相通成为省际旅游走廊，西出蒙山与荔浦相连对接大桂林旅游圈。

一横：桂林荔浦县—昭平县—平南县—藤县—梧州市辖区—广东省肇庆市

一环：贺州市辖区—梧州市辖区—藤县—平南县—桂平市—昭平县—贺州市辖区

第六章　广西地质公园旅游产品开发研究

地质公园旅游产品是为满足旅游审美、愉悦、生活体验等需求，依托由地质遗迹资源和其他自然和人文资源组成的地质公园而开展的旅游活动和旅游服务的结合。地质公园旅游产品开发是依托地质公园开展的旅游活动项目和服务的策划，决定了地质公园旅游的主题、功能、品位和吸引力。通过地质公园旅游产品开发，可以实现广西地质遗迹资源从纯粹的资源优势向产业优势转变。学术界有关地质公园旅游产品开发的成果较少，且多将地质公园视为一个独立的旅游区域，旅游产品开发局限在某一地质公园有限的空间内进行（李晓琴，2002；黄金火，2005）。受制于单个公园有限的旅游资源类型和空间活动范围，尚未有研究充分展现民族地区地质公园整合地质遗迹与民族文化两种优势资源的综合性公园的独特魅力，尤其缺乏在宏观尺度下跨区域、多园区、多类型地质公园旅游产品的联动开发，以及由其带来的民族地区地质公园旅游产品内涵的丰富性、形式的多样性、体系的完整性和效益的协调性等方面的研究。鉴于此，本章提出普适于民族地区的地质公园旅游产品开发新思路，强调民族地区地质公园旅游产品的整体打造、多元开发与协调发展。进而以桂北、桂西、桂南、桂东4地区为典型研究区域，据此确定地质公园建设备选名录和多元化旅游产品体系，以期弥补目前宏观尺度、区域性地质公园旅游产品开发研究的不足，为民族地区地质公园旅游的发展提供产品支撑。

第一节　民族地区地质公园旅游产品开发思路

一、民族地区地质公园旅游产品开发与区域旅游业协调发展

受区位和经济条件等因素的制约，民族地区旅游业的发展尤其需要高知名度品牌和特色旅游产品的支撑，而联合国教科文组织实施的"世界地质公园计划"以其巨大的品牌效应，为民族地区依托地质公园建设，整合地质遗迹和民族文化优势资源，发展特色旅游业创造了机遇。因此，民族地区地质公园旅游产品开发应在区域旅游业发展的宏观背景下强调两者之间的互动与响应，依托地质公园的品牌效应，充分展示民族地区地质公园独特的地质遗迹资源特色和深厚的民族文化底蕴，使地质公园建设与旅游开发成为民族地区旅游业发展的核心驱动力。

二、民族地区地质公园旅游产品开发与多元化产品体系构建

联合国教科文组织将地质公园界定为"以稀缺性地质遗迹为主体并融合深厚人文底蕴的综合性公园"，近年来地质公园建设的蓬勃发展使得地质公园旅游走出了当初等同

于"地质旅游"或"科普旅游"的认识误区，呈现出观光、度假、专项旅游多元化发展的趋势。因此，民族地区地质公园旅游产品开发是全方位的，是一个由观光、度假、科考、探险、商务和民族旅游产品等组成的多元化的产品体系，强调在注重旅游产品科学性的同时，着重体现旅游产品的多样性、民族性和参与性，展现民族地区地质公园地质遗迹与民族文化资源交相辉映的综合性公园（而非专业性公园）的独特魅力。

三、民族地区地质公园旅游产品开发与集成创新

民族地区地质公园旅游产品的集成创新包括空间集成、时间集成和内容集成三个层面。空间集成强调突破单个园区的限制，在民族地区的宏观尺度下，按照产品的特色和空间关系，进行地质公园旅游产品的空间组织，将内容丰富、地域差异大的产品针对不同的市场需求进行空间集成；时间集成强调依托民族地区地质公园特色，通过不同时段有针对性的产品开发和政策调剂，缓解民族地区旅游淡旺季差异；内容集成的重点除了地域特色鲜明的各类型地质遗迹等自然本色产品外，还要将其与反映民族地区文化底蕴和少数民族风情的人文本色产品集成起来，以突出多样性、地域性和民族性。

四、民族地区地质公园旅游产品的整体打造与区域联动

民族地区地质公园旅游产品的整体打造强调将一定区域范围内各个地质公园视为有机整体，任何旅游产品开发都应作整体性考虑，以整体效益最大化为最终目标，避免出现各自为政、各谋发展的局面。旅游产品开发的区域联动以提高民族地区地质公园旅游的整体吸引力和核心竞争力为目标，通过民族地区各个地质公园旅游产品的联动开发，形成民族地区一体化的网络式地质公园旅游产品体系，在区域旅游网络的整合中谋求发展。

第二节　桂北地区地质公园旅游产品开发

一、桂北地区地质公园建设现状

（1）已建地质公园

桂北地区目前拥有国家地质公园 2 处（资源八角寨国家地质公园、鹿寨香桥喀斯特国家地质公园），在广西现今 1 处世界地质公园、9 处国家地质公园和 2 处获得建设国家地质公园资格的地质公园的布局中位置靠后，与该区突出的区位优势和优越的地质遗迹资源条件不相匹配。

成立于 2001 年的（桂林）资源八角寨国家地质公园是广西第一个国家地质公园，以资江和八角寨典型的丹霞地貌著称，地质公园处在越城岭、猫儿山山地之间的红层盆地丘陵，是全国各丹霞构造盆地中堆积厚度最大的一处，是中国丹霞地貌区的典型代表。（柳州）鹿寨香桥喀斯特国家地质公园 2005 年获批，是以岩溶天生桥、溶洞、峰丛、峰林、峡谷和石林等喀斯特地质遗迹为特色的地质公园，国家 AAAA 级旅游景区。两处国家地质公园目前已分别是桂林和柳州知名度很高的景区，成为地方旅游经济发展的重要支撑。

（2）具有地质公园性质的世界自然遗产等

根据国务院《全国主体功能区规划》精神，国家地质公园与国家级自然保护区、国家级风景名胜区、国家森林公园等不能重复建设，那些以稀缺地质遗迹为主体的国家级、自治区级自然保护区等实际上具有地质公园性质，本书将其纳入桂北地区地质公园网络体系，构成该区地质公园特色旅游开发的重要组成部分，主要为世界自然遗产中国南方喀斯特（桂林喀斯特）、漓江风景名胜区（喀斯特地貌）、猫儿山自然保护区（花岗岩地貌）、千家洞国家级自然保护区（花岗岩地貌）、大瑶山国家级自然保护区（砂岩峰林地貌）、元宝山国家级自然保护区（花岗岩地貌）等。

二、桂北地区地质公园建设备选名录

本着特色突出、品类齐全、级次有序、期次合理、分布相对均衡的原则，确定包括1个重点建设的世界地质公园、4个重点建设的国家地质公园、3个优先建设的自治区级地质公园的桂北地区地质公园建设备选名录，与该区2个已建国家地质公园和6个具有地质公园性质的世界自然遗产（自然保护区、风景名胜区）等共同构成桂北地区地质公园网络体系，为地质公园特色旅游开发提供支撑。

1. 重点建设的世界地质公园备选名录

资源世界地质公园

拥有全国堆积厚度最大的丹霞构造盆地的资源八角寨国家地质公园是当之无愧的中国丹霞地貌区的典型代表。地质公园由距今1.35亿~0.65亿年前的白垩纪紫红色砾岩、砂岩等构成，软硬相间的岩层在漫长地质年代受差异风化、重力崩塌、水流侵蚀、剥蚀和溶蚀，形成丹霞地貌特有的方山状、墙状、柱状等奇峰异岭，具有"身陡、顶斜、麓缓"等基本特征和"雄、奇、险、幽、秀"等五大特色。整合资源宝鼎瀑布（花岗岩地貌、瀑布景观）、资江（风景河段）等资源县地质遗迹的精华和"七月半"歌节、苗族民俗文化等人文资源，以建设桂林国际旅游胜地为契机，申报资源世界地质公园，力争实现桂北地区世界地质公园零的突破。

2. 重点建设的国家地质公园备选名录

（1）龙胜国家地质公园

龙胜矮岭温泉是广西最早开发利用的温泉，是稀缺的中性、极软、含锶、偏硅酸、超低钠、富含氡的浴疗矿泉，也是国家AAAA级旅游景区。以此为核心，捆绑少数民族改造自然、适应自然的经典之作龙脊梯田和"神水"矮岭温泉孕育的瑶族文化，依托龙胜县旅游业良好的产业根基，申报龙胜国家地质公园。

（2）灌阳国家地质公园

灌阳文市石林的分布面积、高度、密度、成景数量、形态丰富程度等在广西均首屈一指，是广西最具规模和代表性的石林地貌景观，目前已建为自治区级地质公园。灌阳黑岩是罕见的、在水洞内各种形态钟乳石极为发育的岩溶洞穴，堪称"世界第一水洞"。灌阳文市石林周边的月岭古村落始建于明末清初，是目前广西区内保存最为完整的古民宅群落之一。村落建于清道光年间，造型雄伟庄重，雕刻精湛的孝义可风坊则是广西壮族自治区级文物保护单位。整合上述高品质地质遗迹和人文资源，申报灌阳国家地质公园。

（3）荔浦岩溶国家地质公园

荔浦银子岩和丰鱼岩是目前桂林旅游开发最好的溶洞。银子岩内的钟乳石大多处在生长发育旺盛的青幼年期，次生碳酸钙沉积物以白色为主，晶莹剔透，闪闪发光，银子岩因此而得名。开发较早的芦笛岩、冠岩等溶洞的钟乳石由于光照、洞内外空气对流以及花粉附着等的破坏，逐渐风化变黄、变黑，与之相比，银子岩的钟乳石景观在桂林已开发的溶洞中是最美的。而以高阔的洞天、幽深的暗河、密集的石笋为特色的丰鱼岩同样品质非凡。加上荔浦文塔、鹅翎寺、荔浦芋美食文化旅游节等民族文化资源，捆绑上述稀缺的地质遗迹和人文资源，申报荔浦岩溶国家地质公园。

（4）灵川国家地质公园

整合灵川县落差108米大野瀑布，全程6.8公里、落差达150米的大野河峡谷，中国唯一一个由地下涌泉形成的多级串连瀑布和一个因钙活化沉积作用可逐渐长高而改变景致的瀑布——古东瀑布，以目前已建成的自治区级地质公园依托，申报灵川国家地质公园。

3. 优先建设的自治区级地质公园备选名录

（1）融水自治区级地质公园

发源于桂黔交界处九万大山的贝江流经融水苗族自治县全境，因其水位落差变化大，形成了许多激流险滩和平静深潭，正如当地民谣所言"贝江河，水穿弯，七十二潭三十六个滩"。贝江两岸的喀斯特地貌风光旖旎，座座苗寨点缀于青山绿水之间，流水地貌地质遗迹与苗族文化资源交相辉映。此外，还拥有蜚声广西的岩溶洞穴老君洞及其宗教建筑和碑刻。捆绑上述高品质地质遗迹和人文资源，以国家AAAA级旅游景区贝江及沿江多处已有相当开发历史的苗寨为依托，申报融水自治区级地质公园，目标是国家地质公园。

（2）象州温泉自治区级地质公园

象州温泉有"中南第一温泉"美誉，是广西著名的高温温泉，其温泉可开采量居广西首位，目前开发程度也较高。以此为核心，捆绑国内外罕见的水上孤岛古镇——象州运江古镇，申报象州温泉自治区级地质公园。

（3）永福自治区级地质公园

永福金钟山位于桂林以南的"中国长寿之乡"永福县罗锦镇，目前为国家AAAA级旅游景区，永福源远流长的传统福寿文化融入景区的原生态峰林幽谷之中。景区内永福岩、永福天坑、永福温泉等均是品质优良的地质遗迹资源，以该景区为依托，整合永福著名的百寿岩、福寿文化，申报永福自治区级地质公园，目标是国家地质公园。

三、桂北地区地质公园旅游产品体系

充分利用桂北地区地质遗迹资源以及相关自然和人文资源的优势，依托该区地质公园建设备选名录中的8个拟建地质公园、2个已建国家地质公园和6个具有地质公园性质的世界自然遗产、自然保护区（森林公园、风景名胜区）等，针对不同客源市场的需要，实施全方位的地质公园特色旅游产品开发，满足旅游者多元化、个性化的旅游需求，构建由地质奇观观光游、休闲度假游、科普考察游、文化体验游组成的桂北地区地质公园特色旅游产品体系（表6-1）。充分展示桂北地区地质公园以稀缺地质遗迹资源为特色，并包含深厚人文底蕴的综合性公园属性。

表 6-1　桂北地区地质公园特色旅游产品体系

地质公园旅游产品		依托地质公园*	核心吸引物
地质奇观观光旅游	喀斯特地貌奇观观光游	中国南方喀斯特世界自然遗产	桂林喀斯特
		漓江风景名胜区	漓江两岸峰丛、峰林
		鹿寨香桥喀斯特地质公园	九龙洞、响水瀑布、香桥天生桥
		灌阳地质公园	文市石林、黑岩
		荔浦岩溶地质公园	丰鱼岩、银子岩
		融水地质公园	贝江两岸峰丛洼地
		永福地质公园	永福岩、百寿岩
	花岗岩地貌奇观观光游	猫儿山自然保护区	猫儿山
		千家洞自然保护区	都庞岭
		资源地质公园	宝鼎瀑布
		元宝山自然保护区	元宝山
	丹霞地貌奇观观光游	资源地质公园	八角寨丹霞地貌
	砂岩峰林地貌奇观观光游	大瑶山自然保护区	大瑶山
	流水地貌奇观观光游	漓江风景名胜区	漓江
		资源地质公园	资江
		融水地质公园	贝江
	峡谷地貌奇观观光游	资源地质公园	大野河峡谷
	瀑布奇观观光游	鹿寨香桥喀斯特地质公园	响水瀑布
		资源地质公园	宝鼎瀑布
		灵川地质公园	大野瀑布、古东瀑布
休闲度假旅游	温泉休闲度假游	龙胜地质公园	龙胜温泉
		象州温泉地质公园	象州温泉
	山地休闲度假游	猫儿山自然保护区	猫儿山
		千家洞自然保护区	都庞岭
		元宝山自然保护区	元宝山
		大瑶山自然保护区	大瑶山
科普考察旅游	石林地貌科考游	灌阳地质公园	文市石林
		鹿寨香桥喀斯特地质公园	响水石林
	岩溶洞穴科考游	鹿寨香桥喀斯特地质公园	九龙洞
		灌阳地质公园	黑岩
		荔浦岩溶地质公园	丰鱼岩、银子岩
		永福地质公园	金钟山永福岩
	喀斯特地貌（非石林、溶洞）科考游	中国南方喀斯特世界自然遗产	桂林喀斯特
		漓江风景名胜区	漓江两岸峰丛、峰林
		融水地质公园	贝江两岸峰丛洼地
	丹霞地貌科考游	资源地质公园	八角寨丹霞地貌
	砂岩峰林地貌科考	大瑶山自然保护区	大瑶山
	花岗岩山地科考游	猫儿山自然保护区	猫儿山
		千家洞自然保护区	都庞岭
		元宝山自然保护区	元宝山

地质公园旅游产品		依托地质公园*	核心吸引物
文化体验旅游	民族文化体验游	大瑶山自然保护区	金秀瑶族文化
		融水地质公园	贝江苗寨
		元宝山自然保护区	苗族服饰、过苗年、田头苗寨
		龙胜地质公园	龙脊梯田、金竹壮寨、红瑶服饰
		资源地质公园	苗族飞哈舞、"七月半"河灯歌节
	历史文化体验游	中国南方喀斯特世界自然遗产	桂林历史文化
		灌阳地质公园	月岭古村落

*含具有地质公园性质的自然保护区、风景名胜区、森林公园等。

第三节　桂西地区地质公园旅游产品开发

一、桂西地区地质公园建设现状

桂西地区地质遗迹具有数量大、分布广、类型多、等级优的特点，拥有乐业县大石围天坑群、凤山县三门海岩溶洞穴群、大化县七百弄峰丛洼地、靖西县通灵大峡谷瀑布等世界级地质遗迹资源，具备地质公园建设的优越条件。同时，该区民族文化资源亦色彩纷呈，拥有刘三姐歌谣、那坡壮族民歌、仫佬族依饭节、毛南族肥套等国家级非物质文化遗产，是广西拥有地质公园最多的区域，已建有1处世界地质公园（乐业–凤山世界地质公园），4处国家地质公园（乐业大石围天坑群国家地质公园、凤山国家地质公园、大化七百弄国家地质公园、宜州水上石林国家地质公园）和2处获得建设国家地质公园资格的地质公园（都安地下河国家地质公园、罗城国家地质公园），地质公园旅游已成为整合地质遗迹和民族文化特色资源、推动桂西经济发展的重要驱动力。

二、桂西地区地质公园建设备选名录

基于民族地区地质公园旅游产品开发思路，结合桂西地质公园旅游开发布局，体现民族地区地质公园整合地质遗迹与民族文化两种优势资源的综合性公园的特色，确定包括8处重点建设、4处优先建设的桂西地区地质公园建设备选名录（见表6-2），形成一个品类齐全、级次有序、期次合理、分布相对均衡的地质公园网络，从根本上解决目前桂西地区旅游景区少、品牌弱的现象，同时也为多元化地质公园旅游产品体系的构建奠定基础。

表6-2　桂西地区地质公园建设备选名录

建设级次	地质公园名称	核心地质遗迹资源	整合民族文化资源	申报目标
重点建设	乐业-凤山-天峨岩溶地质公园	乐业大石围天坑群，凤山三门海岩溶洞穴群、坡心水源洞天坑群，天峨布柳河峡谷和天生桥、龙滩大峡谷	马庄母里屯亚母系文化、高山汉族唱灯艺术、壮族蚂蚓节、蓝靛瑶服饰	世界地质公园
	大化-巴马岩溶地质公园	大化七百弄峰丛洼地、红水河八十里画廊、巴马盘阳河、百魔洞	巴马长寿体验村、布努瑶祝著节、蓝靛瑶服饰	
	都安地质公园	都安地苏地下河	布努瑶蚩尤舞	
	通灵-古龙山峡谷群地质公园	通灵大峡谷和瀑布群、古龙山峡谷群、三叠岭瀑布、爱布瀑布群	靖西旧州古镇、壮族织锦技艺、侬智高南天国遗址	国家地质公园
	临江河地质公园	宜州下枧河、古龙河、祥贝河和罗城剑江	刘三姐歌谣、壮族三月三歌节、仫佬族依饭节和走坡节	
	大厂矿山公园	大厂锡多金属矿、里湖和恩村岩溶洞穴群、罗富泥盆纪剖面、南丹铁陨石、南丹温泉	里湖乡白裤瑶生态博物馆、白裤瑶岩洞葬、红苗服饰	国家矿山公园
	平果矿山公园	平果铝土矿、敢沫岩、芦仙湖、布镜河、甘河	壮族嘹歌、明代土司陵园、崖洞葬棺	
	金城江岩溶地质公园	姆洛甲峡谷、壮王湖、流水岩、龙江峡谷、珍珠岩	红军标语楼、金城江老街、壮族"蝉鼓舞""扁担舞"	国家地质公园
优先建设	冷水瀑布地质公园	隆林冷水瀑布、天生桥水电站	苗族跳坡节、彝族火把节、仡佬族尝新节	自治区级地质公园
	那坡玄武岩地质公园	那坡枕状玄武岩群、感驮岩、虎跳峡	那坡壮族民歌、吞力黑衣壮民族风情园	
	木伦峰丛地质公园	环江木伦峰丛	毛南族肥套和分龙节	
	纳灵洞地质公园	凌云纳灵洞、水源洞	朝里歌圩、岩流瑶寨	

三、桂西地区地质公园旅游产品体系

依托桂西民族地区已建的地质公园和地质公园建设备选名录中的地质公园，针对不同客源市场需求，实施民族地区地质公园旅游产品的全方位开发，满足旅游者多元化、个性化的旅游需求。构筑以观光旅游、民族旅游为主导产品，探险旅游、科考旅游为特色产品，度假旅游、商务旅游为发展产品的桂西民族地区地质公园旅游产品体系（表6-3），充分展示民族地区地质公园以稀缺地质遗迹资源为特色，并包含深厚人文底蕴和浓郁民族风情的综合性公园的独特魅力。

表6-3　桂西地区地质公园旅游产品体系

地质公园旅游产品			依托地质公园	核心吸引物
主导产品	观光旅游	岩溶奇观观光	乐业-凤山-天峨岩溶地质公园	乐业大石围天坑群、凤山三门海岩溶洞穴群、天峨布柳河天生桥
			大化-巴马岩溶地质公园	大化七百弄峰丛洼地
			宜州水上石林国家地质公园	宜州水上石林
			都安地下河国家地质公园	都安地下河
			大厂矿山公园	南丹铁陨石
			木伦峰丛地质公园	环江木伦峰丛
		山水观光	大化-巴马岩溶地质公园	红水河八十里画廊、巴马盘阳河
			罗城国家地质公园	罗城剑江山水
			平果矿山公园	芦仙湖、布镜河、甘河
			临江河地质公园	宜州下枧河、古龙河、祥贝河和罗城剑江
		峡谷观光	通灵-古龙山峡谷群地质公园	通灵大峡谷、古龙山峡谷群
			金城江岩溶地质公园	龙江峡谷、姆洛甲峡谷
			乐业-凤山-天峨岩溶地质公园	天峨布柳河峡谷
		瀑布观光	通灵-古龙山峡谷群地质公园	通灵大瀑布、三叠岭瀑布、爱布瀑布群
			冷水瀑布地质公园	隆林冷水瀑布
		工业观光	大厂矿山公园	大厂锡多金属矿、罗富泥盆纪剖面
			平果矿山公园	平果铝土矿
			冷水瀑布地质公园	天生桥水电站
	民族旅游	民族村寨	大厂矿山公园	里湖乡白裤瑶生态博物馆
			那坡玄武岩地质公园	吞力黑衣壮民族风情园
			大化-巴马岩溶地质公园	巴马长寿体验村
		民族集镇	通灵-古龙山峡谷群地质公园	靖西旧州古镇
			金城江岩溶地质公园	金城江老街
		民族歌舞	临江河地质公园	刘三姐歌谣
			那坡玄武岩地质公园	那坡壮族民歌
			平果矿山公园	壮族嘹歌
			乐业-凤山-天峨岩溶地质公园	高山汉族唱灯艺术
			金城江岩溶地质公园	壮族"蜂鼓舞""扁担舞"
			都安地下河地质公园	布努瑶蚩尤舞
		民族节庆	乐业-凤山-天峨岩溶地质公园	壮族蚂蚓节
			木伦峰丛地质公园	毛南族肥套和分龙节
			临江河地质公园	壮族三月三歌节、仫佬族依饭节和走坡节
			冷水瀑布地质公园	苗族跳坡节、彝族火把节、仫佬族尝新节
			金城江岩溶地质公园	河池铜鼓节

续表

地质公园旅游产品			依托地质公园	核心吸引物
特色产品	探险旅游	洞穴探险	乐业-凤山-天峨岩溶地质公园	凤山三门海岩溶洞穴群
			都安地下河地质公园	都安地苏地下河
			大化-巴马岩溶地质公园	巴马百魔洞
			大厂矿山公园	里湖和恩村岩溶洞穴群
		天坑探险	乐业-凤山-天峨岩溶地质公园	乐业大石围天坑群、凤山坡心水源洞天坑群
			大化-巴马岩溶地质公园	巴马弄中天坑群
		漂流探险	通灵-古龙山峡谷群地质公园	通灵古龙山峡谷
			临江河地质公园	宜州古龙河
			乐业-凤山-天峨岩溶地质公园	天峨布柳河
		峡谷探险	乐业-凤山-天峨岩溶地质公园	乐业百朗大峡谷、天峨龙滩大峡谷
			通灵-古龙山峡谷群地质公园	通灵大峡谷、古龙山峡谷
			金城江岩溶地质公园	金城江姆洛甲峡谷
	科考旅游	地质科考	大厂矿山公园	南丹罗富泥盆纪剖面
			那坡玄武岩地质公园	那坡枕状玄武岩群
		岩溶科考	乐业-凤山-天峨岩溶地质公园	乐业大石围天坑群、凤山三门海岩溶洞穴群、坡心水源洞天坑群
			大化-巴马岩溶地质公园	大化七百弄峰丛洼地
			大化-巴马岩溶地质公园	巴马百魔洞
		民族科考	大厂矿山公园	白裤瑶文化
			那坡玄武岩地质公园	黑衣壮文化
			大化-巴马岩溶地质公园	巴马瑶族长寿文化
发展产品	度假旅游	滨湖度假	大化-巴马岩溶地质公园	岩滩水库、赐福湖
			乐业-凤山-天峨岩溶地质公园	龙滩水库、峨里湖、石马湖
			金城江岩溶地质公园	姆洛甲水库、壮王湖
		养生度假	大化-巴马岩溶地质公园	巴马盘阳河、巴马长寿文化
			大厂矿山公园	南丹温泉
		森林度假	乐业-凤山-天峨岩溶地质公园	乐业大石围天坑、黄猄天坑原始森林
			木伦峰丛地质公园	环江木伦原始森林
	商务旅游	会议旅游	依托桂西地质公园网络举办各级学术、商务、政务会议	
		展览旅游	依托桂西地质公园网络中各个博物馆举办观赏、教育类等展览	
		节事旅游	依托桂西地质公园网络举办各种节事活动	

四、桂西地区地质公园旅游产品分析

1. 主导产品分析

（1）观光旅游产品

观光旅游是目前国内最受欢迎的旅游产品，以观光旅游产品为载体，民族地区稀缺地质遗迹和民族文化资源的优势得以淋漓尽致地展现，同时，观光旅游旺盛的人气也是目前旅游开发程度偏低的民族地区最期待的。因此，观光旅游将是目前民族地区吸引和扩大客源的核心生产力，并将在相当长的时期内保持桂西地质公园旅游主导产品的地位。由岩溶奇观、山水、峡谷、瀑布、工业观光构成的观光旅游产品体系以桂西 10 处拟建地质公园为依托，囊括了乐业大石围天坑群、凤山三门海岩溶洞穴群等桂西所有的世界级地质遗迹资源（表6-3），在全国享有较高的知名度，是树立桂西地质公园旅游品牌的重要支撑。观光旅游产品开发是民族地区地质公园旅游谋求更大发展的基础，目前应加大观光旅游产品的宣传促销力度，进一步扩大其市场份额。

（2）民族旅游产品

民族旅游产品开发是体现地质公园的综合属性、展示民族地区地质公园旅游产品特色的重要途径。桂西各族人民在历史发展进程中创造的绚丽多彩的民族文化是该区又一优势特色旅游资源，且在空间分布上与地质遗迹资源高度关联，奠定了桂西地质公园民族旅游产品开发的基础。由民族村寨游、民族集镇游、民族歌舞游、民族节庆游等构成的民族旅游产品体系以桂西 11 处拟建地质公园为依托，涵盖了黑衣壮、白裤瑶、仫佬族等桂西特有的稀缺民族文化资源（表6-3）。以地质公园为载体的民族旅游产品开发丰富了地质公园的人文内涵，其良好的互动性与体验性弥补了地质遗迹静态观光的不足，充分体现了民族地区地质公园的综合公园属性和独特魅力。

2. 特色产品分析

（1）探险旅游产品

民族地区地质公园探险旅游产品应着重体现其在地质、地理、生态和文化环境方面所具有的原始自然性，在旅游项目和旅游线路上所具有的新奇性、探险性，在旅游形式上所具有的自主参与性以及在旅游体验上所具有的刺激性和冒险性。探险旅游是桂西民族地区开发较早的优势特色旅游产品，在国际、国内享有较高的知名度。由洞穴、天坑、漂流、峡谷探险等组成的探险旅游产品体系以桂西 7 处拟建地质公园为依托，包括通灵大峡谷、三门海岩溶洞穴群、大石围天坑群等世界级地质遗迹资源（表6-3），具有极强的竞争优势和巨大的开发潜力。探险旅游扩大了桂西地质公园旅游产品的知名度，但由于其专项旅游的产品属性，目标市场局限性较大，一时还难以产生规模效应，且易给公众带来"桂西旅游环境艰苦"的误导，故在利用探险旅游的知名度进行宣传、促销时，应把握"有惊无险"的表述尺度，在进一步开拓探险旅游市场的同时，促进观光旅游和度假旅游等常规旅游产品的开发。

（2）科考旅游产品

科考旅游是最能体现地质公园科学性和教育性特色的旅游产品。民族地区地质公园的科考旅游产品不仅包括地质遗迹等自然科学考察，也包括民族文化等人文科学考察；不仅是专业人士探究性的科学考察，也是普及自然和人文科学知识，集知识性、趣味性、参与性与探奇性为一体的科普考察。由地质、岩溶、民族科考等组成的科考旅游产品体系依托桂西 4 处拟建地质公园（表6-3），形成以求知、探索为宗旨，内容、形式丰富多彩，既满足专业人员需求又符合大众游客愿望的民族地区地质公园科考旅游产品特色。鉴于科考旅游专项旅游的产品属性，开发的关键在于注重专业市场的同时加强大众市场的开拓，避免产生地质公园是专业性公园的误导。

3. 发展产品分析

（1）度假旅游产品

目前度假旅游良好的发展态势，为民族地区地质公园度假旅游产品的开发创造了机遇。由滨湖、养生、森林度假等组成的度假旅游产品体系依托桂西 5 处拟建地质公园，拥有巴马长寿文化、盘阳河、南丹温泉等稀缺度假旅游资源（表6-3），开发潜力巨大。目前未将度假旅游作为主导产品主要是考虑到该区相对滞后的基础设施和服务设施建设，但度假旅游产品是桂西地质公园旅游开发的发展方向，目前宜重点开拓当地和周边地区的度假旅游市场，待条件成熟后积极开发沿海发达地区的中高端市场，以实现桂西地质公园旅游产品结构从观光旅游向度假旅游的优化调整。

（2）商务旅游产品

商务旅游是旅游业中迅速崛起的领域，与观光旅游相比，商务旅游具有较高的消费水平、相对稳定的客源市场和较高的重游率。将商务旅游这个看似只与发达地区高度关联的旅游产品引入民族地区地质公园的旅游开发，并将其作为发展产品之一，主要是依仗地质公园的品牌号召力和民族地区经济社会的持续发展。桂西地质公园商务旅游产品开发依托平果、金城江两个地质公园旅游中心城镇和桂西地质公园网络，侧重以会议、展览和节事旅游三种形式进行。其中会议旅游开发主要针对岩溶地貌和民族文化等学术会议、矿业和水电开发等商务会议以及西部民族地区发展等政务会议进行，展览旅游开发主要依托地质博物馆和民族博物馆围绕各种观赏、教育类展览进行，节事旅游开发主要针对桂西地区各种少数民族节庆活动进行。商务旅游的引入，不仅为民族地区地质公园多元化的旅游产品开发注入活力，同时也为桂西旅游淡旺季的协调提供了可能。随着桂西地区经济的腾飞和基础设施、服务设施的完善，商务旅游将在桂西地质公园旅游开发中发挥越来越重要的作用。

第四节　桂南地区地质公园旅游产品开发

一、桂南地区地质公园建设现状

1. 已建地质公园

桂南地区目前拥有国家地质公园 2 处（北海涠洲岛火山国家地质公园、浦北五皇山国家地质公园），在广西现今 1 处世界地质公园（乐业-凤山世界地质公园）和 9 处国家地质公园（资源国家地质公园、乐业大石围天坑群国家地质公园、凤山国家地质公园、鹿寨香桥喀斯特国家地质公园、桂平国家地质公园、大化七百弄国家地质公园、宜州水上石林国家地质公园、浦北五皇山国家地质公园），2 处获得建设国家地质公园资格的地质公园（都安地下河国家地质公园、罗城国家地质公园）的布局中位置靠后，与该区突出的区位优势和优越的地质遗迹资源条件不相匹配。

成立于 2004 年 3 月的北海涠洲岛火山国家地质公园是第三批中国国家地质公园，作为广西第二批国家地质公园，该公园在桂南地区旅游业发展中占据了举足轻重的地位，是国内知名度极高的国家地质公园，发展势头强劲。浦北五皇山国家地质公园是第六批中国国家地质公园，2011 年 11 月取得国家地质公园建设资格，目前正处在建设之中。

2. 具有地质公园性质的国家级自然保护区等

根据国务院《全国主体功能区规划》精神，国家地质公园与国家级自然保护区、国家级风景名胜区、国家森林公园等不能重复建设。那些以稀缺地质遗迹为主体的国家级、自治区级自然保护区等实际上具有地质公园性质，本书将其纳入桂南地区地质公园网络体系，构成该区地质公园特色旅游开发的重要组成部分，具体为北仑河口国家级自然保护区（流水堆积地貌）、大明山国家级自然保护区（碎屑岩地貌）、十万大山国家级自然保护区（花岗岩地貌）、弄岗国家级自然保护区（岩溶地貌）、大容山国家森林公园（花岗岩地貌）、冠头岭国家森林公园（海蚀地貌）、勾漏洞自治区级风景名胜区（岩溶地貌）、宴石山自治区级风景名胜区（丹霞地貌）、都峤山自治区级风景名胜区（丹霞地貌）等。

二、桂南地区地质公园建设备选名录

本着特色突出、品类齐全、级次有序、期次合理、分布相对均衡的原则，确定包括 1 个重点建设的世界地质公园、5 个重点建设的国家地质公园、3 个优先建设的自治区级地质公园的桂南地区地质公园建设备选名录，与该区 2 个已建国家地质公园和 9 个具有地质公园性质的自然保护区（森林公园、风景名胜区）等共同构成桂南地区地质公园网络体系，为地质公园特色旅游开发提供支撑。

1. 重点建设的世界地质公园备选名录

北海涠洲岛火山世界地质公园

作为目前我国唯一的火山海洋岛国家地质公园，具有较高的知名度和认知度，园区内以南湾火山口为代表的火山机构地貌景观，环岛分布的火山碎屑堆积地貌景观和海蚀海积地貌景观，均是科学与美学价值极高的垄断性稀缺地质遗迹资源，加之"北部湾之眼"的优越区位和旅游业对地方经济的突出贡献，具备申报世界地质公园的优越条件，是桂南地区实现世界地质公园零的突破的希望所在，也是该区地质公园特色旅游开发的引爆点。

2. 重点建设的国家地质公园备选名录

（1）崇左德天瀑布国家地质公园

地处中越边境以及云贵高原与广西丘陵区过度的斜坡地带的德天瀑布，是我国新构造运动差异抬升以及流水差异侵蚀成因瀑布的典型代表。瀑布最宽处 200 余米，落差 70 余米，年均流量 $50\text{m}^3/\text{s}$，为黄果树瀑布的 10 倍，是世界第四大、亚洲第一大跨国瀑布，具有极高的美学价值和科学价值。以德天瀑布为核心，结合地处中越边境优越的区位条件和浓郁的边关风情申报国家地质公园，目标世界地质公园，打造成为广西精品旅游线路——中越边关探秘游的核心组成部分。

（2）北海银滩国家地质公园

广西北部湾东部地势较为低平，以平直的海成沙堤和海积平原为主，海积沙滩景观是桂南地区最具滨海特色的地质遗迹景观。以滩长平、沙细白著称的北海银滩是我国首屈一指的沙质平原海岸，不仅是滨海休闲度假的绝佳之处，更是研究潟湖-沙坝景观受构造运动、气候波动等自然动力作用和旅游开发等人类活动影响的最佳场所。以其为核心，捆绑北海疍家文化、客家文化、南珠文化等地方特色文化资源，申报国家地质公园，目标世界地质公园，打造成为广西精品旅游线路——北部湾休闲度假跨国游的核心组成部分。

（3）防城港江山半岛国家地质公园

拥有三面环海、78公里旖旎海岸线并被誉为"北部湾最美海岸"的江山半岛是广西最大的半岛。岛上地质遗迹、生态资源与人文景观交相辉映，珍惜的滨海型钛铁砂矿造就了白浪滩世界罕见的15平方公里钛质沙滩，怪石滩形态各异的海蚀地貌，月亮湾、白沙湾、珍珠湾等优美的海积沙滩景观，以及红树林、金茶花等稀缺生态资源，始建于唐咸通七年的我国唯一的沿海古运河——潭蓬古运河，全国重点文物保护单位白龙古炮台群等，为国家地质公园申报建设及其特色旅游开发提供了有力支撑。

（4）钦州龙门群岛国家地质公园

大陆岛是桂南地区众多沿海岛屿的主要类型，而龙门群岛则是其典型代表。受钦州湾北东向压扭断裂与南东向张性断裂的共同作用，侏罗系和志留系砂岩、页岩地层被切割的支离破碎，形成许多相互分离的丘陵，冰后期海侵造成海平面上升，海水淹没丘陵之间的谷地，形成了星罗棋布的岛屿和众多的水道。明清即为"钦州八景"的著名海湾风光"龙门七十二泾"因此得名。此外，龙门群岛也为我国西南沿海的海陆变迁及大陆岛成因研究提供了典型案例。可以其为核心，捆绑岛屿周边体现陆地向海洋过度特殊生态系的红树林，申报国家地质公园。

（5）南宁伊岭岩国家地质公园

伊岭岩是桂南地区最著名的喀斯特溶洞，是南宁国际民歌节、中国电视金鹰奖等活动的举办地，距广西首府南宁仅21公里，可以典型的地下喀斯特地质遗迹为核心，捆绑浓郁的壮文化民俗风情，依托南宁市的经济和区位优势，申报国家地质公园。

3. 优先建设的自治区级地质公园备选名录

（1）钦州三娘湾自治区级地质公园

观赏与科学价值俱佳的广西唯一花岗岩海岸和媲美钱塘江潮的三娘湾大潮构成钦州三娘湾自治区级地质公园申报最有力的支撑。三娘湾位于钦州湾口，处于一条由宽变窄，由深变浅，能量集中的积沙带上，特殊的地理位置和地貌条件，为壮观的三娘湾大潮的形成创造了条件。当潮水涌入时，因湾口变窄而受阻，潮水前进速度减弱，形成前潮未尽后潮又至的潮中潮美景。同时，潮水涌入到那条长及数里、横亘海中的积沙带时，被再次层叠堆高，在连串推高叠举的冲击下，形成排山倒海的三娘湾大潮。大潮拍打由晚二叠世六万大山超单元江口组堇青石黑云母花岗岩构成的海岸，形成浪花飞溅、异石穿空、涛声震天的壮观景象，并将坚硬的花岗岩风化侵蚀成形态各异的鼓丘和石蛋。此外，珍稀的中华白海豚也是该地质公园申报的一大亮点。

（2）玉林陆川温泉自治区级地质公园

陆川县有"温泉之乡"的美称，温泉开发有着悠久的历史，在唐朝的武德、天宝时期就有"温泉县""温水郡"之称，明代地理学家徐霞客留下了"不慕天池鸟，甘做温泉人"的赞誉。陆川温泉是典型的中温温泉，流量大而稳定且含多种有益元素，以其为核心，依托广西南大门独特的区位优势，申报自治区级地质公园。

（3）南宁金伦洞自治区级地质公园

金伦洞是桂南地区规模最大的喀斯特溶洞，洞中有长廊和数百个大小厅堂，最大厅堂达3.5万平方米，最高石笋高达26米，最高洞厅高达150米。以此为核心，捆绑壮族英雄韦金轮等人文资源，依托南宁市1小时经济圈的区位优势，申报自治区级地质公园。

三、桂南地区地质公园特色旅游产品体系

充分利用桂南地区地质遗迹资源以及相关自然和人文资源的优势，依托该区地质公园建设备选名录中的9个拟建地质公园、2个已建国家地质公园和9个具有地质公园性质的自然保护区（森林公园、风景名胜区）等，针对不同客源市场的需要，实施全方位的地质公园特色旅游产品开发，满足旅游者多元化、个性化的旅游需求，构建由地质奇观观光游、休闲度假游、科普考察游、文化体验游组成的桂南地区地质公园特色旅游产品体系（表6-4）。充分展示桂南地区地质公园以稀缺地质遗迹资源为特色，并包含深厚人文底蕴的综合性公园属性。

表6-4　桂南地区地质公园特色旅游产品体系

地质公园旅游产品		依托地质公园*	核心吸引物
地质奇观观光旅游	花岗岩地貌奇观观光游	钦州五皇山地质公园	五皇山、球状风化花岗岩石蛋
		十万大山自然保护区	十万大山
		大容山森林公园	大容山
	丹霞地貌奇观观光游	都峤山风景名胜区	都峤山
		宴石山风景名胜区	宴石山
	砂岩峰林地貌奇观观光游	大明山自然保护区	大明山
	喀斯特地貌奇观观光游	弄岗自然保护区	弄岗喀斯特
		勾漏洞风景名胜区	勾漏洞
		南宁伊岭岩地质公园	伊岭岩（洞穴大厅、钟乳石等）
		南宁金伦洞地质公园	金伦洞（地下河、钟乳石等）
	火山地貌奇观观光游	北海涠洲岛地公园	南湾火山口、婆湾火山口、鳄鱼山火山碎屑堆积、鳄鱼山熔岩流、湾背火山碎屑堆积、猪仔岭
	流水地貌奇观观光游	北仑河口自然保护区	北仑河口（江河入海口）

续表

地质公园旅游产品		依托地质公园*	核心吸引物
地质奇观观光旅游	海蚀海积地貌奇观观光游	北海涠洲岛地质公园	涠洲岛南湾海湾、南湾海蚀崖、滴水丹屏海蚀崖、五彩滩海蚀平台、鳄鱼山海蚀穴、湾仔海蚀穴、猪仔岭海蚀残丘，斜阳岛海蚀崖、海蚀穴
		北海银滩地质公园	银滩海湾、沙滩
		防城港江山半岛地质公园	白浪滩（钛质沙滩）、月亮湾海湾、白沙湾海湾、珍珠湾海湾
		钦州三娘湾地质公园	三娘湾海湾、三娘湾大潮、球状风化花岗岩石蛋
		钦州龙门群岛地质公园	龙门七十二泾
		冠头岭森林公园	冠头岭海蚀崖
	瀑布奇观观光游	崇左德天瀑布地质公园	德天瀑布
休闲度假旅游	海岛休闲度假游	北海涠洲岛地质公园	涠洲岛、斜阳岛
	滨海休闲度假游	北海银滩地质公园	银滩沙滩
		防城港江山半岛地质公园	白浪滩（钛质沙滩）、月亮湾海湾、白沙湾海湾、珍珠湾海湾
		钦州三娘湾地质公园	三娘湾海湾
		钦州龙门群岛地质公园	龙门群岛
		冠头岭森林公园	冠头岭
休闲度假旅游	山地休闲度假游	大明山自然保护区	大明山
		十万大山自然保护区	十万大山
		弄岗自然保护区	弄岗
		大容山森林公园	大容山
		勾漏洞风景名胜区	勾漏山
		宴石山风景名胜区	宴石山
		都峤山风景名胜区	都峤山
	温泉休闲度假游	玉林陆川温泉地质公园	陆川温泉

地质公园旅游产品		依托地质公园*	核心吸引物
科普考察旅游	海陆变迁科考游	北仑河口自然保护区	北仑河口（江河入海口）
		北海银滩地质公园	银滩潟湖−沙坝景观
		钦州龙门群岛地质公园	龙门群岛
	海蚀地貌科考游	北海涠洲岛地质公园	涠洲岛海蚀崖、海蚀穴、海蚀残丘、海蚀平台，斜阳岛海蚀崖、海蚀穴
		钦州三娘湾地质公园	花岗岩海岸、球状风化花岗岩石蛋
		冠头岭森林公园	冠头岭海蚀崖
	火山海洋岛科考游	北海涠洲岛地质公园	涠洲岛、斜阳岛
	丹霞地貌科考游	都峤山风景名胜区	都峤山
		宴石山风景名胜区	宴石山
	岩溶洞穴科考游	南宁伊岭岩地质公园	伊岭岩（洞穴大厅、钟乳石等）
		南宁金伦洞地质公园	金伦洞
	花岗岩山地科考游	钦州五皇山地质公园	五皇山花岗岩体
		十万大山自然保护区	十万大山花岗岩体
		大容山森林公园	大容山花岗岩体
	珍稀动植物科考游	北海涠洲岛地质公园	珊瑚礁等海洋生态
		钦州龙门群岛地质公园	红树林
		钦州三娘湾地质公园	中华白海豚
		北仑河口自然保护区	红树林
		大容山森林公园	大容山南亚热带常绿阔叶林
		弄岗自然保护区	弄岗岩溶区热带季雨林、白头叶猴
		十万大山自然保护区	十万大山北热带季雨林
		大明山自然保护区	大明山北回归线常绿阔叶林
文化体验旅游	宗教文化体验游	北海涠洲岛地质公园	涠洲岛盛塘村天主教堂、城仔圣母堂
		都峤山风景名胜区	道教第二十洞天、宝元观、灵景寺、宝元岩
		宴石山风景名胜区	宴石寺、宴石大仙桥、紫阳观
		勾漏洞风景名胜区	道教第二十二洞天
	南珠文化体验游	北海涠洲岛地质公园	涠洲岛南珠文化
		北海银滩地质公园	北海标志性城雕"南珠魂"
	疍家文化体验游	北海涠洲岛地质公园	涠洲岛疍家
		北海银滩地质公园	北海疍家

续表

地质公园旅游产品		依托地质公园*	核心吸引物
文化体验旅游	客家文化体验游	北海涠洲岛地质公园	涠洲岛客家
		北海银滩地质公园	北海客家
	历史文化体验游	北海银滩地质公园	海上丝绸之路起点文化
		防城港江山半岛地质公园	潭蓬古运河、白龙古炮台群
	节事文化体验游	南宁伊岭岩地质公园	南宁国际民歌艺术节
		北海银滩地质公园	世界客属恳请大会
		防城港江山半岛地质公园	国际海上龙舟赛
		钦州三娘湾地质公园	钦州三娘湾观潮节

*含具有地质公园性质的自然保护区、风景名胜区、森林公园等。

四、桂南地区地质公园旅游产品分析

1. 地质奇观观光旅游产品

地质奇观观光是地质公园最受欢迎的旅游产品,以观光旅游产品为载体,桂南地区拥有稀缺地质遗迹的资源优势得以淋漓尽致的展现,同时,观光旅游旺盛的人气也是目前桂南地区旅游开发最期待的。因此,地质奇观观光旅游产品是吸引和扩大客源的核心产品,并将在相当长的时期内保持桂南地区地质公园旅游主导产品的地位,是该区地质公园旅游谋求更大发展的基础。

由花岗岩地貌奇观观光游、丹霞地貌奇观观光游、砂岩峰林地貌奇观观光游、喀斯特地貌奇观观光游、火山地貌奇观观光游、流水地貌奇观观光游、海蚀海积地貌奇观观光游、瀑布奇观观光游8种类型构成的地质奇观观光旅游产品体系,以桂南地区18个地质公园和具有地质公园性质的自然保护区、风景名胜区、森林公园等为依托,囊括了涠洲岛、北海银滩、德天瀑布、都峤山、弄岗等该区全部世界级和国家级地质遗迹资源,在全国享有较高的知名度,是桂南地区地质公园旅游品牌推广和扩张最重要的支撑。

2. 休闲度假旅游产品

休闲度假是桂南地区地质公园特色旅游开发的主旋律,也是对广西壮族自治区党委、政府"加快北部湾国际旅游度假区建设"重大决策的响应。休闲度假旅游是国际、国内增长最快的旅游产品之一,良好的业态发展态势、优越的政策环境支撑、难以复制的垄断性资源优势,为桂南地区地质公园休闲度假旅游产品开发提供了充分的保障。

由海岛休闲度假游、滨海休闲度假游、山地休闲度假游、温泉休闲度假游4种类型构成的休闲度假旅游产品体系以桂南地区14个地质公园和具有地质公园性质的自然保护区、风景名胜区、森林公园等为依托,囊括该区最精华的海岛和滨海休闲度假旅游资源,在我国西南地区具有垄断性优势。休闲度假旅游开发是树立桂南地区地质公园旅游高端形象、优化旅游产品结构最有效的途径。

3. 科普考察旅游产品

作为专项旅游产品,科普考察旅游是最能体现地质公园科学性和教育性特色的产品。桂南地区地质公园的科普考察旅游产品不仅包括地质遗迹等地球科学考察，也包括特殊地质环境造就的独特生态系统的科学考察；不仅是地学专家等专业人士探究性的科学考察，也是大、中、小学生和普通游客普及地球科学知识，集知识性、趣味性、参与性与探奇性为一体的科普考察。

由海陆变迁科考游、海蚀地貌科考游、火山海洋岛科考游、丹霞地貌科考游、岩溶洞穴科考游、花岗岩山地科考游、珍稀动植物科考游7种类型构成的科普考察旅游产品体系以桂南地区17个地质公园和具有地质公园性质的自然保护区、风景名胜区、森林公园等为依托，囊括该区绝大多数兼具科学和美学价值的稀缺地质遗迹及珍稀动植物资源，形成以求知、探索为宗旨，内容、形式丰富多彩，既满足专业人员需求又符合大众游客愿望的桂南地区地质公园科普考察旅游产品特色。

4. 文化体验旅游产品

文化体验旅游产品开发是对 UNESCO 强调的地质公园"加强居民对居住地区的认同感和促进当地的文化复兴"重要作用的响应，也是桂南地区地质公园旅游全方位、多元化发展的重要方向。

由宗教文化体验游、南珠文化体验游、疍家文化体验游、客家文化体验游、历史文化体验游、节事文化体验游6种类型构成的文化体验旅游产品体系以桂南地区8个地质公园和具有地质公园性质的风景名胜区为依托，涵盖了包括国家级文物保护单位涠洲岛盛塘村天主教堂、城仔圣母堂、白龙古炮台群，道教第二十、二十二洞天都峤山、勾漏洞，以及广西重点打造的"海上丝绸之路"和南宁国际民歌艺术节等特色文化资源，丰富了地质公园的人文内涵，其良好的互动性与体验性弥补了地质遗迹静态观光的不足，充分体现桂南地区地质公园的综合公园属性和独特魅力。

五、桂南地区地质公园特色旅游线路

桂南地区地质公园特色旅游线路设计，首先体现主题突出的理念，将性质相近或形式上有内在联系的地质公园有机串联在一起，深入发掘其美学、科学价值和文化底蕴，形成自身的鲜明特色；其次，形成整体竞争与区域联动，以高速公路、高速铁路为纽带，将桂南地区9个拟建地质公园、2个已建国家地质公园和9个具有地质公园性质的自然保护区（森林公园、风景名胜区）等串联成网络，并与该区乃至广西旅游业的发展相衔接，共同形成桂南地区大旅游、大发展的格局。基于上述思路，构筑北线岩溶洞穴、北回归线之旅，东线丹霞洞天、温泉仙境之旅，南线火山海岛、滨海风情之旅，西线高山森林、跨国瀑布之旅4条骨干地质公园特色旅游线路，形成遍布南北、联通东西的桂南地区地质公园特色旅游线路网。

1. 北线（南宁—武鸣—马山）岩溶洞穴、北回归线之旅

依托渝湛高速公路（G050）、国道210线和相关省道，自南宁市经武鸣县至马山县，串联伊岭岩国家地质公园、大明山国家级自然保护区、金伦洞自治区级地质公园，发挥南宁核心城市的辐射和带动作用，形成以岩溶洞穴、北回归线之旅为特色的旅游线路。该线可沿中国主干道"五纵七横"计划的纵向干线渝湛高速公路，西北经河池对接广西精品旅游线路"广西世界长寿之乡休闲养生游"（巴马、凤山）后出广西接黔渝，东南经钦州、北海连广东，延伸成为省际旅游线路。

2. 东线（容县—北流—玉林—陆川—博白—浦北）丹霞洞天、温泉仙境之旅

依托国道 324 线、广昆高速公路（G80）和相关省道，洛湛铁路、黎湛铁路相关路段，自容县、北流市经玉林市至陆川县、博白县、浦北县，串联都峤山自治区级风景名胜区、勾漏洞自治区级风景名胜区、大容山自治区级森林公园、陆川温泉自治区级地质公园、宴石山自治区级风景名胜区、浦北五皇山国家地质公园，发挥临近广东的区位优势，形成以丹霞洞天、温泉仙境之旅为特色的旅游线路。该线路向北延伸可对接广西精品旅游线路"桂东祈福感恩游"（贵港、桂平），向东延伸可入粤成为省际旅游线路。

3. 南线（北海—钦州—防城港）火山海岛、滨海风情之旅

依托广西沿海城际铁路之钦北高铁、钦防高铁，广西沿海高速公路及相关国道、省道，北海至涠洲岛轮船航线，自北海市经钦州市至防城港市，串联北海涠洲岛火山国家（世界）地质公园、北海银滩国家地质公园、冠头岭国家森林公园、钦州三娘湾自治区级地质公园、钦州龙门群岛国家地质公园、防城港江山半岛国家地质公园，整合桂南地区最优质的地质遗迹资源和地质公园，形成以火山海岛、滨海风情之旅为特色的旅游线路。该线路向西延伸可对接广西精品旅游线路"北部湾休闲度假跨国游"（东兴、下龙）并入越南成为国际旅游线路，向东延伸可入粤成为省际旅游线路。

4. 西线（上思—崇左—大新）岩溶山地、跨国瀑布之旅

依托建设中的上思至大新高速公路，自上思县经崇左市至大新县，串联十万大山国家级自然保护区、弄岗国家级自然保护区、大新德天瀑布国家地质公园，发挥崇左"沿边近海连东盟"的区位优势和地缘优势，形成以岩溶山地、跨国瀑布之旅为特色的旅游线路。该线路向西延伸可对接广西精品旅游线路"中越边关探秘游"（靖西、那坡、凭祥、龙州），向南延伸入越南成为国际旅游线路。

第五节　桂东地区地质公园旅游产品开发

一、桂东地区地质公园建设现状

（1）已建地质公园

桂东地区目前拥有国家地质公园 1 处（桂平国家地质公园），在桂北、桂南、桂西、桂东 4 地区中位列最后，地质公园建设潜力巨大。

桂平国家地质公园成立于 2009 年，是第五批中国国家地质公园，该公园是国内为数不多的集丹霞地貌、喀斯特地貌、花岗岩地貌等多种地质遗迹类型于一体的国家地质公园，同时拥有与地质遗迹空间关系极为密切的优越的宗教文化、红色文化等人文资源，是广西知名度和旅游开发程度均较高的国家地质公园，在桂东地区旅游业发展中发挥着

支柱作用。

（2）具有地质公园性质的国家级自然保护区等

根据国务院《全国主体功能区规划》精神，国家地质公园与国家级自然保护区、国家级风景名胜区、国家森林公园等不能重复建设，那些以稀缺地质遗迹为主体的国家级、自治区级自然保护区等实际上具有地质公园性质，本书将其纳入桂东地区地质公园网络体系，构成该区地质公园特色旅游开发的重要组成部分，具体为梧州市藤县太平狮山国家森林公园（丹霞地貌）、贺州姑婆山国家森林公园（花岗岩地貌）、贺州大桂山国家森林公园（喀斯特地貌）、苍梧飞龙湖国家森林公园（瀑布景观）、昭平七冲国家级自然保护区（峡谷景观）等。

二、桂东地区地质公园建设备选名录

本着特色突出、品类齐全、级次有序、期次合理、分布相对均衡的原则，确定包括1个重点建设的世界地质公园、2个重点建设的国家地质公园、4个优先建设的自治区级地质公园的桂东地区地质公园建设备选名录，与该区1个已建国家地质公园和5个具有地质公园性质的自然保护区、森林公园等共同构成桂东地区地质公园网络体系，为地质公园特色旅游开发提供支撑。

1. 重点建设的世界地质公园备选名录

桂平世界地质公园

桂平西山的花岗岩地貌、白石山的丹霞地貌、大藤峡的岩溶地貌和峡谷地貌均是各自地质遗迹类型的典型代表，加之桂平西山李公祠、洗石庵、龙华寺，道教第二十一洞天白石山，大藤峡毛泽东题词等高品质的人文资源，桂平国家地质公园无论是在地质遗迹的地学价值和等级、与人文资源的契合度还是地质公园对地方经济社会发展的贡献等方面均具备申报世界地质公园的优越条件，申报桂平世界地质公园是桂东地区打造世界级旅游品牌和实现世界地质公园零的突破的关键所在。

2. 重点建设的国家地质公园备选名录

（1）贺州温泉国家地质公园

贺州是桂东地区温泉分布的富集区，温泉是该区的优势地质遗迹资源。南乡温泉群分布于贺州市南侧的南乡镇大汤村、西溪村、水楼村，为上升温泉群。温泉群的形成合浦——连山区域性大断裂控制，热水多出露与断裂交汇处，地下水沿断裂破碎带向深处循环，在一定深度受热增温升压，在静水压力作用下，沿断裂裂隙上升，以上升泉的形式出露地表。南乡温泉群分布范围集中，是桂东地区最优良的温泉源，泉口水流量达0.2立方米/秒，其水温最高可达73℃，大多属中高温温泉，出水量稳定，具备较好的开发利用和科学研究价值。以南乡温泉群为核心，整合具有400多年历史的壮族乡镇——南乡镇以及壮族温泉天体浴习俗等民族文化，申报贺州温泉国家地质公园。

（2）梧州石表山国家地质公园

位于藤县象棋镇道家村的石表山是桂东地区丹霞地貌的典型代表，出露的第三纪紫红色砂砾岩岩层平缓，受构造运动及风化、流水、坍塌作用，形成众多的峰林、石柱、石墙、石槽，以及丹崖绝壁和险峻幽深的额状岩廊等典型的丹霞地貌景观。石表山景区包括目前是国家 AAAA 级旅游景区和广西农业旅游示范点。整合石表山丹霞地貌、思罗河风景河段、低海拔云海日出等自然景观，以及石表山寨、田园风光古、道家村古村寨等人文景观申报梧州石表山国家地质公园。

3. 优先建设的自治区级地质公园备选名录

（1）贺州石林自治区级地质公园

贺州石林位于八步区黄田镇，是罕见的由白色粗晶大理岩经风化、溶蚀形成的"玉石林"，区别于常见的由石灰岩形成的石林。贺州石林的形成是由姑婆山燕山期花岗岩体侵入于古生代地层中，在泥盆系厚层灰岩的接触带上产生了蚀变大理岩化，形成白色粗晶大理岩。由于第四纪以来天气炎热多雨，沿着大理岩的垂直节理溶蚀风化，发育成喀斯特地貌形态，形成石林。许多历史文化名人在贺州石林留下痕迹，名人名言、趣闻轶事与本地客家山歌、民间艺术相辉交映，形成了丰富灿烂而独具特色的石林文化。以上稀缺的地质遗迹和人文资源，为申报贺州石林自治区级地质公园创造了优越的条件。

（2）贺州紫云洞自治区级地质公园

贺州紫云洞位于贺州市鹅塘镇栗木村，距市中心仅 4 公里，是桂东地区品质最好的岩溶洞穴。由于紫云洞 2003 年才开始对外开放，洞内石钟乳、石笋、石柱、石幕、石盾、石瀑布、边石坝等次生碳酸钙沉积物较之开发较早而风化严重的桂林溶洞保存更为完整，表面也更晶莹剔透，加之极为便利的交通条件，贺州紫云洞入选桂东地区优先建设的自治区级地质公园备选名录。

（3）贵港鹏山自治区级地质公园

鹏山位于贵港市南平县北部山区，地处大瑶山南麓，是广西罕见和桂东地区唯一的砂岩峰林地貌。鹏山最高峰黄婆抱孙山是贵港第一高峰，大西山、阆石山、罗恒峰等其他山峰均是桂东地区的高山。以鹏山高品质的砂岩峰林地貌为核心，捆绑整合南汉状元梁嵩故乡、太平天国发祥地、广西农运中心等人文资源申报贵港鹏山自治区级地质公园，目标是国家地质公园。

（4）梧州蒙山自治区级地质公园

整合蒙山县城周边的龙潭瀑布、天书峡谷、梁羽生公园等自然和人文资源，以 2014 年蒙山县入选广西特色旅游名县为契机，申报贵港蒙山自治区级地质公园。

三、桂东地区地质公园旅游产品体系

充分利用桂东地区地质遗迹资源以及相关自然和人文资源的优势，依托该区地质公园建设备选名录中的 6 个拟建地质公园、1 个已建国家地质公园和 5 个具有地质公园性质的自然保护区、森林公园等，针对不同客源市场的需要，实施全方位的地质公园特色旅游产品开发，满足旅游者多元化、个性化的旅游需求，构建由地质奇观观光游、休闲度假游、科普考察游、文化体验游组成的桂东地区地质公园特色旅游产品体系（表 6-5）。充分展示桂东地区地质公园以稀缺地质遗迹资源为特色，并包含深厚人文底蕴的综合性公园属性。

表 6-5　桂东地区地质公园特色旅游产品体系

	地质公园旅游产品	依托地质公园*	核心吸引物
地质奇观观光旅游	花岗岩地貌奇观观光游	桂平地质公园	桂平西山
		姑婆山森林公园	贺州姑婆山
	丹霞地貌奇观观光游	桂平地质公园	桂平白石山
		太平狮山森林公园	藤县太平狮山
		石表山地质公园	藤县石表山
	砂岩峰林地貌奇观观光游	鹏山地质公园	南平鹏山
	喀斯特地貌奇观观光游	贺州石林地质公园	贺州玉石林
		贺州紫云洞地质公园	贺州紫云洞
		贺州大桂山森林公园	贺州大桂山
	峡谷奇观观光游	桂平地质公园	桂平大藤峡
		昭平七冲自然保护区	昭平七冲峡谷
		蒙山地质公园	蒙山天书峡谷
	瀑布奇观观光游	蒙山地质公园	龙潭瀑布
		苍梧飞龙湖森林公园	皇殿梯级瀑布群
休闲度假旅游	山地休闲度假游	鹏山地质公园	南平鹏山
		桂平地质公园	桂平西山、白石山
		姑婆山森林公园	贺州姑婆山
		太平狮山森林公园	藤县太平狮山
		贺州大桂山森林公园	贺州大桂山
	温泉休闲度假游	贺州温泉国家地质公园	贺州南乡温泉
科普考察旅游	丹霞地貌科考游	桂平地质公园	桂平白石山
		太平狮山森林公园	藤县太平狮山
		石表山地质公园	藤县石表山
	砂岩峰林地貌科考游	鹏山地质公园	南平鹏山
	岩溶洞穴科考游	贺州紫云洞地质公园	贺州紫云洞
	花岗岩山地科考游	钦州五皇山地质公园	五皇山花岗岩体
		桂平地质公园	桂平西山
		姑婆山森林公园	贺州姑婆山

续表

地质公园旅游产品		依托地质公园*	核心吸引物
文化体验旅游	宗教文化体验游	桂平地质公园	西山李公祠、洗石庵、龙华寺，白石山道教第二十一洞天
	名人文化体验游	蒙山地质公园	梁羽生
		贵港鹏山地质公园	南汉状元梁嵩
	民族文化体验游	贺州温泉地质公园	南乡壮族文化
	客家文化体验游	贺州石林地质公园	贺州客家
	历史文化体验游	桂平地质公园	太平天国起义

＊含具有地质公园性质的自然保护区、风景名胜区、森林公园等。

第七章 广西地质遗迹保护与地质公园管理创新

地质遗迹保护和地质公园管理是地质公园建设及特色旅游开发的基础与根本保障。首先，地质遗迹保护绝非单一的保护，而是保护与开发的集成，两者相互依存，互为促进，体现了地质公园"在保护中开发，在开发中保护"的核心理念。因此，广西地质遗迹保护创新将从国际和国内地质遗迹保护的发展轨迹分析入手，在广西地质遗迹保护现状分析的基础上，提出地质遗迹保护的实施步骤和优选模式；其次，法律体系的完善是地质公园管理实现的根基，管理模式的构建是地质公园管理实现的措施保障。鉴于此，广西地质公园管理创新主要从地质遗迹管理法律体系完善、地质公园管理模式创新两方面展开。

第一节 广西地质遗迹保护的宏观背景分析

广西地质公园保护集成研究应在世界地质遗迹保护的宏观背景下进行。本节通过国际、国内地质遗迹保护发展阶段的划分，把握世界地质遗迹保护的发展轨迹和趋势；基于中国地质遗迹保护管理现状的分析，提出我国地质遗迹保护的若干建议。为地质遗迹保护实施步骤与优选模式的确定和广西地质遗迹保护备选名录的提出奠定基础。

一、国际地质遗迹保护的发展

人类对地质遗迹的探索和研究由来已久，近代科学的发展尤其是随矿业兴起而出现的现代地质学，使地质遗迹的研究走向深入，地质遗迹的价值逐渐得到认识，其保护得到国际学术组织和各国政府越来越广泛的重视。国际地质遗迹保护的发展经历了从自发走向自觉、从分散走向联合、从国家走向世界三个阶段。

1. 第一阶段——从自发走向自觉

1872 年，美国为了保护间歇性喷泉等独特的地质遗迹及生物多样性，率先建立起世界上第一个国家公园——黄石公园，并逐渐完善和形成了一整套行之有效的国家公园管理体制，以后又陆续建立起大峡谷、卡尔斯巴德、夏威夷火山、猛玛洞、约瑟买特和大沼泽地等 380 个国家公园，其中 160 个有重要的地质遗迹。随后，遍布各大洲的百余个国家和地区相继建立了近 2000 个国家公园，这些国家公园中有相当部分包含地质遗迹，甚至是以其为核心内容建立的，如加拿大的阿尔伯特恐龙国家公园和冰川国际和平公园，澳大利亚的大堡礁、鳌鱼湾等国家公园，印度的恒河三角洲、南达德山国家公园，印尼的爪哇人遗址国家公园，日本的白神山地和屋欠岛国家公园，肯尼亚的奥英谷古猿化石遗址国家公园等。国家公园的建立对于地质科学从象牙之塔的科学圣殿走向寻常百姓，保护有价值的地学遗产发挥了一定作用，也使人类对地质遗迹的保护由自发上升为自觉的行动，由分散的社会努力上升为国家行为，但未能形成全面科学系统的规划，对其中的地球科学内涵也未能充分地展示，只产生了局部影响和效果。

2. 第二阶段——从分散走向联合

该阶段表现为地质遗迹的保护已由各国分散行动变为国际组织发起和推动的全球性行动。联合国教科文组织地球科学部（UNESCO Division of Earth Science）、国际地质科学联合会（International Union of Geological Sciences）、国际地理联合会（International Geographical Union）等国际学术组织成为推动这一工作的中坚。

从 20 世纪中叶到 90 年代前半期，UNESCO 开始发挥重要作用，开始实施地质遗迹保护工作的全球协调行动。1948 年 UNESOO 在巴黎创立了世界保护联盟（IUCN），设立了"国家公园与自然保护专业委员会"（CIVPPA/ IUCN），制定了国家公园标准，正式纳入了以优美的地学景观保护促进科学发展的内容。1972 年 UNESCO 又通过了"世界自然和文化遗产保护公约"，着手建立自然与文化遗产名录，并把一批含重要地质遗迹的公园、名胜纳入其中，但遗憾的是在目前已列入的世界遗产地中，具重要地学遗迹的为数不多，依靠进入世界自然和文化遗产名录难以独立担负起保护地球遗产的重任。1991 年 6 月，来自 30 多个国家的 150 余位地球科学家在法国迪涅通过了《地球记忆权国际宣言》（*International Declaration of the Rights of the Memory of the Earth*），宣言指出，地球的历史和人类的历史一样重要，号召全人类行动起来，珍惜和保护地球演化历史的见证——地质遗迹。国际地科联地质遗产工作组也推动了各国 Geosites 的登录。各国纷纷响应，开始建立各级地质遗迹保护区。地质遗迹保护区的建立，对地质遗迹的保护起到了较好的作用，但由于保护工作与合理开发彼此脱节，难以成为各地方政府参与和居民支持的影响广泛的行动（Eder，1999）。

3. 第三阶段——从国家走向世界

该阶段以 UNESCO 推动世界地质公园网络建设为特征。地质遗迹保护尽管得到了社会和国家越来越多的关注，但保护区不菲的保护费用和对区内资源开发的限制，增加了保护的难度。1996 年 8 月，在北京召开的第 30 届国际地质大会上，法国的马丁尼（Guy Martini）和希腊的佐罗斯（Nickolus Zoulos）基于"以发展地质旅游开发来促进地质遗迹保护，以地质遗迹保护来支持地质旅游开发"的全新理念，提出建立欧洲地质公园（Eurogeopark）的倡议，并得到欧盟组织的支持，被纳入 Leader Ⅱ Programme，由法国、西班牙、希腊、爱尔兰、英国、德国的 10 个公园组成了欧洲地质公园网络（赵汀，2002），欧洲地质公园走出了建立国际性的世界地质公园的第一步（Eder，1999），为地质公园走向国际积累了经验（UNESCO European geoparks network，2002）。1998 年 11 月，联合国教科文组织第 29 届全体会议上通过了"创建独特地质特征的地质遗迹全球网络"的决议。1999 年 3 月，第 156 次联合国教科文组织执行局会议上，正式通过了"世界地质公园计划"（UNESCO Geopark Programme）议程，该计划将密切与联合国教科文组织世界遗产中心（UNESCO World Heritage Centre）和"人与生物圈计划"（MAB）进行合作，以弥补上述计划在地质遗迹保护方面的不足。世界地质公园计划每年将在全球建立约20处世界地质公园，最终实现500处世界地质公园的远景目标。2002年5月，UNESCO发布《世界地质公园网络工作指南》（*Operational Guidelines of UNESCO Netework of Geoparks*），并成立了国际地质公园专家组（International Geopark ExpertGroup），开始启动世界地质公园申报工作。2003年12月，UNESCO和中国的国土资源部联合组建了世界地质公园网络办公室，世界地质公园网络建设进入了实施阶段。2004年6月，首届世界地质公园大会在中国北京召开，制定和通过了《世界地质公园大会》章程并发表了保护地质遗迹《北京宣言》，会议极大地推动了世界各国的地质遗迹保护事业，成为地质公园发展的重要里程碑。至2015年9月，UNESCO支持的世界地质公园网络GGN共有120个成员，分布在全球33个国家，其中中国和欧洲是拥有世界地质公园最多的国家和地区。

二、中国的地质遗迹保护

1. 中国地质遗迹保护的发展轨迹

我国对地质遗迹保护工作十分重视，本书根据地质遗迹受保护的属性，从时间上，将我国地质遗迹保护划分为从属保护、独立保护、保护与开发协调三个发展阶段（图7-1）。

（1）第一阶段——从属保护阶段

第一阶段为20世纪70年代末期至80年代中期。该发展阶段的主要特征为地质遗迹的保护主要依托其他类型保护地来完成的，地质遗迹仅作为其他类型自然保护区中保护内容的一部分，最主要的保护形式为自然保护区，其次为风景名胜区、森林公园、文物保护单位等。该阶段中，地质遗迹的保护价值得到了一定的重视并上升为国家行为，地质遗迹成为各类保护地的保护内容之一，但从属保护的属性使得大量有价值的地质遗迹未获保护，即便是进入各类保护地的地质遗迹，所获保护也相当有限。

（2）第二阶段——独立保护阶段

第二阶段为20世纪80年代末期至90年代末期。1987年原地质矿产部颁布了《关于建立地质自然保护区的规定》，标志着我国地质遗迹的保护进入了建立独立保护区的阶段。1995年，地质矿产部颁布了《地质遗迹保护管理规定》，首次提出地质遗迹保护区的概念。地质遗迹保护区是地质自然保护区的延伸和发展，标志着地质遗迹作为一项专门的保护内容，其价值得到了更充分的肯定，《规定》的颁布使我国地质遗迹保护工作得到了较快的发展，现已建立地质遗迹保护区400处，其中国家级30余处。该阶段中，地质遗迹的保护价值得到了进一步的重视，对一些有价值的地质遗迹建立了地质遗迹保护区或地质自然保护区，实施独立的保护，但由于完全依赖国家有限的保护经费，地质遗迹的保护仍具有一定的局限性。

（3）第三阶段——保护与开发协调阶段

第三阶段为20世纪90年代末至今。1998年国土资源部在制定《十年地质遗迹保护规划》中，正式提出建立国家地质公园。1999年11月，国土资源部在威海召开会议，通过《未来十年的地质遗迹保护规划》，同时决定建立中国国家地质公园。2000年8月

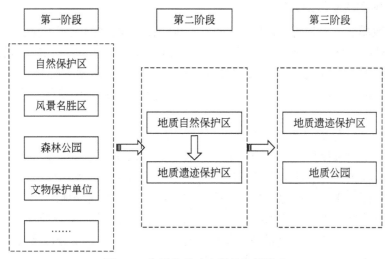

图7-1　我国地质遗迹保护发展轨迹

国土资源部正式成立了国家地质遗迹保护（地质公园）领导小组和国家地质遗迹（地质公园）评审委员会，同年9月，国土资源部办公厅下发《关于申报国家地质公园的通知》（国土资发〔2010〕77号），国家地质公园评选办法等系列文件应运而生。我国国家地质公园建设的全面启动，标志着我国地质遗迹的保护理念从单一的保护到"在保护中开发、在开发中保护"的发展。我国是世界上唯一一个由政府组织实施国家地质公园建设，并向联合国教科文组织申报世界地质公园的国家（赵逊，2003），截至2015年9月中国共有185处国家地质公园获得国土资源部批准命名，拥有安徽黄山、江西庐山、河南云台山、云南石林、广东丹霞山、湖南张家界、黑龙江五大连池、河南嵩山、浙江雁荡山、福建泰宁、内蒙古克什克腾、四川兴文石海、山东泰山、河南王屋山–黛眉山、雷琼、北京房山、黑龙江镜泊湖、河南伏牛山、江西龙虎山、四川自贡、内蒙古阿拉善沙漠、陕西秦岭终南山、广西乐业–凤山、福建宁德、香港、安徽天柱山、江西三清山、湖北神农架、北京延庆、青海昆仑山、甘肃敦煌、云南苍山、贵州织金洞33个世界地质公园，占全球世界地质公园总数的1/3，成为拥有世界地质公园最多的国家。我国国土资源部组织的国家地质公园评审、建设和世界地质公园申报以及成功举办首届世界地质公园大会，为联合国教科文组织世界地质公园计划的推广和发展做出了巨大的贡献（Zhao et al.，2002）。

人类在探索自然历史的过程中逐渐认识到保护地球遗迹的重要性，而地质遗迹有效保护的关键是协调好保护与开发的关系。国际、国内地质遗迹保护的发展体现出保护理念上的转变和由此带来的保护形式的演进。通过适度的旅游开发，地质公园将地质遗迹保护与支撑地方经济可持续发展和扩大当地居民就业紧密结合起来，并在广泛开展地质科学研究，推动各国间的交流与合作等方面发挥了重要作用（后立胜，2003），加之国家地质公园尤其是与世界遗产相当的世界地质公园巨大的品牌效应，地质公园建设得到了地方政府和当地居民的广泛认可和积极参与，成为保护地质遗迹的最佳途径。

2. 中国地质遗迹保护管理

我国《地质遗迹保护管理规定》指出，地质遗迹是国家的宝贵财富，地质遗迹的保护是环境保护的一部分，应实行"积极保护、合理开发"的原则，由国务院地质矿产行政主管部门在国务院环境保护行政主管部门协助下，对全国地质遗迹保护实施监督管理。对具有国际、国内和区域性典型意义的地质遗迹，应建立国家级、省级、县级地质遗迹保护区予以保护。

（1）地质遗迹保护区的等级划分

国家级地质遗迹保护区：能为一个大区域甚至全球演化过程中某一重大地质历史事件或演化阶段提供重要地质证据的地质遗迹；具有国际或国内大区域地层（构造）对比意义的典型剖面、化石及产地；具有国际或国内典型地学意义的地质景观或现象。

省级地质遗迹保护区：能为区域地质历史演化阶段提供重要地质证据的地质遗迹；有区域地层（构造）对比意义的典型剖面、化石及产地；在地学分区及分类上，具有代表性或较高历史、文化、旅游价值的地质景观。

县级地质遗迹保护区：在本县的范围内具有科学研究价值的典型剖面、化石及产地；在小区域内具有特色的地质景观或地质现象。

（2）地质遗迹保护区的申报和审批

国家级地质遗迹保护区：由国务院国土资源行政主管部门或地质遗迹所在地的省、自治区、直辖市人民政府提出申请，经国家级自然保护区评审委员会评审后，由国务院环境保护行政主管部门审查并签署意见，报国务院批准、公布。对拟列入世界自然遗产名册的国家级地质遗迹保护区，由国务院地质矿产行政主管部门向国务院有关行政主管部门申报。

省级地质遗迹保护区：由地质遗迹所在地的市（地）、县（市）人民政府或同级国土资源行政主管部门提出申请，经省级自然保护区评审委员会评审后，由省、自治区、直辖市人民政府环境保护行政主管部门审查并签署意见，报省、自治区、直辖市人民政府批准、公布。

县级地质遗迹保护区：由地质遗迹所在地的县级人民政府国土资源行政主管部门提出申请，经县级自然保护区评审委员会评审后，由县（市）人民政府环境保护行政主管部门审查并签署意见，报县（市）人民政府批准、公布。

跨两个以上行政区域的地质遗迹保护区：由有关行政区域的人民政府或同级国土资源行政主管部门协商一致后提出申请，按照前三款规定的程序审批。

（3）地质遗迹保护区保护级别划分

对地质遗迹保护区内的地质遗迹可分别实施一级保护、二级保护和三级保护。

一级保护：对国际或国内具有极为罕见和重要科学价值的地质遗迹实施一级保护，非经批准不得入内。经设立该级地质遗迹保护区的人民政府国土资源行政主管部门批准，可组织进行参观、科研或国际间交往。

二级保护：对大区域范围内具有重要科学价值的地质遗迹实施二级保护。经设立该级地质遗迹保护区的人民政府国土资源行政主管部门批准，可有组织地进行科研、教学、学术交流及适当的旅游活动。

三级保护：对具有一定价值的地质遗迹实施三级保护。经设立该级地质遗迹保护区的人民政府国土资源行政主管部门批准，可组织开展旅游活动。

（4）地质遗迹保护区的管理

1）国务院国土资源行政主管部门拟订国家地质遗迹保护区发展规划，经国务院环境保护行政主管部门审查签署意见，由国务院计划部门综合平衡后报国务院批准实施。县级以上人民政府国土资源行政主管部门拟订本辖区内地质遗迹保护区发展规划，经同级环境行政主管部门审查签署意见，由同级计划部门综合平衡后报同级人民政府批准实施。

2）建立地质遗迹保护区应当兼顾保护对象的完整性及当地经济建设和群众生产、生活的需要。

3）地质遗迹保护区的范围和界限由批准建立该保护区的人民政府确定、埋设固定标志并发布公告。未经原审批机关批准，任何单位和个人不得擅自移动、变更碑石、界标。

4）地质遗迹保护区的管理形式：对于独立存在的地质遗迹保护区，保护区所在地人民政府地质矿产行政主管部门应对其进行管理；对于分布在其他类型自然保护区的地质遗迹保护区，保护区所在地的地质矿产行政主管部门，应根据地质遗迹保护区审批机关提出的保护要求，在原自然保护区管理机构的协助下，对地质遗迹保护区实施管理。

5）地质遗迹保护区管理机构的主要职责：贯彻执行国家有关地质遗迹保护的方针、政策和法律、法规；制定管理制度，管理在保护区内从事的各项活动，包括开展有关科研、教学、旅游等活动；对保护的内容进行监测、维护，防止遗迹被破坏；开展地质遗迹保护的宣传、教育活动。

6）任何单位和个人不得在保护区内及可能对地质遗迹造成影响的一定范围内进行采石、取土、开矿、放牧、砍伐以及其他对保护对象有损害的活动。未经管理机构批准，不得在保护区范围内采集标本和化石。

7）不得在保护区内修建与地质遗迹保护无关的厂房或其他建筑设施；对已建成并可能对地质遗迹造成污染或破坏的设施，应限期治理或停业外迁。

8）管理机构可根据地质遗迹的保护程度，批准单位或个人在保护区范围内从事科研、教学及旅游活动。所取得的科研成果应向地质遗迹保护管理机构提交副本存档。

（5）法律责任

有下列行为之一者，地质遗迹保护区管理机构可根据《中华人民共和国自然保护区条例》的有关规定，视不同情节，分别给予警告、罚款、没收非法所得，并责令赔偿损失：擅自移动和破坏碑石、界标；进行采石、取土、开矿、放牧、砍伐以及采集标本、化石；对地质遗迹造成污染和破坏；不服从保护区管理机构管理以及从事科研活动未向管理单位提交研究成果副本。

对管理人员玩忽职守、监守自盗、破坏遗迹者，上级行政主管部门应给予行政处分，构成犯罪的依法追究刑事责任。当事人对行政处罚决定不服的，可以提起行政复议和行政诉讼。

3. 我国地质遗迹保护存在的若干问题和建议

尽管我国在地质遗迹保护尤其是地质公园建设上取得了举世瞩目的成就，但仍然存在很多问题需要进一步的研究和解决。

（1）明确地质公园和地质遗迹保护区的功能

我国在地质遗迹保护的三个发展阶段出台的一系列试行规定中，相继提出了地质自然保护区、地质遗迹保护区和地质公园等概念，目前最新的地质遗迹保护法规是1995年原地质矿产部颁布的《地质遗迹保护管理规定》（试行），将"地质遗迹保护区、地质遗迹保护段、地质遗迹保护点或地质公园，统称地质遗迹保护区"，没有将地质遗迹保护区和地质公园区分开来，随着地质公园建设的逐步推行和体系的日益完善，尤其是"在保护中开发，在开发中保护"原则的确定，国家主管部门有必要从保护功能和保护对象的资源条件上，将地质遗迹保护区和地质公园明确区分开来，指出地质遗迹保护区是针对具有较高地学价值的地质遗迹实施的专门保护，而地质公园则是针对兼具地学和美学价值的地质遗迹实施的保护和开发相结合的保护形式，避免因概念上的交叉导致的保护方式选择、范围圈定和功能实现上的混乱。

地质遗迹保护区和地质公园的异同见表7-1。明确地质遗迹保护形式的异同和各自的特色，将有助于地质遗迹有效保护和合理开发的具体实施。

表7-1　地质遗迹保护区和地质公园的异同

	项目	地质遗迹保护区	地质公园
相同	保护对象	地质遗迹	地质遗迹
	管理部门	国土资源部	国土资源部
不同	资源条件	地学价值	地学价值+美学价值
	功能定位	单一保护	在保护中开发，在开发中保护
	经费来源	国家	地方政府和公园自身
	审批单位	国家环保总局	国土资源部

（2）加大区域性地质遗迹资源调查、评价和保护规划工作的力度

目前已批准的国家地质公园和地质遗迹保护区的覆盖面和影响力均不够。已批准的国家地质公园在分布区域上南方多于北方，东部多于西部，未做到每一个省市的全面覆盖，且主要集中于古生物化石产地，丹霞地貌、岩溶地貌和火山地貌等有限的地质遗迹类型，同时，省级地质公园的评审和建设严重滞后于国家地质公园。其根本致因在于区域性尤其是省域范围的地质遗迹调查评价工作在很多地区尚未开展，缺乏对地质遗迹资源的分布、数量、类型、等级等的全面把握和合理规划。因此，亟待完成全国各省区，尤其是西部地区地质遗迹系统调查和保护规划工作，在此基础上，编写全国性的科学、系统、完整、翔实的地质遗迹调查、评价和保护规划研究报告，建立科学的分类分级系统和完善的国家地质遗迹数据库，为地质遗迹的科学保护和合理利用服务。

（3）推动大区域宏观背景下多学科交叉的地质遗迹保护研究

目前我国地质遗迹保护和地质公园建设研究多以局部地区的某一类地质遗迹或地质

公园为对象，从而使获取的研究成果的代表性存在一定局限。深入的宏观尺度研究成果的匮乏，制约了我国地质遗迹保护研究的发展，也使我国省域范围的地质遗迹保护与地质公园建设缺少科学指导和理论支持。基于此，应加强宏观大区域背景下以地质学、地理学为核心，以系统科学为指导，并与旅游学、环境学、经济学、管理学等多学科交叉的全方位的地质遗迹保护系统研究，使地质遗迹保护和地质公园建设研究成为地球科学研究体系中的一个重要组成部分。

（4）实施地质遗迹资源资产化管理

把地质遗迹资源看成是国有资产的重要组成部分，并对其实行资产化管理，是促进地质遗迹资源有效保护，实现地质遗迹资源开发的经济、社会和环境效益的重要管理手段。走地质遗迹资源资产化管理之路，首先要明晰地质遗迹资源产权的归属，实行所有权、管理权和经营权的分离，促进国家地质遗迹资源的所有权在经济上的实现；其次要把地质遗迹资源纳入国民经济核算体系，使地质遗迹资源的价值得以反映和补偿；最后要推动地质遗迹资源产权进入市场经济运行体制，从而夯实地质遗迹资源保护的基础（郑敏，2003）。

（5）加强地质遗迹保护的法规建设

我国地质遗迹资源的保护、管理与监督，还处于探索与建设过程，各项规章制度和法规的建设亟待健全与完善。目前除原地质矿产部颁布的《地质遗迹保护管理规定》和《关于建立地质自然保护区的规定》（试行）以及国土资源部颁布的《关于加强古生物化石保护的通知》外，仍无其他法规、政策出台。随着地质遗迹资源开发利用广度和深度的加强，原来的政策、规定已难以适应新形势下地质遗迹资源管理工作的需要。

对地质遗迹保护应有更加明确的法律依据和强有力的实施措施，形成不同级别的法制体系，使地质遗迹保护区和地质公园建设有法可依，各部门可以严格执法。为了便于操作和管理，各级主管部门应有适合本地区可操作性强的行政规章出台。地质遗迹的管理，国土、建设、森林、旅游、水利等部门都在某些方面具有管理职能，要在立法上避免冲突，管理上相互协调，形成各负其责、各司其职、齐抓共管、持续发展的局面。

（6）建立专门的地质遗迹（地质公园）规划、评估机构

建立各级地质遗迹（地质公园）规划评估机构，由国土资源职能部门对其进行考核，审定其资质和承担的业务范围，规范地质遗迹（地质公园）规划、评估行为，促进地质遗迹（地质公园）规划、评估和咨询业的良性发展。

第二节　广西地质遗迹保护现状分析

本节选取广西地质遗迹保护开发程度相对较高的桂西地区为典型区域，通过对桂西地区144处重要地质遗迹的保护属性、级别、数量分析以及地质遗迹保护与开发协调性分析，体现广西地质遗迹保护现状（表7-2）。

一、地质遗迹保护属性、级别、数量分析

1. 保护属性分析

根据保护属性划分，桂西地区地质遗迹保护主要有两种途径：一是独立保护，即建立专门的地质遗迹保护区或地质公园；二是从属保护，即作为其他保护区的保护内容。桂西地区目前已保护的地质遗迹大多为从属保护，共38个，占该区重要地质遗迹总数的23.5%。从属保护的地质遗迹大多数位于自然保护区内，占11.1%；其次为风景名胜区，占6.8%，位于森林公园和文物保护单位中的地质遗迹较少，分别占2.5%、3.1%。独立保护的地质遗迹14个，仅占8.6%，位于乐业–风山世界地质公园、都安国家地质公园、罗城国家地质公园内。仅以从属性质对地质遗迹进行保护显然与广西地质遗迹资源大省的地位不相适宜。

表7-2 桂西地区地质遗迹保护开发现状

属性	形式	级别	地质遗迹	协调类型	数量/个
独立保护	地质公园	世界级	凤山县三门海岩溶洞穴群、坡心水源洞天坑群、天生桥群、穿龙岩、鸳鸯洞；乐业县黄猄洞天坑、穿洞天坑、大石围天坑、罗妹莲花洞	趋于协调型	9
		国家级	宜州市水上石林；都安县地苏地下河；罗城县怀群峰林、武阳江、剑江		5
从属保护	风景名胜区	国家级	乐业县黄猄洞天坑；靖西县通灵大峡谷瀑布	开发为主保护为辅型	11
		自治区级	金城江区珍珠岩、姆洛甲峡谷；大化县七百弄峰丛洼地、红水河、白龙洞；宜州市下枧河、古龙河；凤山县三门海岩溶洞穴群；右江区澄碧湖		
	森林公园	国家级	乐业县黄猄洞天坑、五台山		4
		自治区级	右江区澄碧湖；田东县龙须河		
	自然保护区	国家级	环江县木伦峰丛；罗城县九万大山；乐业县布柳河峡谷	单一保护型	18
		自治区级	金城江区龙江；南丹县罗富泥盆纪地质标准剖面；环江县中洲河、大环江、小环江；罗城县武阳江、剑江；天峨县布柳河仙人桥、川洞河；乐业县黄猄洞天坑、布柳河峡谷；那坡县岩信石炭系枕状构造火山岩剖面；靖西县通灵大峡谷、古龙山峡谷群、三叠岭瀑布		
	文物保护区	国家级	东兰县列宁岩；那坡县感驮岩遗址		5
		自治区级	巴马县所略巨猿洞；南丹县莲花山；都安县桥楞隧洞		

属性	形式	级别	地质遗迹	协调类型	数量/个
未保护	旅游区		金城江区壮王湖、流水岩瀑布；大化县乌龙岭、岩滩湖、八十里画廊、岩滩水电站、百龙滩水电站；金城江区六甲水电站、下桥水电站；宜州市水上石林、仙女岩、三门岩、荔枝河、祥贝河、龙洲湾；天峨县六排冰峰洞、峨里湖、犀牛泉、龙滩水电站、龙滩大峡谷；凤山县石马湖、鸳鸯泉、坡心地下河、乔音河；南丹县里湖岩溶洞穴群、丹炉山、九龙壁、南丹温泉、白水滩瀑布、里湖地下河、大厂矿；东兰县天门山、月亮山、观音山、骆驼山；巴马县百魔洞、百鸟岩、弄中天坑群、柳羊洞、盘阳河、龙洪溪；都安县狮子岩、八仙古洞、澄江河；罗城县怀群峰林、怀群穿岩、老虎洞；乐业县百朗大峡谷；凌云县纳灵洞、石钟山；平果县白龙岩、归德岩、敢沫岩、堆圩光岩；平果县八蜂山、甘内、平治河、平果铝土矿；那坡县金龙洞、皇观洞；靖西县音泉洞、同德卧龙洞、大龙潭、渠洋湖、连镜湖、鹅泉、二郎瀑布、爱布瀑布群；德保县吉星岩；隆林县冷水瀑布、天生桥水电站；田阳县敢壮山、百东河、右江	单一开发型	74
			金城江区打狗河；南丹县八面山、奶头山；东兰县天门洞；巴马县赐福湖；都安县下巴山岩洞；环江县瑞良洞、龙潭瀑布；罗城县宝坛科马堤岩、含乐岩、雅乐仙洞、潮泉；右江区阳圩河；乐业县飞虎洞、迷魂洞；凌云县独秀峰、没六鱼洞、水源洞；平果县独石滩、布镜河；靖西县多吉洞、宾山、难滩河；德保县独秀峰、岜笔山、芳山；隆林县雪莲洞、蛮王瀑布；田林县三穿洞；田东县敢养岩；西林县八行水源岩、周邦洞群；田阳县坡洪感云洞、洞靖凉洞岩、金鱼岭、雷圩瀑布	保护开发双差型	36
总计					162

注：由于同一地质遗迹可能存在以不同的形式与以保护，故统计的地质遗迹有重复。

2. 保护级别分析

根据受保护的级别，桂西地区地质遗迹保护可划分为世界级、国家级、省级三类，世界级为进入联合国教科文组织世界地质公园网络的地质遗迹，国家级为进入国家地质公园、国家重点文物保护单位、国家风景名胜区、国家森林公园的地质遗迹，省级为进入自治区级风景名胜区、森林公园、文物保护单位的地质遗迹。桂西地区受世界级、国家级、省级保护的地质遗迹数量和所占比例分别为：9、5.6%，14、8.7%，29、17.9%，可见，即便是以从属保护为主，桂西地区地质遗迹的保护级别仍然较低。

3. 保护数量分析

桂西地区受保护的地质遗迹52个，仅占该区重要地质遗迹总数的32.1%，且存在重复保护现象，如乐业县黄猄洞天坑既属世界地质公园，又属国家风景名胜区、国家森林公园和自治区级自然保护区，凤山县三门海岩溶洞穴群既属世界地质公园又属自治区级风景名胜区，罗城县武阳江、剑江即属国家地质公园又属自治区级自然保护区等，反映出在从属保护占绝大多数的情况下，桂西地区地质遗迹受保护的数量仍然严重不足。

二、地质遗迹保护与开发协调性分析

参考地质遗迹保护和开发协调关系（彭永祥、吴成基，2004），将桂西地区地质遗迹划分为五种类型，按协调性由弱到强依次为：①保护开发双差型，指既未被列入各类保护地又未进行旅游开发的地质遗迹；②单一开发型，指位于旅游区内的地质遗迹；③单一保护型，指进入自然保护区和文物保护单位的地质遗迹；④开发为主保护为辅型，指进入风景名胜区和森林公园的地质遗迹；⑤保护开发趋于协调型，指进入地质公园的地质遗迹。通过地质遗迹保护与开发协调性分析，探讨导致广西滞后的地质遗迹保护现状的原因。

1. 保护开发双差型

保护开发双差型协调性最弱，是桂西地区目前主要的地质遗迹类型，数量为36个，占总数的22.2%，表明桂西地区地质遗迹有1/4无论是科学价值还是美学价值均未得到认可和重视，使其成为受人为和（或）自然破坏最严重的地质遗迹类型，尤其是岩溶洞穴类地质遗迹。

2. 单一开发型

单一开发型协调性较差，是桂西地区目前最主要的地质遗迹类型，数量为74个，占总数的45.7%，由于完全定位于旅游开发，仅注重开发地质遗迹的美学价值，科学性被掩盖起来，同时该类地质遗迹往往由于超载开发，出现较严重的保护问题。如巴马县盘阳河和百魔洞因旅游开发正受到严重破坏和污染。另外单一开发的级别极低，进入AAAAA级和AAAA级旅游区的地质遗迹极少，表明单一开发多是粗放型的低层次开发，既无法充分展现桂西地区地质遗迹极高的科学和美学价值，更无法实现有效的保护。

3. 单一保护型

单一保护型协调性较差，也是桂西地区目前次要的地质遗迹类型，数量为23个，占总数的14.2%。由于自然保护区和文物保护单位单一的保护性质使地质遗迹的保护完全依赖国家下拨的有限保护经费，再加上从属保护的属性，使得该类地质遗迹难以获得有效的保护，甚至遭受到一定的破坏。

4. 开发为主保护为辅型

开发为主保护为辅型协调性较好，是桂西地区目前数量较少的地质遗迹类型，仅15个，占总数的9.3%，由于风景名胜区和森林公园在开发的前提下兼具一定的保护功能，使得地质遗迹在开发为主的前提下到了一定的保护。

5. 保护开发趋于协调型

保护开发趋于协调型协调性最佳，却是桂西地区目前数量最少的地质遗迹类型，仅14个，占总数的8.6%，分别位于桂西地区的1处世界地质公园和3处国家地质公园内。

位于地质公园中的地质遗迹，多兼具较高美学价值和科学价值，由于"在保护中开发，在开发中保护"的定位，为地质遗迹实现保护与开发的协调发展奠定了基础。

总体视之，桂西地区地质遗迹的保护现状表现为从属保护、级别较低、数量较少，而保护与开发协调性差，是导致桂西地区滞后的地质遗迹保护现状的根本原因。桂西地区作为地质遗迹资源的科学价值和美学价值在我国均名列前茅的广西唯一拥有世界地质公园和国家地质公园分布最集中的区域，体现保护与开发最佳协调性的地质公园数量仍十分有限。可见，广西地质遗迹保护与开发的协调性总体较差，其滞后的地质遗迹保护与开发现状与优越的地质遗迹资源条件形成鲜明的对比，反映出广西地质遗迹保护开发的迫切性和艰巨性。

第三节　广西地质遗迹保护策略

地质遗迹保护是地质公园保护集成的核心内容，本节在广西地质遗迹保护的宏观背景分析、保护现状分析的基础上，确定地质遗迹保护的实施步骤，探讨地质公园、地质遗迹保护区与其他保护地相接合的复合型保护优选模式。

一、地质遗迹保护实施步骤

契合国内外地质遗迹保护的发展趋势，依据保护与开发各环节间的因承关系，确定广西地质遗迹保护与开发的六大步骤（图7-2）。该步骤的提出，进一步突出了保护与开发相协调的保护理念，并以此为主线将原本彼此分离的各个环节按照相互的因承关系串联起来，形成环环相扣的有机整体，使地质遗迹的保护更趋合理、有序。

步骤：确定保护类型。根据地质遗迹是否具有开发利用价值，将其划分为保护开发型和单一保护型两类，保护开发型地质遗迹兼具科学价值和美学价值，单一保护型地质遗迹仅具科学价值。保护开发型地质遗迹又再细分为独立开发型和捆绑开发型，前者具较高的美学价值，可独立进行旅游开发，后者整体美学价值不高，但周边有美学价值较高的地质遗迹可进行捆绑开发。首先根据是否具有开发利用价值确定地质遗迹的保护类型十分必要，它使得保护形式的确定有的放矢。

步骤二：确定保护形式。单一保护型地质遗迹通过建立地质遗迹保护区进行保护；开发保护型中独立开发型地质遗迹通过建立地质公园进行保护，捆绑开发型地质遗迹通过建立地质遗迹保护区进行保护（注意这个地质遗迹保护区不是独立的保护区，而是被周边地质公园所包含或者是将周边地质公园包含在内的地质遗迹保护区，详见下节地质遗迹保护优选模式）。根据地质遗迹是否具有开发价值，来确定其保护形式，将使那些具有较高的科学价值，但缺乏美学价值的地质遗迹得到有效的保护，同时使那些兼具科学价值和美学价值的地质遗迹实现"在保护中开发，在开发中保护"的良性循环。

步骤三：确定保护模式。根据不同的保护类型和形式，进行地质遗迹保护模式优选（具体模式见下节）。对于单一保护型地质遗迹保护区，采用一般模式一、二。对于保护开发型中独立开发的地质公园，采用最优模式五、优化模式三、一般模式一，对于捆绑开发的地质遗迹保护区，采用最优模式四、五。上述模式的确定，实现了地质公园和地

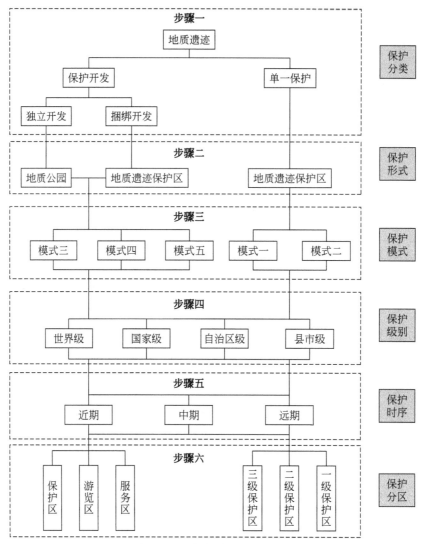

图 7-2　地质遗迹保护实施步骤

质遗迹保护区以及其他保护地的有机整合，最大限度地发挥了地质遗迹的资源价值，使地质遗迹的开发和保护相得益彰。

步骤四：确定保护级别。拟建地质公园的地质遗迹按《中国国家地质公园建设技术要求和工作指南》中世界级、国家级、自治区级（省级）、县市级地质遗迹的评价标准确定级别，拟建地质遗迹保护区的地质遗迹按《地质遗迹保护管理规定》中国家级、自治区级（省级）、县市级地质遗迹保护区（地质遗迹保护区没有世界级）的分级标准确定级别，再参照地质遗迹级别确定相应的保护级别。根据不同类型地质遗迹采用不同的评价标准，将使地质遗迹的评价更有针对性和合理性，避免了那些具有较高地学价值的地质遗迹由于采用地质公园的评价标准而使其科学价值无法完全体现，或者具有较高景观价值的地质遗迹由于采用地质遗迹保护区的评价标准而使其美学价值无法充分展示的弊端。

步骤五：确定保护时序。在地质遗迹的保护级别确定后，将每个级别的地质遗迹保护时序划分为近、中、远三期，近期1~5年，中期5~10年，远期10~15年，规划在15年的时间内，使广西大部分重要地质遗迹得到有效的保护。保护时序确定的原则是在同等级别的条件下优先保护：①已受较严重破坏的地质遗迹；②较易受到破坏的地质遗迹；③较易实施保护（如位于其他保护地范围内或交通较便利等）的地质遗迹。

步骤六：确定保护分区。在拟建的地质遗迹保护区内，根据《地质遗迹保护管理规定》中的标准划分一级保护区、二级保护区、三级保护区，分别相当于自然保护区中的核心区、缓冲区、实验区；在拟建的地质公园内，根据《中国国家地质公园建设技术要求和工作指南》中的标准划分保护区、游览区、服务区。在确定保护分区时应兼顾保护对象的完整性及当地经济建设和群众生活，在保证保护对象与内容完整性的前提下尽可能控制地质遗迹保护区中一级保护区和地质公园中保护区的范围。遵循积极保护、合理开发的原则，可在地质遗迹保护区的三级保护区开展教学、科研、科技咨询等活动，在地质公园的游览区和服务区有限制地进行旅游开发，协调好保护与开发的关系，形成良性循环，使地质遗迹发挥出最大经济、社会和环境效益。

二、地质遗迹保护模式优选

根据不同地质遗迹保护形式及其空间组合关系，提出5个地质遗迹保护开发模式，并优选为一般模式、优化模式和最优模式三大类型（图7-3）。

1. 一般模式

模式一：三种保护形式各自为阵、相互分隔，未能将资源价值进行有效的整合，是一种单一保护模式。

模式二：对其他保护地中的地质遗迹建立地质遗迹保护区进行保护，该模式考虑到了其他保护地和地质遗迹保护区的结合，但这两种保护形式均以单一保护为目的，未将有效保护和合理开发有机地结合起来，故仍是一种单一的保护模式。

2. 优化模式

模式三：对其他保护地中具有较高美学价值的地质遗迹通过建立地质公园的形式予以保护，该模式将单一保护或保护为主的各类保护地同协调保护与开发的地质公园相结合，是一种较理想的复合型保护模式，但由于地质公园套建于各类保护地中，存在着多头管理的弊端，如位于喀纳斯自然保护区中的喀纳斯国家地质公园。

3. 最优模式

模式四：该模式将地质遗迹保护区中具有观赏价值的地质遗迹划分出来，在保护区内套建地质公园，地质遗迹自然保护区和地质公园均由国土资源部门进行统一管理，经费来源上，既可获得国家地质遗迹保护经费，又可从地质公园的开发中获取资金，实现了保护与开发的完美结合，是一种十分理想的复合型保护开发模式。

模式五：该模式将地质公园中具有较高科学价值的地质遗迹划分出来，套建地质遗迹保护区，其优越性与模式四相同，也是一种十分理想的复合型保护开发模式。

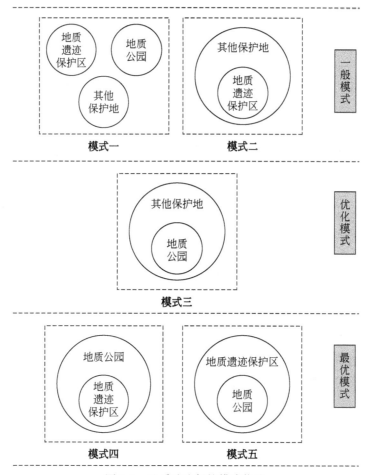

图 7-3　地质遗迹保护模式优选

目前地质遗迹的保护往往将地质公园和地质遗迹保护区这两种保护形式截然分割开来，也未能充分考虑到与自然保护区等其他保护地的相互关系，使地质遗迹的资源价值未能充分体现，优化模式尤其是最优模式的提出，是将地质公园与地质遗迹保护区以及其他保护地有机整合，以期实现资源共享、优势互补的全新尝试。

第四节　地质遗迹管理法律体系完善

完善的地质遗迹管理法律体系，是地质公园管理集成的基础，也是地质公园系统集成有效实现的保障。我国地质遗迹管理立法在国家、部门、地方三个立法层次上均明显滞后，全面完善地质遗迹管理的法律体系是实现地质遗迹资源可持续发展的必然要求。

一、地质遗迹管理的立法现状

我国地质遗迹管理的立法现状，可以分为两种情况：一是专门针对地质遗迹管理的立法，二是在其他法律、法规中与地质遗迹管理相关的法律规定。随着我国自然资源保护和管理法律体系的不断完善，地质遗迹管理已基本上形成了一个初步的法律、法规框架，主要由以下几个部分构成。

1. 地质遗迹管理的国家立法现状

国家立法在地质遗迹管理立法中层次和效力最高，但目前均无专门立法，例如：

《中华人民共和国宪法》是我国的基本大法，在宪法中规定国家保障自然资源的合理利用，保护珍贵的植物和动物，禁止任何组织或个人用任何手段侵占或者破坏自然资源（第九条）。

《中华人民共和国环境保护法》（1989年颁布实施）是环境保护领域的基本法律，环境保护法明确了包括地质遗迹在内的自然遗迹是环境的重要组成部分（第二条），规定各级人民政府对具有重大科学文化价值的地质构造、著名溶洞和化石分布区、冰川、火山、温泉等自然遗迹，应当采取措施加以保护，严禁破坏（第十七条）；在国务院、国务院有关主管部门和省、自治区、直辖市人民政府划定的风景名胜区、自然保护区和其他需要特别保护的区域内，不得建设污染环境的工业生产设施；建设其他设施，其污染物排放不得超过规定的排放标准。已经建成的设施，其污染物排放超过规定的排放标准的，限期治理（第十八条）；开发利用自然资源，必须采取措施保护生态环境（第十九条）。

《中华人民共和国刑法》中设立了"破坏环境资源保护罪"，规定凡违反国家有关环境保护规定，应负相应刑事责任（第六节）。

《中华人民共和国自然保护区条例》（1994年颁布实施）规定，具有重大科学文化价值的地质构造、著名溶洞、化石分布区、冰川、火山、温泉等自然遗迹应当建立自然保护区（第十条）；自然保护区可以分为核心区、缓冲区和实验区。自然保护区内保存完好的天然状态的生态系统以及珍稀、濒危动植物的集中分布地，应当划为核心区，禁止任何单位和个人进入；除依照该条例第二十七条的规定经批准外，也不允许进入从事科学研究活动。核心区外围可以划定一定面积的缓冲区，只准进入从事科学研究观测活动。缓冲区外围划为实验区，可以进入从事科学试验、教学实习、参观考察、旅游以及驯化、繁殖珍稀、濒危野生动植物等活动（第十八条）。国家对自然保护区实行综合管理与分部门管理相结合的管理体制，国务院环境保护行政主管部门负责全国自然保护区的综合管理，国务院林业、农业、地质矿产、水利、海洋等有关行政主管部门在各自的职责范围内，主管有关的自然保护区（第八条）。

《风景名胜区管理暂行条例》（1985年发布施行）规定，凡具有观赏、文化或科学价值，自然景物、人文景物比较集中，环境优美，具有一定规模和范围，可供人们游览、休息或进行科学、文化活动的地区，应当划为风景名胜区（第二条）。风景名胜区内的一切景物和自然环境，必须严格保护，不得破坏或随意改变（第八条）。

2. 地质遗迹管理的部门立法现状

部门立法是指由中国最高国家行政机关所属部门依法制定的相关法规。地质遗迹管理的部门立法多为专门立法。

我国最直接和最重要的地质遗迹管理的法规依据是 1995 年 5 月 4 日原地质矿产部颁布施行的《地质遗迹保护管理规定》（中华人民共和国地质矿产部令第 21 号），也是我国第一个关于地质遗迹管理的正式的综合性专门法规，它的颁布，是我国地质遗迹管理立法中的一个重要里程碑，结束了我国地质遗迹管理执法工作中的某些无法可依的局面。

《地质遗迹保护管理规定》明确指出：凡在中华人民共和国领域和其他管辖海域的各类地质遗迹管理，必须遵守该规定（第二条）。国务院地质矿产行政主管部门在国务院环境保护行政主管部门协助下，对全国地质遗迹保护实施监督管理（第六条）。对具有国际、国内和区域性典型意义的地质遗迹，可建立国家级、省级、县级地质遗迹保护区或地质公园（第八条）。对保护区内的地质遗迹可分别实施一级保护、二级保护和三级保护，对国际或国内具有极为罕见和重要科学价值的地质遗迹实施一级保护，非经批准不得入内。经设立该级地质遗迹保护区的人民政府地质矿产行政主管部门批准，可组织进行参观、科研或国际间交往。对大区域范围内具有重要科学价值的地质遗迹实施二级保护。经设立该级地质遗迹保护区的人民政府地质矿产行政主管部门批准，可有组织地进行科研、教学、学术交流及适当的旅游活动。对具有一定价值的地质遗迹实施三级保护。经设立该级地质遗迹保护区的人民政府地质矿产行政主管部门批准，可组织开展旅游活动（第十一条）。对于独立存在的地质遗迹保护区，保护区所在人民政府地质矿产行政主管部门应对其进行管理；对于分布在其他类型自然保护区内的地质遗迹保护区，保护区所在地的地质矿产行政主管部门，应根据地质遗迹保护区审批机关提出的保护要求，在原自然保护区管理机构的协助下，对地质遗迹保护区实施管理（第十五条）。

原地质矿产部 1987 年 7 月 17 日发布的《关于建立地质自然保护区的规定（试行）》对建立地质自然保护区的保护对象和条件，地质自然保护区的管理、科学考察与论证、呈报与审批等进行了规定，是《地质遗迹保护管理规定》制定的基础，也是目前实施地质遗迹管理的重要依据。

国土资源部 1999 年 4 月 9 日发布的《关于加强古生物化石保护的通知》（国土资发〔1999〕93 号）规定，凡在中华人民共和国境内及管辖海域发现的古生物化石都属国家所有，国土资源部对全国古生物化石实行统一监督管理（第一条）。未经许可，禁止任何单位和个人私自发掘、销售、出境重要古生物化石（第二条）。

3. 地质遗迹管理的地方立法现状

地质遗迹保护的地方立法多为相关立法。目前，全国各省（自治区、直辖市）都或多或少的有关于地质遗迹管理的地方立法，但是这些地方性立法没有形成完整的体系，有些地方立法完全是部门立法《地质遗迹保护管理规定》的翻版，没有突破。

各省（自治区、直辖市）根据国务院颁布的《中华人民共和国环境保护法》，《中华人民共和国矿产资源法》和原地质矿产部颁布的《地质遗迹保护管理规定》等有关法律、法规制定的《地质环境保护条例》是我国地质遗迹管理的主要地方立法。如 2006 年 3 月 30 日广西壮族自治区第十届人民代表大会常务委员会第十九次会议通过的《广西壮族自治区地质环境保护条例》中，参照《地质遗迹保护管理规定》对地质遗迹保护进行了规定，对地质遗迹造成破坏和（或）未经批准挖掘、采集、运输国家和自治区重点保护的地质遗迹的，由县级以上人民政府国土资源主管部门责令停止违法行为，限期恢复原状或者采取其他补救措施，没收违法所得，并可视情节处1万元以上5万元以下罚款。

此外，部分省（自治区、直辖市）制定的《世界遗产保护条例》《自然保护区管理办法》和《风景名胜区保护管理条例》，如《湖南省武陵源世界自然遗产保护条例》《四川省世界遗产保护条例》《云南省三江并流世界自然遗产地保护条例》《吉林省长白山国家级自然保护区管理条例》《黄山风景名胜区保护管理条例》等均含有地质遗迹管理的相关内容，但在目前地质遗迹管理的地方性立法中所占比例不大。

从上述内容看，目前法律法规中有关地质遗迹管理的规定大体表现出以下特点：首先，对地质遗迹管理的内容和实施部门做出了规定；其次，对实施地质遗迹管理的禁止行为作了规定。这些规定对地质遗迹的管理发挥了极大的作用，是现行地质遗迹管理法律框架的重要组成部分。

二、地质遗迹管理的立法缺陷

我国地质遗迹管理立法的现状体现出法律体系不健全、内容不全面、不易操作等特点，其立法上的缺陷给地质遗迹的保护、开发、监督和执法等管理工作带来难度。

1. 国家立法的缺陷

（1）《宪法》中的缺陷

我国《宪法》尽管在第九条中规定，国家保障自然资源的合理利用，禁止破坏自然资源，强调了保护珍贵的动物和植物，但却没有提到保护地质遗迹，这使得地质遗迹的管理缺乏来自宪法的充分支持。

（2）《环境保护法》中的缺陷

《环境保护法》是我国环境与资源保护法律体系中的基本法，而地质遗迹保护作为环境与资源保护的一个重要组成部分，在环境与资源保护的基本法中缺乏立法依据。尽管第二条中有自然遗迹是环境的重要组成部分的表述，并在第十七条中列举了自然遗迹中应当采取措施加以保护的地质遗迹内容，但"地质遗迹保护"这一概念始终未出现，根据我国立法惯例与体系，地质遗迹管理立法，无论是法律还是行政法规或规章，均缺乏基本法的依据。

2. 部门立法的缺陷

作为地质遗迹管理最主要的部门立法，原地质矿产部1995年出台的《地质遗迹保护管理规定》改变了地质遗迹的管理依赖相关立法的被动局面，着实让致力于发展地质遗迹管理立法的学者感到欣慰，然而遗憾的是《规定》中存在着不少缺陷，还远未达到全面穷尽地质遗迹管理法律所应协调的各种法律关系的境界。

首先，立法层次薄弱、法规效力不足。《地质遗迹保护管理规定》属于由中国最高国家行政机关所属部门（原地质矿产部）依法制定的部门行政法规，并未达到全国人大所颁布的法律的权威高度，在层次和效力上明显低于法律，也低于由国务院颁布的行政法规。因此，《地质遗迹保护管理规定》的法律效力不及《矿产资源法》《森林法》《野生动物保护法》等自然资源单行法律的效力，也不如由国务院颁布实施的《自然保护区管理条例》和《风景名胜区管理暂行条例》等行政法规的效力，因而其对地质遗迹管理决策和执行的支持力度及监督力度都大为减弱，这不能不说是地质遗迹管理立法的遗憾。

其次，内容陈旧、规范滞后。《地质遗迹保护管理规定》出台已20年，面对地质遗迹管理中出现的新问题，《规定》的部分内容已难以适应新形势的要求和担当对地质遗迹实施全面管理的重任。一方面，对于地质遗迹保护区的管理规定抽象而滞后，可操作性不强。如土地管理、生产性活动、人工干预的规定不够全面，保护区内开展旅游、自然保护区经费的使用等内容的规定不系统等，其结果是既不能从法律层次的高度给予决策性指导，又不能达到部门规章具体操作层次的可行性目的；另一方面，对于目前飞速发展的地质公园建设中存在的诸多管理问题，如体制问题、经费问题等《地质遗迹保护管理规定》由于出台较早而少有涉及，因而已难以适应新形势下地质公园建设管理工作的需要。

另一部部门立法《关于建立地质自然保护区的规定（试行）》由于颁布时间远早于《地质遗迹保护管理规定》，其核心内容均已为后者涵盖。而《关于加强古生物化石保护的通知》属于部门通知，主要是在《地质遗迹保护管理规定》的基础上强调古生物化石的保护，内容较少，这里均不再赘述。

3. 地方立法的缺陷

（1）《地质环境保护条例》的缺陷

各省（自治区、直辖市）制定的《地质环境保护条例》作为我国地质遗迹管理最重要的地方立法，同样存在着种种缺陷。首先，制定《地质环境保护条例》的省（自治区、直辖市）数量不多，部分省（自治区、直辖市）没有关于地质环境保护的地方立法。其次，《地质环境保护条例》中有关地质遗迹保护的内容和体例大都是《地质遗迹保护管理规定》的翻版（如《广西壮族自治区地质环境保护条例》），没有体现出本辖区地质遗迹管理立法的特色和地方规章可操作性强的特点。

（2）其他地方立法的缺陷

绝大多数地质公园和地质遗迹保护区未建立本区的管理办法，部分建立在自然保护区、风景名胜区中的地质公园和地质遗迹保护区依赖《自然保护区管理办法》和《风景名胜区保护管理条例》中为数不多的相关规定进行管理。从全国范围看，地质公园和地质遗迹保护区管理的地方立法工作明显滞后，亟待加强。

三、地质遗迹管理的立法完善

如前所述，两部20世纪90年代颁布且内容部分重叠的部门立法层次的《规定》，加上一个补充性的《通知》和若干相关立法，构成了我国地质遗迹管理的立法框架，其法律之不健全，规模之小，给予地质遗迹管理的法律保护之微弱和实施之困难是显而易见的。针对我国地质遗迹管理立法的缺陷，借鉴国外自然保护区和国家公园立法的经验，应从以下几个方面完善我国的地质遗迹管理立法。

1. 完善地质遗迹管理立法的宪法依据

宪法是国家的根本大法，无论是国家立法还是地方立法，都必须以宪法为依据。从宪法规定的精神出发制定法律，坚持以宪法为依据，是我国长期立法实践中积累下来的丰富经验。前面在立法缺陷分析时已经指出，我国的《宪法》中没有对地质遗迹保护的规定，也就是地质遗迹管理的立法缺乏宪法根据。而地质遗迹保护是自然资源保护的重要组成部分，国家在保障自然资源的合理利用，保护珍贵的动物和植物的同时，应在《宪法》中规定保护珍贵的地质遗迹，从而赋予地质遗迹保护以宪法地位，为地质遗迹管理立法提供依据。

2. 完善地质遗迹管理立法的环境资源保护基本法依据

环境资源保护基本法是一个国家环境资源立法体系中的核心，也是一个国家完善各种环境、资源立法的支撑点。它理所当然地要为环境、资源立法做出原则的、基本的、而且是综合的规定。

我国现行的环境与资源保护基本法是1989年颁布的《环境保护法》，应在该法第十七条规定，各级人民政府对具有重大科学文化价值的地质构造、著名溶洞和化石分布区、冰川、火山、温泉等自然遗迹应当采取措施加以保护，明确对具有重大科学文化价值的地质遗迹应建立地质遗迹保护区或地质公园。这样，地质遗迹管理的立法依据就更为严格和严密，也赋予地质公园和地质遗迹保护区较高的法律地位。

3. 制定统一的《地质遗迹法》

从我国的自然资源保护立法现状及国外各国自然保护区和国家公园的立法经验看，制定统一的《地质遗迹法》是地质遗迹管理立法发展的必然趋势。因此，为了缩短与发达国家自然资源保护立法的差距，我国应尽快出台《地质遗迹法》。

《地质遗迹法》是地质遗迹管理立法体系中的基本法，没有统一的《地质遗迹法》就不能保障地质遗迹管理立法的体系化、协调化、层次化、科学化，加快《地质遗迹法》的制定，是搞好地质遗迹保护与管理的关键，对于制定地质遗迹管理单行法规和地方法规都有重要的指导意义。

《地质遗迹法》应对地质公园和地质遗迹保护区的建立、审批、基本原则等事项做出纲领性的规定，其具体内容包括：①制定《地质遗迹法》目的；②建设和管理地质公园和地质遗迹保护区的指导思想和基本原则；③地质公园和地质遗迹保护区的管理体制，综合管理部门和其他有关主管部门的职责，管理机构的地位和任务；④地质公园和地质遗迹保护区规划的地位、编制程序、基本要求；⑤地质公园和地质遗迹保护区的建立审批程序和条件；⑥社会组织和人民群众在建设和管理地质公园和地质遗迹保护区方面的权利和义务；⑦地质公园和地质遗迹保护区保护和管理的基本制度和措施；⑧违反《地质遗迹法》的法律责任等（金鉴明，1992）。

4. 制定和完善与《地质遗迹法》配套的单行法规

地质公园和地质遗迹保护区是一个复杂的综合体，所涉及的保护对象也是纷繁复杂，为更好地配合《地质遗迹法》的实施，全面保护和合理开发地质遗迹，制定地质遗迹管理的单行法规就成为地质遗迹管理立法中不可或缺的重要组成部分。

　　我国地质遗迹管理的单行法规应是针对地质遗迹管理中不同内容的单行法规，包括对地质公园和地质遗迹保护区的土地、资金、旅游、科研等制定的单行法规（颜士鹏，2005）。

　　（1）旅游方面的单行法规

　　旅游开发是地质公园拉动地方经济的重要手段，伴随旅游业的迅猛发展，地质公园的旅游功能也发挥越来越重要的作用。但是旅游开发并非地质公园的唯一作用，如何真正实现"在保护中开发，在开发中保护"的理念，处理好旅游开发与地质遗迹保护之间的辩证关系，使地质公园旅游法规成为亟待解决的立法。地质公园的旅游立法应对地质公园旅游开发的基本原则和条件，基础设施和服务设施建设的规范和限制，游客在地质公园内的义务及违反法律应承担的责任等事项做出规定。

　　（2）土地方面的单行法规

　　地质公园和地质遗迹保护区建立的基本条件即是土地的权属明确、界线清晰，土地管理是保证地质公园和地质遗迹保护区完整的重要途径。地质遗迹管理的土地立法应明确地质公园和地质遗迹保护区土地管理的基本任务；土地管理的原则；土地资源的登记；土地的权属、利用和保护；以及对土地的监督等事项。

　　（3）资金方面的单行法规

　　地质遗迹保护区资金的匮乏，是制约我国地质遗迹保护发展的严重障碍。在《地质遗迹保护管理规定》中没有地质遗迹管理经费的条款，在《自然保护区管理条例》第二十三条中规定，自然保护区所需经费，由自然保护区所在地的县级人民政府安排，国家对国家级自然保护区的管理，给予适当的资金补助。可以说，我国的现行立法并未直接落实地质遗迹管理资金问题。基于此，加快地质遗迹管理的资金立法也是形势所需。在地质遗迹管理资金立法中应对地质遗迹管理资金的合法来源，地质公园和地质遗迹保护区基本建设、专项事业、科研培训等经费的使用，收入的分配等做出规定。

　　（4）科普教育和科学研究方面的单行法规

　　开展科普教育和科学研究是地质遗迹保护区和地质公园的一项重要功能。目前，各地质遗迹管理部门正努力通过修建地质博物馆、完善标示解说系统、加大与国内外学术组织和科研机构的合作等方式强化地质公园和地质遗迹保护区的教育科研功能，但在《地质遗迹保护管理规定》中对此方面的规定却不够全面，仅在第十九条中规定管理机构可根据地质遗迹的保护程度，批准单位或个人在保护区范围内从事科研、教学及旅游活动。所取得的科研成果应向地质遗迹保护管理机构提交副本存档。应在地质遗迹管理的教育科研立法中规定进入保护区的审批程序；向管理机关交纳保护管理费；科研、教学、考察活动的区域；在保护区内负有的义务等。

　　（5）生产性和开发性活动方面的单行法规

　　地质遗迹保护区的一级保护区和地质公园的保护区内是不允许有生产性和开发性活动的，在其他区域内的这些活动也应本着有效保护、合理开发的原则加以协调和限制，以确保地质遗迹资源的可持续发展，这也从客观上要求立法对此进行管理和控制。应在地质遗迹管理的生产性和开发性活动立法中严格限定活动的范围；严格限定活动的种类、方式、工具以及规模；规定实施这种活动者在保护自然资源和自然环境方面的义务；严格规定实施这些活动的审批程序等。

5. 完善地质遗迹管理的地方立法

地方立法也是我国地质遗迹管理立法中的一个重要组成部分，尽管它在法律效力和法律层次上不及国家立法，但它更适合于本地区地质遗迹保护区和地质公园的建设和保护，更具可操作性，对执行法律有更大的辅助作用。完善地质遗迹管理的地方立法可从以下两方面入手。

一方面，加强国家级地质遗迹保护区和国家地质公园的立法，力争做到"一区一法"。鉴于国家级自然保护区和国家地质公园具有的极其重要的资源价值，应做到一个保护区（地质公园）一个管理办法，明确各个国家级地质遗迹保护区和国家地质公园的使命、边界、管理机构组成、决策程序等重大事项，并根据保护对象的不同、保护区功能和结构的不同等制定有针对性的措施。对于特别重要的国家级地质遗迹保护区和国家地质公园的立法，可以借鉴国际经验上升到国家立法的层次（如美国国家公园体系中每一个国家公园都有其授权立法文件）。我国目前 182 个国家地质公园中大多没有自己的地质遗迹管理办法，因此加强国家地质公园和国家级地质遗迹保护区的地方立法是我国地质遗迹管理立法工作的一项重要任务。

另一方面，加强地方级（包括省级和县市级）地质遗迹保护区和地质公园的地方立法，使地质遗迹管理的地方立法针对地方级地质遗迹保护区和地质公园的特点更具操作性。各地方可以依据国家相关立法并结合本地区地质遗迹管理的特点等进行地方立法，突出可操作性的原则，避免出现地方立法是国家立法的翻版的现象。

第五节　地质公园管理模式构建

地质公园的管理模式是地质公园管理集成有效运行的措施保障，也是学术界和实践界关注的研究热点。本节从我国地质公园现行管理模式的形成入手，在深入分析现行模式弊端的基础上，进行地质公园管理模式重构途径的选择，最终尝试构建基于"三权分离"的地质公园管理模式。

一、我国地质公园现行管理模式的形成

现行地质公园管理模式的形成与我国公共自然资源的产权制度关系密切。《中华人民共和国宪法》第九条规定："矿藏、水流、森林、山岭、草原、荒地、滩涂等自然资源，都属于国家所有，即全民所有。由法律规定属于集体所有的森林和山岭、草原、荒地、滩涂除外。国家保障自然资源的合理利用，保护珍贵的动物和植物。禁止任何组织或者个人用任何手段侵占或者破坏自然资源。"《中华人民共和国土地管理法》第二条规定："中华人民共和国实行土地的社会主义公有制，即全民所有制和劳动群众集体所有制。"按照现行法律规定，包括地质遗迹资源在内的公共自然资源的所有权为全民所有，在现阶段也即是国家所有，国家是公共自然资源唯一的产权主体，国务院是公共自然资源的所有者代表，按照政府行政系统进行再授权，即授权各个职能部门及各级地方政府

对公共自然资源实行分级管理，任何组织和个人不得以任何手段侵占这种所有权。中国宪法规定公共自然资源属于国家所有，其目的不只是强调国家对这些资源名义上的所有权，更是强调开发利用这些资源的经济利益的国家所有权。

根据我国《地质遗迹保护管理规定》《风景名胜区管理暂行条例》《自然保护区条例》《森林公园管理办法》《水利风景区管理办法》和国务院"三定"方案的规定，对于相关公共自然资源的保护、开发，目前已基本形成了建设部管辖的风景名胜区、环保部门管辖的自然保护区、国家林业总局管辖的森林公园、国土资源部管辖的地质公园和地质遗迹保护区、水利部管理的水利风景区并存的格局。而出台相对较晚的地质公园和地质遗迹保护区很多都是建立在原来的风景名胜区、自然保护区和森林公园基础上，例如桂平国家地质公园。

鉴于此，《地质遗迹保护管理规定》第六条规定：国务院地质矿产行政主管部门在国务院环境保护行政主管部门协助下，对全国地质遗迹保护实施监督管理。县级以上人民政府地质矿产行政主管部门在同级环境保护行政主管部门协助下，对本辖区内的地质遗迹保护实施监督管理。第十五条规定：对于独立存在的地质遗迹保护区（地质公园），保护区所在人民政府地质矿产行政主管部门应对其进行管理；对于分布在其他类型自然保护区内的地质遗迹保护区（地质公园），保护区所在地的地质矿产行政主管部门，应根据地质遗迹保护区（地质公园）审批机关提出的保护要求，在原自然保护区管理机构的协助下，对地质遗迹保护区（地质公园）实施管理。

可见，我国现有的地质公园管理模式是：由国务院授权国土资源部代表行使国家对地质遗迹资源的所有权，在国土资源部统一管理与监督下的多部门协调的管理模式。由于地质公园内资源类型的复杂性，涉及地质公园管理和建设的国家职能部门繁多，除国土资源部系统外，还有林业部系统、环保局系统、建设部系统、水利部系统、文物保护系统、中国科学院系统以及各级地方政府等。由于缺乏排他性的管理授权，国土资源部对地质公园（尤其是在风景名胜区、自然保护区和森林公园等基础上建立的地质公园）的统一管理难以有效实现。因此，地质遗迹资源的国家所有事实上变为了"各部门所有"。

从政府职能看，上述管理模式应该是管规划、管保护、管监督。但随着旅游业的发展，地质遗迹资源的经济价值越来越大，因此，归口部门的管理机构，逐渐衍生出景区经营、开发、建设的主体，成为事业单位企业化管理的既"管理"又"经营"的"国有国营"，加上国务院授权代表行使的国家所有权，实际上已演变成为所有权、管理权、经营权"三权混同"的管理模式（图7-4）。

二、地质公园现行管理模式存在的弊端

从历史上看，上述管理模式在我国地质遗迹管理的初期，调动了各个部门的积极性，尤其是在中国经济还不发达、资金缺乏的情况下，各部门可抽出一定的资金用于地质遗迹资源的保护、开发。但随着地质公园的发展和国家改革开放政策的不断深入，这种条块分割、部门垄断管理模式的诸多弊端也越来越清晰的显现出来。

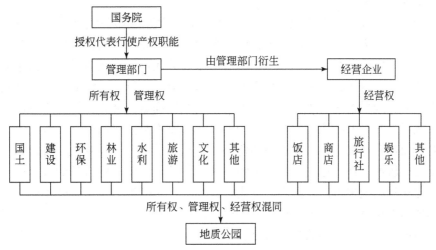

图7-4　我国目前"三权混同"的地质公园管理模式

1. 国家所有权部门分割

在名义上，国务院是地质遗迹资源的所有者代表，但事实中央政府并未直接管理地质遗迹资源，而是根据资源分类指定国家专门部门管理，即实行的是各级政府及其部门代表行使国家所有权职能。这就造成了地质遗迹资源表面上属于国家所有，实际上是由地方政府和不同政府部门控制，形成产权结构复杂、主体分散、条块分割的状态。各部门往往只从本部门的利益角度出发考虑对地质遗迹资源进行管理和开发利用，缺乏统一的建设标准和管理规范，难以产生协同效应。

2. 所有权代表多元化导致管理空间重叠

政府的多层次化，加之由于地质遗迹资源本身的复杂性而产生的地质公园、自然保护区、风景名胜区、森林公园、水利风景名胜区等区域的交叉重叠，使地质遗迹资源的所有者代表多元化，进而导致管理空间的重叠（张骁鸣，2005）。分散的管理模式势必造成管理目标、绩效考核标准等诸多不一致，国家层面的综合、统一管理无法落到实处（郑易生，2001）。从国务院部委到省市的各个厅局，都可以作为所有者代表管理地质遗迹资源，从国务院到地质公园的具体管理者之间环节甚多，每个环节都可以从各自的角度对地质公园的管理发号施令，从而也导致难以制定出符合各类相关部门不同利益诉求的发展方针和政策，同时也造成地质公园管理单位的无所适从。

3. 地方政府代表国家支配地质遗迹资源，行政管理代替产权管理

根据《地质遗迹保护管理规定》，地质遗迹保护区（地质公园）由属地人民政府地质矿产行政主管部门进行管理。按照我国的制度设计，行业部门只是行使行业管理和技术指导的职能，不具备行政职能，行政职能归地方政府行使（从我国建立较早的风景名胜区来看，其管理工作早在改革开放初期就下放给地方政府）（张晓，2001）。地方政府通过协议将地质公园的经营权委托给经营企业，但在权利委托过程中，是否把权利委托给那些能够最有效的使用这种权利的经营企业取决于政府，权利的获得附加了较多的行

政限制，难保其公平性。

从理论上讲，政府在出让地质公园经营权时，理应收取资源补偿费或有偿使用费。经营企业在获得权力时，要付出代价，而且得到的补偿和付出的代价应该是相等的。这样一方面增加国家财政收入，更重要的是付出对等的代价，存在着激励经营企业有效使用和保护地质遗迹资源，实现可持续发展的动力。但是，目前完善的地质遗迹资产评估体系尚未建立，地质遗迹资源的产权价值由行政规范确定，资源补偿费或有偿使用费由政府自由裁量，产权的行使和保护取决于政府行为而不是法律制度。政府裁量的资源补偿费或有偿使用费远远低于资源本身的价值，甚至未予征收，经营企业付出的成本在短时间内就可以收回，造成地质遗迹资源的浪费。另外，由于政府官员的人事变动，存在单方面引起权利的变更或产权内容的变化，经营企业的利益缺少法律的保护。

由于地质遗迹资源产权与管理权的粘连，设租与寻租行为难以避免，难以确保获得开发利用地质遗迹资源权利的公平与资源的有效配置。因此，在目前的地质遗迹资源产权制度安排下，开发过程中资源的浪费和破坏以及低效率利用成为必然。

4. 缺乏所有者监督和约束所有者代表的机制

从国务院到各级地方政府及其部门，它们都不是真正的地质遗迹资源所有者而是所有者代表，不能完全保证它们跟真正所有者那样行为，因此需要对所有者代表进行监督。然而，初始委托人（全体国民）具有不确定性，即在或明或暗的合约中没有规定谁来监督各级政府的行为。初始委托人监督活动具有外部性，即监督成本与收益具有非对称性，使得初始委托人缺乏监督动机；地方各级政府代表行使国家所有权，不是来源于委托人的直接授权，而是依据政权力量，委托人不能选择代理人合约的内容，不可能或很难实际行使直接的监督方式。因此，缺乏一种所有者监督和约束所有者代表的机制。

5. 缺乏所有者代表选择和监督经营者的机制

在所有者对所有者代表失去约束而所有者代表这一机制又不完善的条件下，所有者代表就无法对经营者进行有效的选择与监督，结果使得经营者这个利益主体背离所有者利益，甚至损害所有者利益。在"三权混同"的管理模式下，所有者代表自己做了管理者和经营者，一身三任，也就是政府事业单位企业化经营。一方面所有者代表代理所有者行使所有权，另一方面又凭借手中的所有权和管理权拥有了经营权，垄断经营着可竞争的业务，排斥其他的竞争对手，形成了垄断所特有的弊端，使地质遗迹资源的收益成为自己的收益，或者为自己的经营在各方面大开绿灯而不惜损害所有者（国家）的权益（杨振之，2002）。

三、地质公园管理模式重构的途径选择

自20世纪90年代后期以来，包括风景名胜资源、自然与文化遗产资源、地质遗迹资源等在内的公共资源（或称其为遗产资源或公共旅游资源）管理与旅游发展问题的研究成为学术界和实践界关注和论争的焦点。资源主管部门和部分学者的一方同旅游主管部门、资源属地政府以及另一部分学者的一方进行了激烈的论争，论争中逐渐形成两种主调：一种是从公共自然资源产权属性等概念出发，主张移植美国的国家公园管理体制

（中国社会科学院环境与发展中心课题组，1999；郑玉歆，2001），这里简称其为"国家公园模式"；另一种是从资源与市场之间的关系出发，提出资源所有权与经营权、管理权分离的管理模式，以使公共资源遵循市场机制进行经营管理（魏小安，1999；王兴斌，1999、2002；张晓，2001；杨振之，2002），这里简称其为"三权分离模式"。本书分别加以介绍和评述，以作为地质公园管理模式重构途径选择的依据。

1. "国家公园"模式

美国是世界上最早建立国家公园（National Park）的国家，对世界国家公园的发展产生了重大而深远的影响。经过100多年的发展和完善，美国国家公园已形成了一套较为完善的管理体制，成为世界国家公园管理的典范（Mantell，1991；Rettie，1995；Albright，1999；Mackintosh，2000）。

（1）组织管理

美国国家公园的管理体制是中央集权制，自上而下实行垂直管理。成立于1916年的国家公园管理局，隶属内政部，代表国家（联邦政府）统一管理全国的国家公园。国家公园管理局是联邦政府的一部分，对国家公园实行三级垂直管理。华盛顿设有管理局总部，为中央机构；在总部的领导下，分设跨州的地区局，为国家公园的地区管理机构，以州界划分管理范围；每座公园实行园长负责制，具体负责对公园的综合管理。

（2）资金来源

美国国家公园实行管理与经营分离，其运转的经费由财政拨款，公园管理机构的收入全部上缴财政部。美国国家公园的运转，有充足的预算经费保障，严格实行管理与经营分离的管理制度。1965年美国国会通过的《特许经营法》规定，在国家公园内实行特许经营制度，公园内的餐饮、住宿等旅游服务设施经营向社会公开招标，经济上与国家公园无关。公园管理机构是纯联邦政府的非营利机构，专职进行自然文化遗产的保护与管理，日常开支由联邦政府预算拨款。

（3）法律支持

美国国家公园的管理是建立在完善的法律制度之上的。从国家公园管理局的设立到各项实施措施都以联邦法律为依据。各个基层公园，也几乎是"一园一法"。美国为保护环境和文化资源，颁布了一系列法律、法案、法规、标准、指导原则、公约、执行命令等，迄今为止已有60多项，涉及国家公园管理局的联邦法律就有20多部，从而形成了一整套完善的国家公园管理政策和管理制度。

2. "三权分离"模式

（1）模式的提出

国家政企分开的宏观导向和公共资源"三权混同"管理模式弊端的日益凸显，导致了"三权分离"模式的出现。

从20世纪90年代后期开始，我国部分地区进行了公共资源产权关系和管理体制的改革实践，众多研究者都涉及"三权分离"问题，其中明确提出"三权分离"模式并给出分离建议的有钟勉、杨振之和王兴斌三位。钟勉（2002）提出了旅游资源所有权与经营权相分离的观点，并对"分离"的监管运行机制做了初步探讨。杨振之（2002）提出我国风景资源"三权分离"的主张，并就如何建立我国风景资源管理模式和风景资源的立法体系问题提出自己的建议。王兴斌（1999）则对风景名胜资源提出所有权、管理权、经营权和监护权"四权分离与制衡"的主张，2002 年他又将这一主张建议应用于中国自然文化遗产管理模式的改革。

（2）模式的核心思想

所有权归国家所有：地质公园、国家风景名胜区、自然保护区、森林公园和水利风景名胜区等，根据《中华人民共和国宪法》及相关法律法规，其所有权属于国家，所有权不得进入市场流通领域。

管理权由各级行政主管部门行使：根据我国现行的行政体制，各种类型的遗产资源在短期内难以由一个中央政府职能部门统管起来，仍然分别由建设、林业、国土、环保、水利和旅游部门行使管理权，通过法规、标准、政策、规划实施宏观管理和监督保护。

实行政企分离、事企分离，经营权与所有权、管理权分离：依据国家行政机构改革的要求，从中央到省、市、县，政府部门与其主办的经营企业均要在党务、人事、财务等各方面脱钩，使经营单位真正成为独立的法人实体，进入市场经济的轨道自主经营。在景区（园区）内，原来由政府部门投资建设的行、游、住、食、购、娱和其他服务设施作为国有资产，或委任法定机构管理，或通过出售、租让、兼并、合资、合作等多种形式实行资产重组，形成新的产权主体。风景、森林等公共资源属国有资产，其所有权不能进入资本市场流通，但其经营权可进入旅游市场，甚至可以作为国有资产的一部分按法定程序进入资本市场运作。

3. 两种模式的优劣分析

（1）"国家公园"模式的优劣

"国家公园"模式的优势：①在"国家公园"模式中，国家公园的管理事务由国家公园管理局、地区管理局、基层管理局三级管理机构实行垂直领导，国家所有权得以充分保证。同时，这种管理体系职责分明工作效率高，避免与地方政府产生矛盾，也没有互相争利或相互推诿、扯皮的现象；②美国的大多数国家公园游客可以免费入园，收门票的价格也很低，公园的收入主要是特许经营费，且收入全额上交联邦财政，实行收支两条线。这种制度的实施，有效地避免了政企不分、重经济效益轻资源保护的弊端；③完善的法律制度，保证了美国国家公园作为国家遗产在联邦公共支出中的财政地位，也明确了国家公园管理局与林业、渔业、土地管理局等部门之间的责任和权力划分，有利于国家公园的保护。

我国实施"国家公园"模式的劣势：①美国国家公园的管理体制，是经过一百多年的不断完善而形成的。独立于地方政府的垂直管理体系，必须要中央财政的支持，中央财政支持，又要以联邦法律为依据，这是一个完整的缺一不可的体系。而我国与美国的联邦制度、财税体制、法制条件、社会经济发展水平有很大差异，在缺乏有力的财政和法律支持前提下，"国家公园"模式的实施只能是空想（徐嵩龄，2003a）；②地方政府有利用地质遗迹资源的开发拉动地方经济发展的需求（这从最近一些地方政府申请联合国教科文组织"世界地质公园"项目表现出的极大热情中可见一斑），"国家公园"模式的实施从某种程度上忽视了地方经济发展的要求，也与 UNESCO 倡导的通过地质公园建设拉动地方经济的宗旨相背离；③美国国家公园管理体制本身存在一定的弊端。例如，垂直管理割裂了国家公园与地方的关系，美国的黄石公园之所以被列入"世界濒危世界遗产名录"就是因为垂直管理体系忽略与周边地域关系处理而造成的（刘红缨，2003）；同时，包括美国在内的发达国家的国家公园管理体制为了适应日益增长的文化与精神消费需求正在逐步完善。

（2）"三权分离"模式的优劣

"三权分离"模式的优势：①符合国家政企分开、走市场化道路的宏观政策；②所有权、管理权、经营权三权相互分离，可以明晰各自的职责、权利与义务。三权相互制衡，可以多重监督、互相制约，杜绝寻租、设租现象，有效地改变目前所有者、管理者、经营者、监督者集于一身的弊端；③与 UNESCO 倡导的通过地质公园建设拉动地方经济的宗旨相吻合，符合地方政府利用地质遗迹资源的开发拉动地方经济发展的需求。

"三权分离"模式的疑问：①管理权与经营权能否分离？产权与使用权能否分割？②"三权分离"能否确保公共资源国家所有的真正实现？能否确保公共资源的社会公益性？能否确保对公共资源切实有效的保护？

4. 地质公园管理模式重构的途径选择

上述分析表明，在当前我国公共资源管理改制实践中，真正起作用的是"三权分离"模式。统计显示：目前我国绝大部分有条件出让经营权的景区，都已经将部分景区或景区的部分地域，以出租、委托经营、买断经营、合股经营等方式出让给民营企业（依绍华，2003）。无独有偶，美国国会在 1996 年通过了政府迫于财政压力提交的景区收费示范方案（The Recreation Fee Demonstration Program），由联邦国土管理部门具体负责考察提高景区收费标准以后是否能够弥补成本，维持景区开放（朱建安，2004）。

"三权分离"模式论争的焦点在于管理权与经营权能否分离，产权与使用权能否分割。支持方认为从政企分开的发展趋势来看，经营权与所有权的分离是必然的，但由于遗产资源的特殊性，经营企业必须持有特殊资质（邬爱其，2001；苟自钧，2002）。现在有一些景区经营权与管理权不能分离是由于管理问题或者实际的操作问题（魏小安，2002）；反对方认为，国家风景名胜区是一种特殊的公共资源，它具有全球或全国唯一性及不可重现（造）性，由政府管理国家风景名胜区资源只能是唯一选择，并且，政府对国家风景名胜区资源只能是根据社会福利原则来实行使用分配，这是政府的责任（张晓，1998）；遗产资源的特殊性决定了经营权与所有权是天然一体的，"管理权与经营权的分离必然导致遗产区管理转入以营利为首要目的的商业性旅游经营轨道，其经营举措往往是与遗产保护背道而驰的"（徐嵩龄，2003b）。

但是，现实中很多问题恰恰是政府的管理权与经营权没有真正分离造成的，"两块牌子，一套人马"，黄山楼堂馆所林立、泰山索道纵横、武陵源索道电梯齐上，究竟是开发公司的越位还是政府管理部门与开发公司共同造成的管理权有意丧失？"景区不能交给企业管理"，表面上是担忧市场化经营会带来短期行为，但实质上起到了行政性垄断的作用。如果遗产资源的经营权变得可交易，使希望对遗产资源进行长期投资的企业能有机会和较大的可能赚取长期的物质回报，资源就可能得到保护（朱建安，2004）。

所以，有学者认为，产权与使用权、经营权是可以分离的，但是所有者的代理人决定分割产权时，选择经营者、决定转让价格、制定约束合同是产权变更的关键环节（胡敏，2003）。

综上所述，本书认为，对于"三权分离"模式的疑问，并非"三权分离"模式本身导致的，解决问题的关键在于"三权"如何分离，"三权分离"的管理模式如何构建。基于此，确定"三权分离"模式作为地质公园管理模式重构的基础和核心。

四、基于"三权分离"的地质公园管理模式构建

1. 地质遗迹资源"三权"关系辨析

（1）所有权与经营权的关系

地质公园经营权的获得必须经过地质遗迹资源所有权主体或所有权代表的合法授权：经营者必须首先得到所有权主体或所有权代表（即政府）的认可，签订转让合同，获得授权，才能取得地质公园的经营权。这也体现出所有权的自主性，即经营权同所有权的分离是根据所有者的意愿进行的，而不是经营者的强制要求。

地质公园经营权的行使要受到地质遗迹资源所有权的制约：地质公园的经营者在行使经营权时，除不得违反有关地质遗迹资源相关法律的规定外，还受到转让地质公园经营权合同的限制。

通过地质公园经营权的转让，地质遗迹资源所有者间接地实现了所有权的收益权能：地质公园经营者通过开发地质遗迹资源获取收入，地质遗迹资源所有者以转让费或收入分成等方式实现所有权的收益权能。

地质公园经营权具有相对独立性：经营者获得地质公园的经营权后，只要不违反法律或合同规定，就能够独立地、排他地使用地质遗迹资源，任何人包括所有者，都不得干涉经营者行使自己的权利。

可见，地质遗迹资源的所有权是第一位的，地质公园经营权的转让必须在所有权的支配下才能进行。如果离开了地质遗迹资源的所有权而滥用经营权，就有可能导致地质遗迹资源的破坏，也就背离了转让经营权的初衷。

（2）管理权与经营权的关系

地质公园经营权的获得要通过地质遗迹资源管理权的认定：在获得地质公园经营权之前，必须通过经营主体资格鉴定等程序，这些程序是由地质遗迹资源行政管理机构协助所有者主体完成的。并且，在此过程中，地质遗迹资源行政管理机构提供的专业指导起到非常重要的作用。

地质公园经营权的行使要受到地质遗迹资源管理权的制约：地质公园经营者的经营行为要受到地质遗迹资源行政管理机构的监督管理，经营权要受管理权的制约，但这种制约与所有权的制约是不同性质的，所有权的制约维护的是所有者对地质遗迹资源的利益，而管理权的制约是履行地质遗迹资源管理机构的职责。

地质遗迹资源管理权要保证地质公园经营权的相对独立性：地质公园经营权的相对独立性不仅对地质遗迹资源所有权而言，对地质遗迹资源管理权而言同样存在。管理机构不得干涉经营权主体的合法正常开发建设和经营行为，只在自己职责范围内行使地质

遗迹资源的管理权。

（3）所有权与管理权的关系

尽管地质遗迹资源所有权和管理权都体现了国家的意志和利益，但它们在内容上有所不同。地质遗迹资源所有权是由国家（全民）所享有的占有、使用、收益和处分权能构成的，地质遗迹资源所有权的行使要遵循平等、等价的原则。而地质遗迹资源管理权是由命令权、监督权、处罚权等内容组成的，这些权限都直接体现了国家的力量。地质遗迹资源管理权在行使中具有强制性的特征，即能够对特定人和相对人产生法律拘束力，并凭借这种强制力，排除权限行使的障碍（杨瑞芹，2004）。

2. 地质公园"三权分离"管理模式的框架结构

公共资源属于国有，国家是地质遗迹资源的所有权主体。但国家需要一个执行机构代表国家来行使所有权。到底由谁代表国家行使国有资产的所有权？目前，普遍认为政府是国有资产的当然代表者。但是政府可以代表国家行使国有资产所有权吗？答案是否定的。中国宪法规定："中华人民共和国全国人民代表大会是最高国家权力机关"，只有全国人民代表大会才有权代表全体公民行使国有资产的所有权。政府行政机关行使的是国有资产的管理权。基于此，结合地质遗迹资源的"三权关系"界定，构建地质公园"三权分离"管理模式的框架结构（图7-5）。

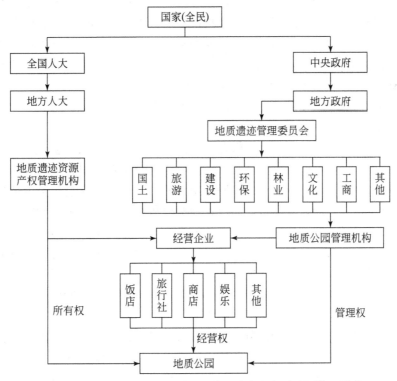

图7-5　基于所有权、管理权、经营权分离的地质公园管理模式

3. 地质公园"三权分离"管理模式的内涵特征

（1）选择地方人大作为获得授权的地质遗迹资源所有权代表

地质遗迹资源的国家所有，是指由组成国家的全体公民所有。根据我国宪法，只有全国人民代表大会才有权代表全体人民行使地质遗迹资源的所有权（作为国家行政机关的政府只是人大的执行机关，因此政府及其各部门不能扮演地质遗迹资源所有人的角色）。在地质遗迹资源的宏观管理上采取国家统一所有、全国人大和地方人大分别行使所有者权利的机制。在全国人大和地方人大之间通过法律建立地质遗迹资源产权代理关系，地方人大再在其内部建立地质遗迹资源产权管理机构，直接对人大负责，其职责为对地方政府地质遗迹资源管理权进行监督。地方人大拥有所有权是对管理权的制衡，可以促使政府更好地发挥自己的管理权，避免地方政府在地质遗迹管理中可能出现的寻租、设租行为。

（2）地方政府只拥有地质遗迹资源管理权

地方政府只拥有地质遗迹资源管理权，这种管理权的有效实现通过成立由地方政府主管领导牵头，由国土、建设、林业、环保、旅游、水利、文化等部门组成的地质遗迹管理委员会的方式实现，具体地质公园的管理由地质遗迹管理委员会下设的地质公园管理机构实施。如此，一方面可以使所有权和管理权分离，由各自独立的机构行使，分别强化了所有者代表和管理者对地质公园经营者的督管力度；另一方面，地方政府作为管理者负责地质公园总体规划的编制和申报批准，由其下属的具体地质公园管理机构负责规划实施的监督等管理工作，形成一种纵向的分权和监督体系，促进了地质遗迹资源的有效管理和可持续利用。再者，考虑到地质公园与自然保护区、风景名胜区、森林公园、水利风景名胜区等在区域和管理上存在重叠的实际情况，地质遗迹委员会的成立，可以更好的协调各部门的关系，确保地质遗迹资源管理权的有效实施。

（3）地质公园经营权通过公平竞争有偿转让给企业行使

在人大下属的地质遗迹资源产权管理机构监督下，由地质遗迹管理委员会组织，公开、公平、公正地选择地质公园的经营者——企业。企业在交付转让费后，经产权管理机构授权，取得地质公园的经营权。按照地质公园的规划实施建设，负责地质遗迹资源保护工作并自主经营，同时必须接受产权管理机构和地质公园管理机构的监督管理。

（4）地质遗迹资源的所有权、管理权、经营权三权分离又相互制衡

地质遗迹资源产权管理同政府的行政管理分开，由专门机构行使，解决了现存"三权混同"管理模式中所有者主体不明的问题；地质遗迹资源行政管理权由政府行使，企业拥有地质公园的经营权，解决了"政企不分"带来的管理混乱问题。所有者和管理者职权划分清楚，责任明确，也便于建立地质遗迹资源的领导责任制度。企业在规划的约束下，依照转让协议或合同在授权范围内合法自主经营，其经营权受法律保护，所有者和管理者不得随意干涉。但是经营企业使用的毕竟是公共资源，开发行为有明显的外部性，且地质公园的开发同地方乃至国家的生态环境保护、生态安全息息相关，因此，企业要受到特殊的约束，即除按照企业运行的相关法律行事以外，更要遵守地质遗迹资源管理的相关法律法规，接受地质公园管理机构的依法管理。

参 考 文 献

北京大学城市规划设计中心.2004. 安徽省旅游发展总体规划. 北京：中国旅游出版社.

保继刚.1988. 旅游资源定量评价初探. 干旱区地理, 11 (3)：57-60.

白凯.2011. 国家地质公园品牌个性结构研究：一个量变开发的视角. 资源科学, 33 (7)：1366-1373.

白凯, 吴成基, 陶盈科.2007. 基于地质科学含义的国家地质公园游客认知行为研究——以陕西翠华山国家地质公园为例. 干旱区地理, 30 (3)：438-443.

成守德, 王元龙.1998. 新疆大地构造演化基本特征. 新疆地质, 16 (2)：97-107.

陈安泽.1998. 中国地质景观论//陈安泽, 卢云亭, 陈兆棉. 旅游地学的理论与实践——旅游地学论文集第五集. 北京：地质出版社：126-139.

陈安泽.2003. 中国国家地质公园建设的若干问题. 资源·产业, 5 (1)：58-64.

陈安泽.2006. 开拓创新旅游地学20年——为纪念旅游地学研究会20周年而作. 旅游学刊, 21 (4)：77-83.

陈安泽.2010. 《国家地质公园规划》是建设和管理好地质公园的关键. 地质通报, 29 (8)：1253-1258.

陈安泽.2013a. 旅游地学大词典. 北京：科学出版社.

陈安泽.2013b. 旅游地学与地质公园研究——陈安泽文集. 北京：科学出版社.

陈安泽, 卢云亭等.1991. 旅游地学概论. 北京：北京大学出版社.

陈安泽, 卢云亭, 陈兆棉.1996. 旅游地学的理论与实践——旅游地学论文集第三集. 北京：地质出版社.

陈安泽, 蒲庆余, 张招崇, 等.2013. 黄山花岗岩地貌景观研究. 北京：科学出版社.

陈从喜.2004. 国内外地质遗迹保护和地质公园建设的进展与对策建议. 国土资源情报, (5)：8-11.

陈劲.2002. 集成创新的理论模式. 中国软科学, (12)：23-29.

程道品, 林治.2001. 模糊评价法在旅游资源评价中的应用. 桂林工学院学报, 21 (2)：186-190.

程金龙, 吴国清.2004. 旅游形象研究理论进展与前瞻. 地理与地理信息科学, 20 (2)：73-77.

曹秀兰.2009. 山西省地质遗迹资源保护及可持续利用对策. 科技情报开发与经济, 19 (10)：114-116.

丁华.2007. 陕西省地质遗迹特征与地质公园建设. 干旱区资源与环境, 21 (10)：131-136.

董和金, 胡能勇, 曾东泉.2002. 关于湖南省地质遗迹保护的几个问题. 湖南地质, 21 (4)：255-260.

方世明, 李江风, 赵来时.2008. 地质遗迹资源评价指标体系. 地球科学 (中国地质大学学报), 33 (2)：285-288.

方世明, 马静, 易平, 等.2014. 嵩山世界地质公园游憩机会图谱研究. 资源科学, 36 (5)：1082-1088.

冯天驷.1998. 中国地质旅游资源. 北京：地质出版社.

范文静, 唐承财.2013. 地质遗产区旅游产业融合路径探析——以黄河石林国家地质公园为例. 资源科学, 35 (12)：2376-2383.

范晓.2003. 论中国国家地质公园的地质景观分类系统//陈安泽, 卢云亭, 陈兆棉. 国家地质公园建设与旅游资源开发——旅游地学论文集第九集. 北京：中国林业出版社：163-186.

傅中平.2004. 广西典型地质遗迹现状及开发构想//陈安泽, 卢云亭, 陈兆棉. 旅游地学的理论与实践——旅游地学论文集第十集. 北京：中国林业出版社：215-223.

傅中平.2006. 广西石林地貌的分布及其特征. 广西科学院学报, 22 (1)：44-46, 54.

傅中平.2007a. 广西石山地区珍奇地质景观评价、开发与保护研究. 南宁：广西科学技术出版社.

傅中平.2007b. 广西地质公园的特色与可持续发展. 广西科学院学报, 23 (1)：61-66.

傅中平.2009. 广西旅游洞穴开发现状及科学发展建议. 南方国土资源, (11)：19-21.

傅中平, 林丽华, 严哲.2005. 广西丹霞地貌景观特色、价值及开发建议. 南方国土资源, (10)：19-22.

傅中平, 林丽华, 黄巧, 等.2012. 广西奇峰怪石成因机理、分类及开发理念研究. 南宁：广西科学技术出版社.

关发兰.1992. 区域旅游系统网络结构分析与网络优化设计：以四川省为例//庞规荃. 旅游开发与旅游地理. 北京：旅游教育出版社：153-165.

谷丰, 鹿献章, 杨泽东.2008. 安徽省地质遗迹资源及保护对策研究. 安徽大学学报 (自然科学版), 32 (4)：90-94.

郭威, 庞桂珍, 屈茂稳, 等. 2002. 黄河壶口瀑布国家地质公园地质遗迹的保护与开发利用. 西北地质, 35 (3): 119-125.

郭福生, 姜勇彪, 胡中华, 等. 2011. 龙虎山世界地质公园丹霞地貌成景系统特征及其演化. 山地学报, 29 (2): 195-201.

葛云健, 张忍顺, 杨桂山. 2007. 丝绸之路中国段佛教石窟差异性及其与丹霞地貌的关系. 地理研究, 26 (6): 1087-1096.

苟自钧. 2002. 中国自然文化遗产要走专业化经营管理之路. 经济经纬, (1): 64-66.

后立胜, 许学工. 2003. 国家地质公园及其旅游开发. 地域研究与开发, 22 (5): 54-57.

胡敏. 2003. 风景名胜资源产权辨析及使用权分割. 旅游学刊, 18 (4): 38-42.

胡能勇, 董和金, 蔡让平. 2003. 湖南省地质遗迹类型及开发保护建议. 湖南地质, 22 (1): 10-14.

胡能勇, 戴塔根, 蔡让平, 等. 2007. 论地质遗迹资源的价值及资产化管理. 大地构造与成矿学, 31 (4): 502-507.

胡珂, 莫多闻, 毛龙江, 等. 2011. 无定河流域全新世中期人类聚落选址的空间分析及地貌环境意义. 地理科学, 31 (4): 415-420.

胡炜霞, 吴成基. 2007. 中国国家地质公园建设特色及快速发展过程中的问题与对策研究. 地质论评, 53 (1): 98-103.

黄松. 2006a. 新疆地质遗迹的分布特征与保护开发. 地理学报, 61 (3): 227-240.

黄松. 2006b. 地质遗迹保护开发实施步骤与模式优选——以新疆为例. 桂林工学院学报, 26 (1): 148-152.

黄松. 2007. 新疆地质遗迹空间格局区划系统构建及其特征的定量表征. 地理研究, 26 (2): 287-296.

黄松. 2008a. 民族地区地质公园旅游开发布局研究——以桂西为例. 广西民族研究, (4): 187-194.

黄松. 2008b. 桂西地区人地关系类型划分及其特征研究. 广西师范大学学报 (自然科学版), 26 (3): 75-79.

黄松. 2009a. 地质公园系统集成的内涵界定及其框架模型构建. 广西民族研究, 96 (2): 179-183.

黄松. 2009b. 新疆地质地貌景观的地学特征与科学价值. 广西师范大学学报 (哲学社会科学版), 45 (2): 116-119.

黄松. 2009c. 民族地区地质公园旅游产品开发探析——以桂西为例. 广西民族大学学报 (哲学社会科学版), 31 (4): 58-62.

黄松. 2009d. 基于系统集成框架的新疆地质公园研究. 桂林: 广西师范大学出版社.

黄松. 2009e. 桂西地区地质遗迹空间格局研究. 广西师范大学学报 (自然科学版), 27 (1): 92-96.

黄松, 李燕林. 2005. 新疆地质遗迹特征与地质公园建设. 广西师范大学学报 (自然科学版), 23 (4): 107-111.

黄松, 李燕林. 2014. 广西北部湾经济区地质遗迹特征分析. 广西师范大学学报 (自然科学版), 32 (1): 133-140.

黄松, 李燕林. 2015. 广西北部湾经济区地质公园建设及特色旅游开发探析. 广西师范大学学报 (哲学社会科学版), 51 (2): 1-8.

黄松, 李燕林, 李如友. 2015. 桂西地区地质遗迹与民族文化资源的空间关系与成因机理. 地理学报, 70 (9): 1434-1448.

黄进. 1999. 中国丹霞地貌的分布. 经济地理, 19 (增刊): 31-35.

黄金火. 2005. 中国国家地质公园空间结构与若干地理因素的关系. 山地学报, 25 (5): 527-532.

黄金火, 林明太. 2005. 大金湖世界地质公园旅游产品设计与开发. 福建地质, 20 (3): 44-47.

郝革宗. 2002. 广西地质公园选址刍议//陈安泽, 卢云亭, 陈兆棉. 国家地质公园建设与旅游资源开发——旅游地学论文集第八集. 北京: 中国林业出版社: 192-199.

郝革宗. 2003. 广西喀斯特洞穴的特征与旅游开发//陈安泽, 卢云亭, 陈兆棉. 国家地质公园建设与旅游资源开发——旅游地学论文集第九集. 北京: 中国林业出版社: 166-173.

韩添丁, 刘潮海. 1993. 天山冰川资源及其分布规律. 干旱区地理, 16 (4): 11-18.

金鉴明, 王礼嫱, 曹叠云. 1992. 中国自然保护立法基本问题. 北京: 中国环境科学出版社.

姜建军. 2002. 国家地质公园——地质圣地 共同财富. 国土资源科技管理, (1): 41-46.

姜莹莹. 2008. 河北地质遗迹保护现状及法律对策研究. 法制与社会, (27): 292.

贾莲莲, 朱竑. 2004. 商务旅游研究述评. 思想战线, 30 (3): 126-130.

卢志明，郭建强 . 2003. 地质公园的基本概念及相关问题思考 . 四川地质学报，23（4）：236-239.

李凡，朱竑，黄维 . 2009. 从祠堂视角看明至民国初期佛山宗族文化景观的流变和社会文化空间分异 . 地理科学，2009，29（6）：929-937.

李永化，尹怀宁，张小咏等 . 2003. 5000 a BP 以来辽西地区环境灾害事件与人地关系演变 . 冰川冻土，25（1）：19-26.

李文田，王义民 . 2007. 河南省地质遗迹的分布特征及保护开发 . 国土与自然资源研究，（2）：73-74.

李双应，岳书仓，吴云霞等 . 2004. 论国家地质公园在旅游业发展中的地位与作用 . 合肥工业大学学报（社会科学版），18（1）：52-55.

李同德 . 2002. 地质公园规划探讨//陈安泽，卢云亭，陈兆棉 . 国家地质公园建设与旅游资源开发——旅游地学论文集第八集 . 北京：中国林业出版社：211-223.

李同德 . 2007. 地质公园规划概论 . 北京：中国建筑工业出版社 .

李明路，姜建军 . 2000. 论中国的地质遗迹及其保护 . 中国地质，（6）：31-34.

李如友，黄松 . 2009. 广西凤山岩溶国家地质公园地质遗迹特色分析与旅游产品开发 . 桂林工学院学报，29（4）：464-469.

李宝山，刘志伟 . 1998. 集成管理——高科技时代的管理创新 . 北京：中国人民大学出版社 .

李晓琴 . 2002. 龙门山国家地质公园旅游产品设计初探 . 四川地质学报，22（3）：171-174.

李晓琴 . 2008. 剑门关地质遗迹景观特征与成因研究 . 成都理工大学学报（自然科学版），35（5）：597-600.

李晓琴，赵旭阳，覃建雄 . 2003. 地质公园的建设与发展 . 地理与地理信息科学，19（5）：96-99.

李晓琴，覃建雄，殷继成 . 2004. 龙门山国家地质公园地质遗迹的保护 . 山地学报，22（1）：12-16.

李晓琴，刘开榜，覃建雄 . 2005. 地质公园生态旅游开发模式研究 . 西南民族大学学报（人文社科版），（7）：269-271.

李赋屏 . 2003. 广西资源国家地质公园旅游地质资源保护与开发利用战略 . 社会科学家，（6）：105-108.

李蕾蕾 . 1999. 旅游地形象策划：理论与实务 . 广州：广东旅游出版社 .

李蕾蕾 . 2000. 旅游目的地形象的空间认知过程与规律 . 地理科学，20（6）：563-568.

李翠林 . 2011. 基于利益共享的新疆地质遗迹景观资源管理优化模式研究 . 资源与产业，13（3）：98-102.

李燕琴，吴必虎 . 2004. 旅游形象口号的作用机理与创意模式初探 . 旅游学刊，19（1）：82-86.

李鑫，周爱国，孟耀，等 . 2015. 广西罗城地质公园地质遗迹特征及综合评价 . 安全与环境工程，22（1）：26-32.

刘璐，陈建强，李玉嵩，等 . 2011. 基于土地协调性分析的地质公园规划研究——以云台山世界地质公园为例 . 安徽农业科学，39（13）：8003-8005，8034.

刘峰 . 1999. 区域旅游形象设计研究——以宁夏回族自治区为例 . 经济地理，19（3）：96-100.

刘峰贵，王锋，侯光良，等 . 2007. 青海高原山脉地理格局与地域文化的空间分异 . 人文地理，96（4）：119-123.

刘红缨，王健民 . 2003. 世界遗产概论 . 北京：中国旅游出版社 .

刘潮海，施雅风，王宗太等 . 2000. 中国冰川资源及其分布特征——中国冰川目录编制完成 . 冰川冻土，22（2）：106-112.

刘海龙 . 2010. 我国地质公园的空间分布与保护网络的构建 . 自然资源学报，25（9）：1480-1488.

刘珍环，吴健生，王仰麟，等 . 2008. 深圳市东部海岸地质遗迹景观的环境敏感性分析 . 资源科学，30（9）：1356-1361.

刘宗香，苏珍，姚檀栋，等 . 2000. 青藏高原冰川资源及其分布特征 . 资源科学，22（5）：49-52.

吕泽坤，郭建强，卢志明 . 2007. 新疆可可托海国家地质公园的地质景观特征——兼议申报世界地质公园 . 四川地质学报，27（3）：201-204.

罗培，秦子晗 . 2013. 地质遗迹资源保护与开发的社区参与模式——以华蓥山大峡谷地质公园为例 . 地理研究，32（5）：952-964.

罗培，雷金蓉，孙传敏 . 2013. 社区参与地质公园建设的意愿调查与驱动力分析——以华蓥山大峡谷地质公园为例 . 地理科学，33（11）：1330-1337.

骆华松，杨世瑜，包广静 . 2005. 丽江市人地关系类型划分 . 云南师范大学学报（自然科学版），25（6）：53-57.

梁定益. 2009. 北京房山世界地质公园中元古界雾迷山组地震-海啸序列及地质特征——以野三坡园区为例. 地质通报, 28 (1)：30-37.

廖继武, 周永章, 何进国等. 2009. 基于地质遗迹集中度的地质公园边界划分. 地理与地理信息科学, 25 (3)：108-110.

陆大道, 郭来喜. 1998. 地理的研究核心：人地关系地域系统——论吴传钧院士的地理学思想与学术贡献. 地理学报, 53 (2)：97-105.

孟彩萍, 吴成基, 彭永祥. 2003. 壶口瀑布旅游资源共享问题探讨. 经济地理, 23 (4)：551-553, 557.

梅耀元. 2011. 地质公园博物馆导游讲解初探. 中国矿业, 20 (3)：119-121, 125.

莫多闻, 杨晓燕, 王辉等. 2002. 红山文化牛河梁遗址形成的环境背景与人地关系研究. 第四纪研究, 22 (2)：174-181.

庞淑英, 杨世瑜, 骆华松. 2003. 三江并流带旅游地质资源评价模型的研究. 昆明理工大学学报 (理工版), 28 (5)：10-12.

彭永祥, 吴成基. 2004. 地质遗迹资源及其保护与利用的协调性问题——以陕西省为例. 资源科学, 26 (1)：69-75.

彭永祥, 吴成基. 2008. 秦岭终南山地质遗迹全球对比及世界地质公园建立. 地质论评, 54 (6)：849-856.

齐德利, 肖星, 陈致均. 2003. 甘肃省丹霞地貌空间分析及旅游开发布局研究. 地理与地理信息科学, 19 (3)：88-93.

齐德利, 于蓉, 张忍顺, 等. 2005. 中国丹霞地貌空间格局. 地理学报, 60 (1)：41-52.

钱丽苏. 2004. 国家地质公园管理信息系统建设构想//陈安泽, 卢云亭, 陈兆棉. 国家地质公园建设与旅游资源开发——旅游地学论文集第十集. 北京：中国林业出版社：232-236.

钱学森. 2001. 创建系统学. 太原：山西科学技术出版社.

钱学森, 于景元, 戴汝为. 1990. 一个科学新领域开放的复杂巨系统及其方法论. 自然杂志, 13 (1)：3-10.

孙洪艳. 2007. 克什克腾世界地质公园青山花岗岩臼的特征及成因研究. 地质论评, 53 (4)：486-490.

佟玉权. 1998. 旅游资源的模糊性及其评价. 桂林旅游专科学校学报, 9 (2)：15-16.

陶奎元, 杨祝良, 沈加林. 2002. 地质遗迹登录评价体系的研究//陈安泽, 卢云亭, 陈兆棉. 国家地质公园建设与旅游资源开发——旅游地学论文集第八集. 北京：中国林业出版社：69-83.

陶卓民, 卢亮. 2005. 长江三角洲区域旅游形象设计和开拓研究. 经济地理, 25 (5)：728-731, 739.

陶世龙. 2008. 孕育黄河文化的地质环境. 中国三峡建设, 3 (2)：20-27.

王文, 郝芳. 2004. 建立地质遗迹有偿使用制度构想//陈安泽, 卢云亭, 陈兆棉. 国家地质公园建设与旅游资源开发——旅游地学论文集 (第8集). 北京：中国林业出版社：252-255.

王彦洁, 武法东, 梅枭, 等. 2014. 国家地质公园规划中地质遗迹保护规划相关问题探讨——以内蒙古巴彦淖尔国家地质公园为例. 地球学报, 35 (4)：519-526.

王兴斌. 1999. 试论风景名胜资源"四权分离与制衡". 旅游学刊, 12 (4)：21-25.

王兴斌. 2002. 中国自然文化遗产管理模式的改革. 旅游学刊, 17 (5)：15-21.

文彤. 2007. 丹霞山世界地质公园生命周期解析. 经济地理, 27 (3)：496-501.

吴必虎, 高向平, 邓冰. 2003. 国内外环境解说研究综述. 地理科学进展, 22 (3)：326-334.

吴成基, 韩丽英, 陶盈科, 等. 2004. 基于地质遗迹保护利用的国家地质公园协调性运作——以翠华山山崩景观国家地质公园为例. 山地学报, 22 (1)：17-21.

吴传钧. 1991. 论地理学的研究核心——人地关系地域系统. 经济地理, 11 (31)：1-5.

吴应科. 2004. 全面推进"三世"工程 开创桂林国际旅游名城新局面. 中国岩溶, 23 (1)：63-73.

吴康. 2009. 戏曲文化的空间扩散及其文化区演变——以国家非物质文化遗产淮剧为例. 地理研究, 28 (5)：1427-1438.

邹爱其, 徐进. 2001. 国家风景名胜区经营性项目规制改革探讨. 旅游学刊, 16 (4)：64-68.

维克多·密德尔敦. 2001. 旅游营销学. 北京：中国旅游出版社.

魏军才. 2004. 浅议地质公园产权管理. 国土资源导刊, 1 (2)：21-22.

魏小安. 2002. 五化：解决争论症结的一种观点. 旅游学刊, 17 (6)：6-7.

韦跃龙. 2010. 广西乐业国家地质公园地质遗迹成景机制及模式. 地理学报, 65 (5)：580-594.

许涛, 田明中. 2010. 我国国家地质公园旅游系统研究进展与趋势. 旅游学刊, 25 (11)：84-92.

许涛，陈龙，田明中 . 2011. 地质公园旅游者的参与动力与受益模式研究——以内蒙古克什克腾世界地质公园阿斯哈图石林园区为例 . 资源与产业，13（2）：127-132.

肖生春，肖洪浪 . 2004. 额济纳地区历史时期的农牧业变迁与人地关系演进 . 中国沙漠，24（24）：448-450.

邢乐澄 . 2003. 人文景观演进中的地学因子启示//陈安泽，卢云亭，陈兆棉 . 国家地质公园建设与旅游资源开发——旅游地学论文集（第9集）. 北京：中国林业出版社：115-119.

夏正楷，邓辉，武弘麟 . 2000. 内蒙西拉木伦河流域考古文化演变的地貌背景分析 . 地理学报，55（3）：329-335.

徐胜兰 . 2011. 广西凤山岩溶国家地质公园旅游扶贫体系探讨 . 资源开发与市场，27（7）：667-669.

徐胜兰，张远梅，黄保健，等 . 2009. 广西凤山岩溶国家地质公园典型地质遗迹景观价值 . 山地学报，27（3）：373-380.

徐嵩龄 . 2003a. 中国遗产旅游业的经营制度选择——兼评"四权分离与制衡"主张 . 旅游学刊，18（4）：30-37.

徐嵩龄 . 2003b. 中国文化与自然遗产的管理体制改革 . 管理世界，19（6）：63-73.

薛滨瑞，彭永祥，张立文 . 2011. 陕西延川黄河蛇曲国家地质公园地质遗迹特征与旅游开发价值 . 地球学报，32（2）：217-224.

严国泰 . 2007. 国家地质公园解说规划的科学性 . 同济大学学报（自然科学版），35（8）：1133-1137.

易平，方世明 . 2014. 地质公园社会经济与生态环境效益耦合协调度研究——以嵩山世界地质公园为例 . 资源科学，36（1）：0206-0216.

杨红英 . 2001. 论云南科考旅游开发的市场前景 . 学术探索，9（3）：92-94.

杨更，陈斌，张成功 . 2012. 新疆喀纳斯国家地质公园地质遗迹资源及其地学意义 . 干旱区资源与环境，26（4）：194-199.

杨青山，梅林 . 2001. 人地关系、人地关系系统与人地关系地域系统 . 经济地理，21（5）：532-537.

杨瑞芹，马波，寇敏 . 2004. 公共旅游资源经营权辨析 . 社会科学家，105（1）：90-92.

杨振之，马治鸾，陈谨 . 2002. 我国风景资源产权及其管理的法律问题——兼论西部民族地区风景资源管理 . 旅游学刊，17（4）：39-44.

依绍华 . 2003. 民营企业进行旅游景区开发的现状分析及对策 . 旅游学刊，18（4）：47-51.

姚维岭，陈建强 . 2011. 基于空间分异视角的国家地质公园区域协同发展研究 . 资源与产业，13（4）：93-98.

颜士鹏 . 2005. 论我国自然保护区立法的缺陷与完善 . 环境法论坛，59（3）：111-115.

中国社会科学院环境与发展中心课题组 . 1999. 国家风景名胜资源上市的国家权益权衡 . 数量经济技术经济研究，16（10）：3-25.

张安 . 2001. 论旅游地形象发生发展中的几个"效应"问题及其实践意义 . 旅游学刊，16（3）：60-63.

张朝枝，保继刚，徐红罡 . 2004. 旅游发展与遗产管理研究：公共选择与制度分析的视角——兼遗产资源管理研究评述 . 旅游学刊，19（5）：35-40.

张国庆，田明中，刘斯文，等 . 2009a. 地质遗迹资源调查以及评价方法 . 山地学报，27（3）：361-366.

张国庆，贺秋梅，田明中，等 . 2009b. 河北兴隆地质遗迹类型、成因及其价值评价 . 资源与产业，11（2）：41-45.

张晓 . 1998. 从国家风景名胜区股票上市说开去 . 中国园林，59（5）：14-15.

张晓，2001. 自然文化遗产物的内涵与资源特殊性//张晓、郑玉歆，中国自然文化遗产资源管理 . 北京：社会科学文献出版社 .

张晓，张昕竹 . 2001. 中国自然文化遗产资源管理体制改革与创新 . 经济社会体制比较，17（4）：65-74.

张骁鸣 . 2005. 风景名胜区行政管理体系的国际经验借鉴 . 热带地理，25（1）：81-86.

朱建军 . 1997. 试论建立地质遗迹保护区的工作方法 . 环境保护，25（3）：32-33.

朱建安 . 2004. 市场化与规制：世界遗产资源管理模式可能的路径选择 . 中国软科学，19（6）：12-17.

朱竑，司徒尚纪 . 2001. 海南岛地域文化的空间分布研究 . 地理研究，20（4）：463-470.

朱诚，张强，张芸，等 . 2003. 长江三角洲长江以北地区全新世以来人地关系的环境考古研究 . 地理科学，23（6）：705-712.

朱光耀，朱诚，凌善金，等 . 2005. 安徽省新石器和夏商周时代遗址时空分布与人地关系的初步研究 . 地理科学，25（3）：346-352.

朱学稳. 2001. 中国的喀斯特天坑及其科学与旅游价值. 科技导报, 22 (10): 60-63.

朱学稳, 黄保健, 朱德浩, 等. 2004. 广西乐业大石围天坑群——发现探测定义与研究. 南宁: 广西科学技术出版社.

周可法, 吴世新等. 2004. 新疆湿地资源时空变异研究. 干旱区地理, 27 (3): 405-408.

周灵飞, 陈金华. 2008. 世界地质公园游客满意度实证研究——以泰宁世界公园为例. 黄山学院学报, 10 (6): 32-37.

周晓丹, 赵剑畏, 赵永忠, 等. 2001. 江苏省地质遗迹及其保护规划建议. 上海地质, 22 (4): 8-11.

周晓虹. 1997. 现代社会心理学——多维视野中的社会行为研究. 上海: 上海人民出版社.

周学军. 2003. 中国丹霞地貌的南北差异及其旅游价值. 山地学报, 21 (2): 180-186.

钟勉. 2002. 试论旅游资源所有权与经营权相分离. 旅游学刊, 17 (4): 23-26.

钟声宏, 黄德权. 2007. 中国大陆客家人居的空间分布及群体的特质. 广西民族研究, 90 (4): 80-85.

郑敏, 张家义. 2003. 美国国家公园的管理对我国地质遗迹保护区管理体制建设的启示. 中国人口·资源与环境, 13 (1): 35-38.

郑易生, 2001. 转型期是强化公共性遗产资源管理的重要时期. 载: 张晓、郑玉歆. 中国自然文化遗产资源管理. 北京: 社会科学文献出版社: 93-96.

郑玉歆, 2001. 序言//张晓、郑玉歆, 中国自然文化遗产资源管理. 北京: 社会科学文献出版社.

郑本兴, 张林源, 胡孝宏. 2002. 玉门关西雅丹地貌的分布和特征及形成时代问题. 中国沙漠, 22 (1): 40-46.

郑度. 2002. 21 世纪人地关系研究前瞻. 地理研究, 21 (1): 9-13.

赵汀, 赵逊. 2002. 欧洲地质公园建设和意义. 地球学报, 23 (5): 463-470.

赵汀, 赵逊. 2003. 欧洲地质公园的基本特征及其地学基础. 地质通报, 22 (8): 637-643.

赵汀, 赵逊, 田娇荣等. 2010. 地质遗迹数据库及网络电子地图系统建设——以庐山地质公园数据库和河北省地质遗迹 WEBGIS 系统为例. 地球学报, 31 (4): 600-604.

赵逊. 2003. 从地质遗迹的保护到世界地质公园的建立. 地质论评, 49 (4): 389-399.

赵逊, 赵汀. 2003. 中国地质公园地质背景浅析和世界地质公园建设. 地质通报, 22 (8): 620-630.

曾令锋. 1994. 广西丹霞地貌及其旅游资源开发利用. 广西师范学院学报 (自然科学版), 12 (1): 51-56.

Albright, Horace M. 1999. Creating the National Park Service: The Missing Years. University of Oklahoma Press.

Amato V, Bronzo E, Pellino R. 2004. Naturalistic evidences and itineraryes of Matese regional park. In: 32nd IGC, Florence. Scientific Sessions.

Aubouin J. 1980. Introduction: the main structural complexes of Europe. in: The Geology of the European Countries. 26th Iny Geol Congr Paris Meet.

Bailey G N, Reynolds S C, King G C P. 2011. Landscapes of human evolution: models and methods of tectonic geomorphology and the reconstruction of hominin landscapes. Journal of Human Evolution, 60 (3): 257-280.

Bradley J, John E. 2008. Recovery, Analysis, and Identification of Commingled Human Remains. New York: Humana Press: 7-29.

Cheila G Mothé, Mothé Filho H F, Lima R J C. 2008. Thermal study of the fossilization processes of the extinct fishes in Araripe Geopark. Journal of Thermal Analysis and Calorimetry, 93 (7): 101-104.

Coombs R, Saviotti P, Walsh V. 1987. Economics and Technical Change. London: Macmillan Education.

Cowie J W. 1994. The world heritage list and its relavance to geology. Proceedings of the Marvern conference. Winbledon WAP, 71-73.

Davis B C. 2004. Regional planning in the US coastal zone: a comparative analysis of 15 special area plans. Ocean & Coastal Management, (47): 79-94.

Earnest C E. 1996. Environmental interpretation and visit or managemenl for the eastern Lake Ontario sand dune and wetand area. MS dissertation, State university of New York Col. of Environmental Science & Forestry.

Eder W. 2001. Margarete Patzak geological heritage of UNESCO European Geoparks network. European Geoparks Magazine, issue 1, November.

Eder W. 1999. "Unesco Geoparks" ——A new initiative for protection and sustainable development of the Earth's heritage. N Jb Geol Palaont. Abh, 214 (1/2): 353-358.

Fielding R. 2013. Coastal geomorphology and culture in the spatiality of whaling in the Faroe Islands. Area, 45 (1): 88-97.

Freeman C. 1982. The economics of industrial innovalion. 2 nd, ed. London: Francis Pinter.

Hammer M, Champy J. 1993. Reengineering the Corporation: A Manifesto for Business Revolution. New York: Harper Collins.

Hathout S. 2002. The use of GIS for monitoring and predicting urban growth in East and West ST Paul, Winnipeg, Manitoba, Canada. Journal of Environment Management, 66: 229-238.

Hoffman P F. 1991. Did the breakout of Laurentia turn Gonclwana-land inside-out? Science, 252.

Huang S. 2010. Geological Heritages in Xinjiang, China: Its Features and Protection. Journal of Geographical Sciences, 20 (3): 357-374.

Iansiti M. 1998. Technology Integration-Making Critical Choices in a dynamic World. HBS Press. Boston. Massachusetts.

Jiménez-Sáncheza M, Domínguez-Cuestaa M J, Aranburub A, et al. 2011. Quantitative indexes based on geomorphologic features: A tool for evaluating human impact on natural and cultural heritage in caves. Journal of Cultural Heritage, (2): 270-278.

Khain G, Ager D V. 1977. The new international tectonic map of Europe and Some problems of structure and tectonic history of the continent, in Europ from Cruat to Corn. London-New York. Wiley.

Knapp D H. 1994. Validating a framework of goals for program development in environmental interpretation, Ph. D dissertation, Southern Illinois University at Carbondale.

Komoo I. 2003. Conseration Geology-protecting hidden treasures of Malaysia. Lestari, Malaysia.

Mackintosh B. 2000. The National Parks: Shaping the System. U. S Depamnent of the Interior.

Madon S, Sahay S. 1997. Managing natural resources using GIS: Experiences in India. Information & Management, 32 (1): 45-53.

Mantell, Michael A. 1991. Managing National Park System Resources: Handbook on Legal Duties, Opportunities, and Tools. The Conservation Foundation, Washington D C.

McMenamin M A S, McMenanin D L S. 1990. The Emergence of animals: the Cambrian breakthrough. New York: Columbia University Press.

Messerli B, Grosjean M, Hofer T, et al. 2000. From nature-dominated to human-dominated environmental changes. IGU Bulletin, 50 (1): 23-38.

Nowlan G S, Bobrowsky P C, Ague J. 2004. Protection of geological heritage: A north American perspective on geoparks. Episodes.

Olson E C. 1983. Non-formal environmental education in natural resources management: A case study in the use of interpretation as a management tool for a state nature preserve system. Ph. D. dissertation. The Ohio State University.

Paul F J, Eagles, Margaret E, et al. 2001. Guidelines for tourism in Parks and protected areas of East Asia, IUCN, Gland, Switzerland and Cambridge, UK.

Pena dos Reis R, Henriques H. 2009. Approaching an Integrated Qualification and Evaluation System for Geological Heritage. Geoheritage, 1 (5): 136-148.

Progress report of the International Geological Correlation Programe (IGCP) . 2002. Geoscience in the service of society. Geological correlation, 30 Publ: 156. SC. 2002/WS/38.

Puga E, Díaz de Federico A, Nieto J M, et al. 2009. The Betic Ophiolitic Association: A Very Significant Geological Heritage That Needs to be Preserved. Geoheritage, 1 (5): 152-163.

Qiang S. 2006. The impact of tourism on soils in Zhangjiajie World Geopark. Journal of Forestry Research, 17 (2): 167-170.

Rettie, Dwight F. 1995. Our National Park system. Urbana: University of Ilhoois Press.

Rice A D. 1991. The potential Greenline park long the st. Larence river in New York State: A study of environmental interpretation as an aid to design, MLA dissertation State University of New York Col. of Environmental Science & Forestry.

Rondinelli D A. 1985. Applied Methods of Regional Analysis: The Spatial Dimensions of Development Policy. Bouider: West View Press: 143-156.

Schonenberg R, Neugebauer J. 1987. Einfuhruny in die Geoloyie Europas, Freiburg. Rombach.

Sengor A M C, Natalin B A. 1996. Turkic-type orogeny and its role in the making of the continental crust. Annual Review of Earth and Planetary Sciences.

Stille H. 1949. Uralte Anlagen in der Tektonik Europas. Z. Dtsch. Geol. Ges. 99.

Tadaki M, Salmond J, Heron R L, et al. 2012. Nature, culture, and the work of physical geography. Transactions of the Institute of British Geographers, 37 (4): 547-562.

Thorsell J, Hamilton L. 2002. A Global overview of mountain protected areas on the world heritage List, IUCN. UNESCO. Paris.

UNESCO European geoparks network. 2000. European Geoparks Magazine, (1): 27.

UNESCO European geoparks network. 2002. European Geoparks Magazine, (1): 2.

UNESCO. 1999. UNESCO Geoparks Programme: new initiative to promote a global network of geoparks safe guarding and developing selected areas having significant geological features. UNESCO 156Ex/11Rev, 15 Apr. Paris.

UNESCO. 2001. Recommendations by the MAB International Coordinating Council on the feasibility study on developing a UNESCO geosites/geoparks programme. Executive Board, UNESCO 161EX/9.

Varady R G, Hankins K B, Kaus A, et al. 2001. Nature, water, culture, and livelihood in the lower Colorado River basin and delta- an overview of issues, policies, and approaches to environmental restoration. Journal of Arid Environments, (49): 195-209.

Wang L Y. 2007. Multi- designated geoparks face challenges in China's heritage conservation. Journal of Geographical Sciences, 17 (2): 187-196.

Wartiti M E, Malaki A, Zahraoui M, et al. 2008. Geosites inventory of the northwestern Tabular Middle Atlas of Morocco. Environmental Geology, 55 (7): 235-267.

Welch R, Madden M, Jordan T. 2002. Photogrammetric and GIS techniques for the development of vegetation databases of mountainous areas: Great Smoky Mountains National Park. Journal of Photogrammetry & Remote Sensing, (57): 53-68.

Windley B. 1992. Precambrain Europe, in a continent revealed. D Blundell, R Freeman, S Mueller eds. New York, Cambridge University Press: 139-152.

Windley B. 1995. The evlving continents. 3rd ed. New York: Wiley.

Zhao T, Zhao X. 2004. Geoscientific Significance and Classification of National Geoparks of China. Acta Geologica Sinica, 27 (3): 162-164.

Zhao X, Wang M. 2002. National Geoparks initiated in China: Putting Geoscience in the Service of Society. Episodes, 25 (1): 33-37.

Zieyler P A. 1990. Geological Atlas of western and central Europe. shell Internationale. Petroleum. Maatschappij BV.

Zouros N K. 2004. The European Geoparks Network. Geological heritage protection and local development. Eposodes, (27) 3: 165-171.

Zouros N K. 2005. European Geoparks Network. European geoparks magazine. issue 2. Lesvos, Greece.

后 记

本书主要由我主持完成的国家社科基金一般项目"民族地区地质公园建设与特色旅游产业创新发展研究——以广西为例"（批准号：08BMZ041）及在研的国家自然科学基金项目"桂西北地区地质遗迹与民族文化资源的空间关系研究"（批准号：41361019）成果组成，也是我围绕主研方向"民族地区地质公园建设与旅游开发"的第二部专著。

始于2004年的"新疆旅游地质遗迹资源调查"项目是我学术生涯的第一个里程碑，回想那年坐在新疆国土资源厅的猎豹越野车上，伴着卡带里刀郎苍凉的歌声颠簸在天山南北的戈壁荒漠，苦思冥想着自己的博士论文和主研方向的情境，至今历历在目。当年灵光乍现般萌生的"民族地区地质公园建设与旅游开发"研究方向，如今已成为自己的研究特色与优势，本书算是对自己12年坚守的总结吧。

2006年从中国地质大学（武汉）博士毕业回到广西师范大学并晋升教授后，即将研究区域拓展到同为民族地区且地质遗迹资源丰富的广西，地质公园建设成效显著的桂西民族地区成为自己研究的突破口，当年获得广西哲学社会科学"十一五"规划研究课题"民族地区旅游开发与地质公园建设研究——以桂西地区为例"（编号：06FMZ006），接着2007年获得广西青年科学基金项目"桂西地区地质遗产保护开发与地质公园建设研究"（编号：0728010），为广西地质公园建设与旅游开发研究的深入奠定了良好的基础。与此同时，独撰和第一作者论文"新疆地质遗迹的分布特征与保护开发""新疆地质遗迹空间格局区划系统构建及其特征的定量表征"分别发表于我国地理学顶级刊物《地理学报》和《地理研究》。

随着研究的不断深入，我越来越清晰地认识到，经济欠发达且生态环境脆弱的民族地区，依托地质遗迹这一优势旅游资源，以特色旅游开发带动第三产业的发展，是实现产业结构升级与社会、经济、环境可持续发展的重要途径。因此，探讨民族地区以地质公园为载体的特色旅游开发的途径、方法与模式的研究主线也日渐明晰。

得益于自身地质学与旅游学双重学科背景和对新疆地质公园研究的成果积累，2008年获得的地质公园研究领域首个国家社会科学基金项目是我学术生涯的第二个里程碑，标志着自己"民族地区地质公园建设与旅游开发"研究方向及研究主线逐渐成熟并得到学界认同，也更坚定了我对该研究的信心与执着。此后的8年，我始终致力于广西地质公园建设与旅游开发研究。

2009~2010年是我学术成果的丰收之年，专著《基于系统集成框架的新疆地质公园研究》获得广西师范大学优秀学术专著资助出版，论文 Geological Heritages in Xinjiang, China: Its Features and Protection 发表于 SCI 来源期刊、地理学权威期刊 Journal of Geographical Sciences，由发表于《广西民族研究》《广西民族大学学报（哲社版）》等刊物上的《民族地区地质公园旅游开发布局研究——以桂西为例》《民族地区地质公园旅游产品开发探析——以桂西为例》等4篇论文组成的系列获得广西第十一次社会科学优秀科研成果奖论文类一等奖，同时还获得中国地理学会首届"全国优秀地理科技工作者"荣誉称号并入选广西壮族自治区人民政府"新世纪十百千人才工程"。

2011~2012年，我认真总结在广西、新疆等地开展的调研发现，地质遗迹与民族文化资源是民族地区最具特色的优势旅游资源，且两者存在密切的空间关联和相互作用关系，为民族地区以地质公园为载体的这两种优势资源的整合开发创造了优越条件。进而将"民族地区地质公园建设与旅游开发"研究的侧重点放在地质遗迹与民族文化资源密切空间关系的定量研究及其整合开发上,并于 2012 年获得广西自然科学基金项目"桂西地区地质遗迹与民族文化资源的空间关系及整合开发研究",同年入选教育部"新世纪优秀人才支持计划"(编号:NCET-12-0652),成为目前广西唯一入选该计划的旅游学科研究者。

2013 年获得国家自然科学基金项目"桂西北地区地质遗迹与民族文化资源的空间关系研究"是我学术生涯的第三个里程碑,标志着自己的"民族地区地质公园建设与旅游开发"研究从人文社会科学领域拓展至自然科学领域,形成文理兼容、学科交叉的特色,也标志着我从地质遗迹与民族文化资源的相互影响所折射出的,民族地区自然与人的相互作用关系的创新视角,考量以地质公园为载体的民族地区这两种优势旅游资源的整合开发所带来的学术境界的提升。

2014 年,由于研究成果良好的社会反响,我主持的国家社科基金一般项目"民族地区地质公园建设与特色旅游产业创新发展研究——以广西为例"成为广西师范大学目前唯一获得免于鉴定结项的国家社科基金项目,我相继受邀成为中国地质学会旅游地学与地质公园研究分会委员、广西壮族自治区人民代表大会常务委员会立法专家。2015 年,最新成果《桂西地区地质遗迹与民族文化资源的空间关系及成因机理》成为自己在《地理学报》发表的第二篇论文,同年获聘专业技术二级岗位,成为广西首个旅游学科的二级教授。

体现"民族地区地质公园建设与旅游开发"应用性研究的特色,我始终注重将研究成果服务于民族地区经济社会发展,近年来主持完成了"广西北海涠洲岛火山国家地质公园规划""广西鹿寨香桥岩溶国家地质公园规划""广西全州雷公岭国家矿山公园规划""广西灌阳文市石林地质公园申报""广西融安石门地质公园申报"等一系列广西地质公园建设与旅游开发横向科研项目,实现了纵、横向科研项目的协调发展,同时还作为评审专家参与了广西几乎所有国家地质公园规划的评审,这些珍贵的第一手实践性成果,均充实于本书中。

在本书的写作过程中,得到了"旅游地学"学科创始人、中国地质学会旅游地学和地质公园研究分会会长陈安泽研究员,《地理学报》原副主编姚鲁烽研究员,国土资源部袁小红处长,世界地质公园网络办公室主任郑元研究员,中国地质科学院赵志中研究员,广西国土资源厅汪海调研员,广西地质矿产勘查开发局李青处长以及傅中平教授,曾令峰教授,林清教授等众多学者、朋友的关心与支持,特此致以衷心的感谢!同时,感谢广西国土资源厅、广西旅游发展委员会及各市、县国土资源局、旅游局、文化局等相关部门提供的帮助,感谢广西师范大学历史文化与旅游学院的领导和同事们给予的支持,感谢科学出版社郭勇斌、曾小利编辑为本书高质量出版付出的辛苦劳动!

目前,作为一种新的资源利用方式,地质公园已在地质遗迹与生态环境保护、地方经济发展与解决群众就业、科学研究与知识普及、原有景区品位提升和基础设施改造、国际交流和全民素质提高等方面日益显现出巨大的综合效益,充分彰显了地质公园的价值理念,为生态文明建设和地方文化传承做出了重要贡献。书稿付印之际,欣闻在各成员国的广泛参与共同努力下,联合国教科文组织第 38 届大会正式批准了"国际地球科学与地质公园计划(IGGP)"及相关章程和指南,并将已有的世界地质公园纳入该计划,成为联合国教科文组织世界地质公园。同时,在国务院汪洋副总理的关注下,国家旅游局《旅游地学发展纲要(2015~2025)》即将发布,为"民族地区地质公园建设与旅游开发"研究的不断深入注入了持续的动力。

最后,祝愿我国蓬勃发展的地质公园事业不断取得新的成绩,同时也希望本书能为民族地区通过以地质公园为载体的特色旅游开发,关联带动第三产业的发展,实现产业结构升级与社会、经济、环境可持续发展做出新的贡献。

黄　松

2015 年 11 月 23 日于桂林王城

彩　　图

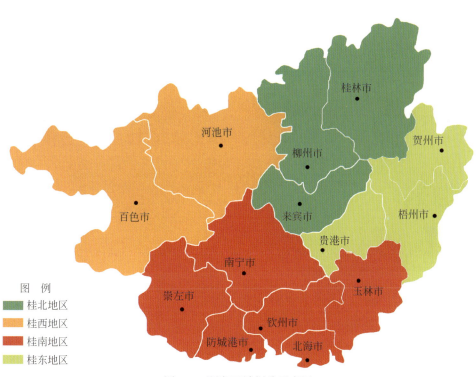

图 1-1　研究区域划分示意图

图　例
桂北地区
桂西地区
桂南地区
桂东地区

河池市

桂林市

贺州市

柳州市

百色市

来宾市

梧州市

贵港市

南宁市

玉林市

崇左市

钦州市

防城港市

北海市

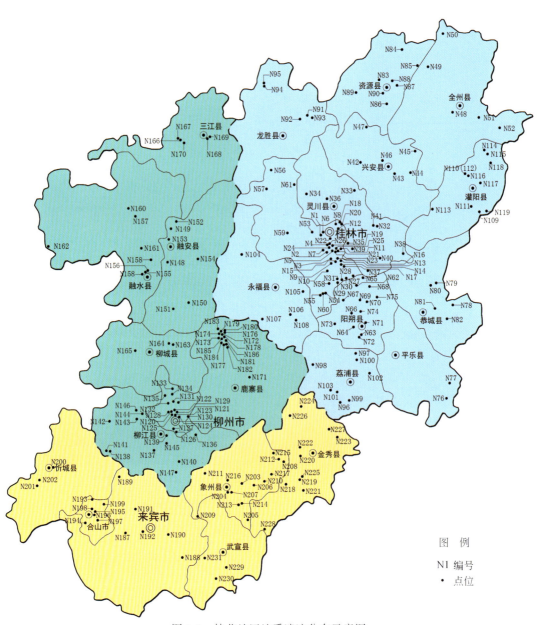

图 2-1　桂北地区地质遗迹分布示意图

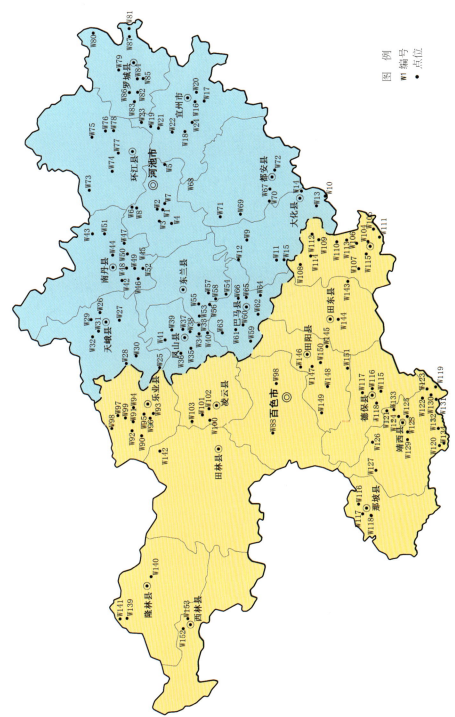

图 2-2 桂西地区地质遗迹分布示意图

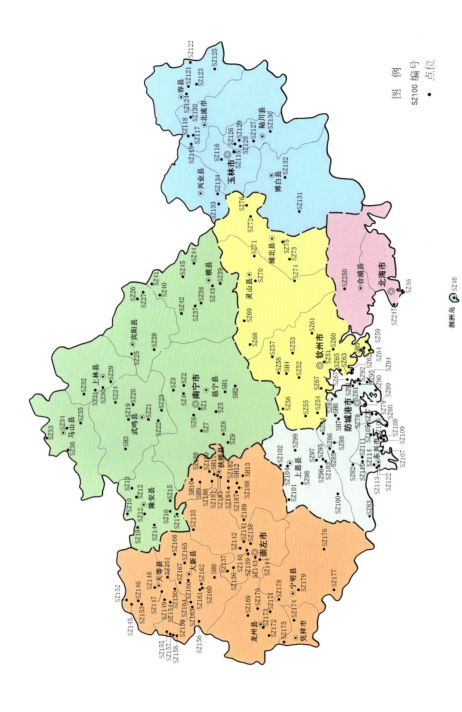

图 2-3　桂南地区地质遗迹分布示意图

图　例

编号　　点位

SZ100 · 点位

SZ19 · 斜阳岛

涠洲岛　　SZ48

图 例

E1 编号

• 点位

图 2-4　桂东地区地质遗迹分布示意图

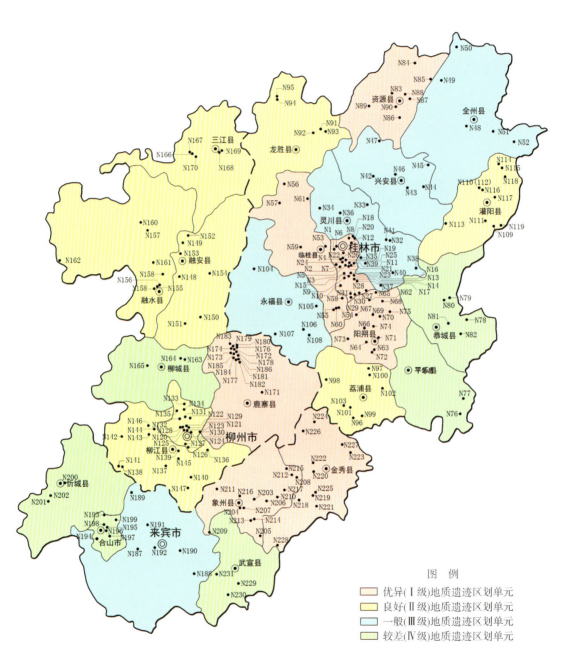

图 3-2 桂北地区地质遗迹空间格局区划类型分布示意图

图　例

☐ 优异(Ⅰ级)地质遗迹区划单元

☐ 良好(Ⅱ级)地质遗迹区划单元

☐ 一般(Ⅲ级)地质遗迹区划单元

☐ 较差(Ⅳ级)地质遗迹区划单元

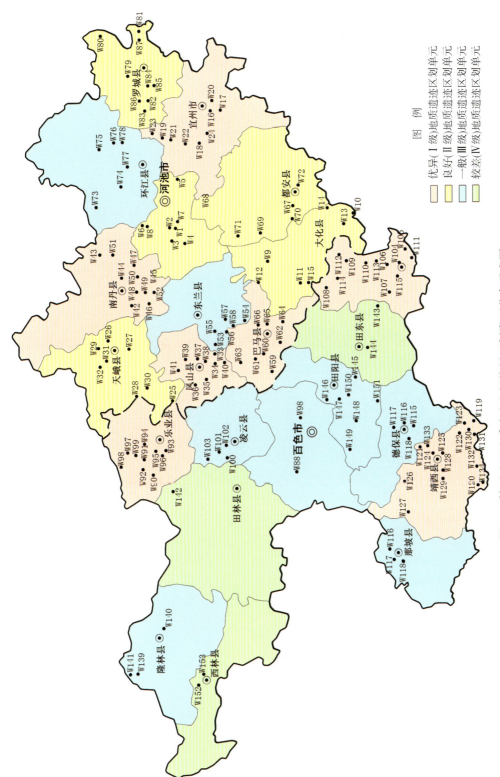

图3-4 桂西地区地质遗迹空间格局区划类型分布示意图

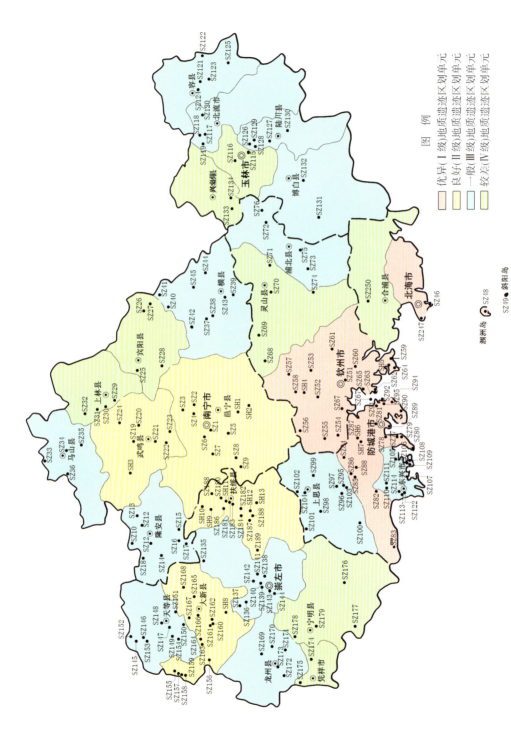

图例

优异Ⅰ级地质遗迹区划单元
良好Ⅱ级地质遗迹区划单元
一般Ⅲ级地质遗迹区划单元
较差Ⅳ级地质遗迹区划单元

SZ19●涠洲岛
SZ18● 斜阳岛

图 3-6 桂南地区地质遗迹空间格局区划类型分布示意图

图例

☐ 优异(Ⅰ级)地质遗迹区划单元

☐ 良好(Ⅱ级)地质遗迹区划单元

☐ 一般(Ⅲ级)地质遗迹区划单元

☐ 较差(Ⅳ级)地质遗迹区划单元

图3-8　桂东地区地质遗迹空间格局区划类型分布示意图

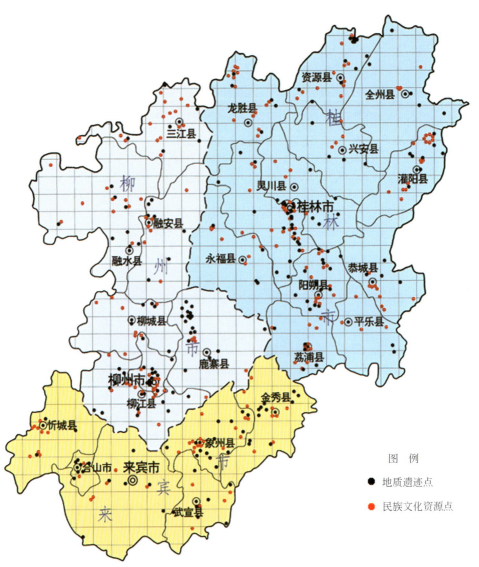

图 例

● 地质遗迹点

● 民族文化资源点

图 4-1　桂北地区地质遗迹与民族文化资源空间分布及样方分解示意图

图 例

· 地质遗迹

· 民族文化资源

图 4-2　桂西地区地质遗迹与民族文化资源空间分布及样方分解示意图

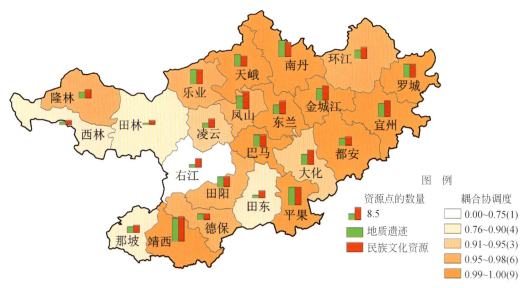

图 4-3　桂西地区各县(市、区)耦合协调度值分布示意图

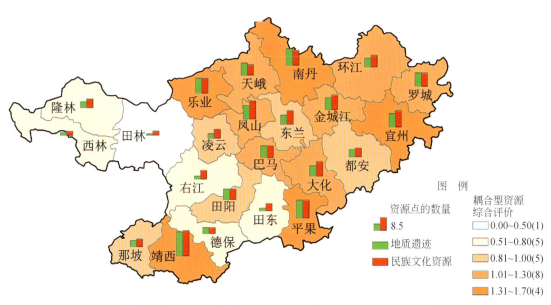

图 4-4　桂西地区各县(市、区)耦合型资源评价值分布示意图

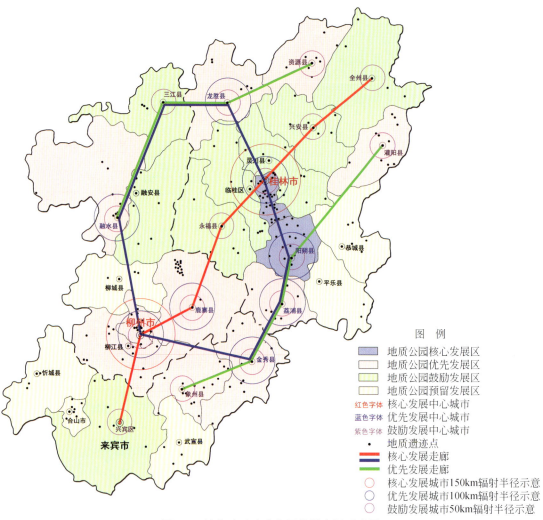

图 例

地质公园核心发展区
地质公园优先发展区
地质公园鼓励发展区
地质公园预留发展区
红色字体 核心发展中心城市
蓝色字体 优先发展中心城市
紫色字体 鼓励发展中心城市
· 地质遗迹点
核心发展走廊
优先发展走廊
○ 核心发展城市150km辐射半径示意
○ 优先发展城市100km辐射半径示意
○ 鼓励发展城市50km辐射半径示意

图 5-1 桂北地区地质公园旅游布局示意图

图 例

第一类（Ⅰ）
第二类（Ⅱ）
第三类（Ⅲ）
第四类（Ⅳ）
第五类（Ⅵ）
第六类（Ⅶ）

图 5-4 桂西地区人地关系类型分布示意图

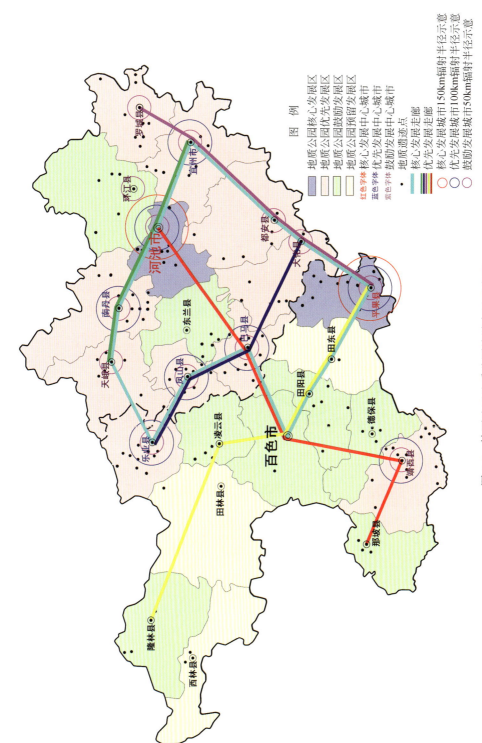

图 5-5 桂西地区地质公园旅游布局示意图

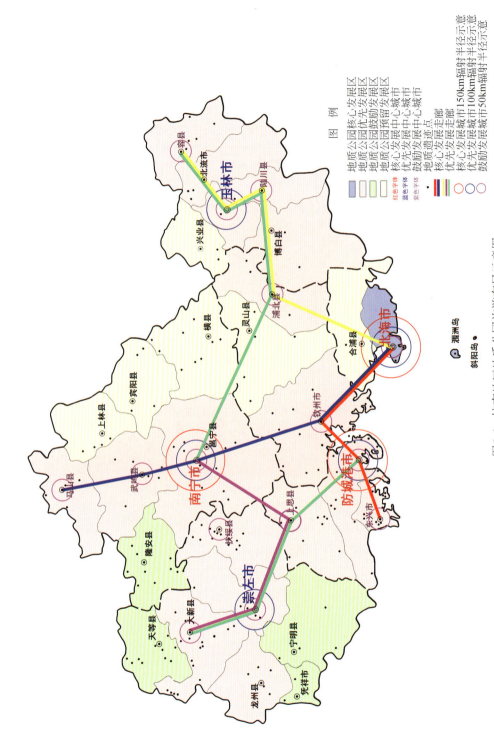

图5-6 桂南地区地质公园旅游布局示意图

图 例

地质公园核心发展区
地质公园优先发展区
地质公园鼓励发展区
地质公园预留发展区
核心发展中心城市
优先发展中心城市
鼓励发展中心城市
地质遗迹点
核心发展走廊
优先发展走廊
鼓励发展走廊
核心发展城市150km辐射半径示意
优先发展城市100km辐射半径示意
鼓励发展城市50km辐射半径示意

红色字体
蓝色字体
紫色字体

涠洲岛
斜阳岛

容县
北流市
玉林市
陆川县
兴业县
博白县
灵山县
浦北县
横县
合浦县
宾阳县
北海市
上林县
武鸣县
钦州市
马山县
昌宁县
南宁市
防城港市
隆安县
上思县
东兴市
扶绥县
崇左市
大新县
天等县
宁明县
龙州县
凭祥市

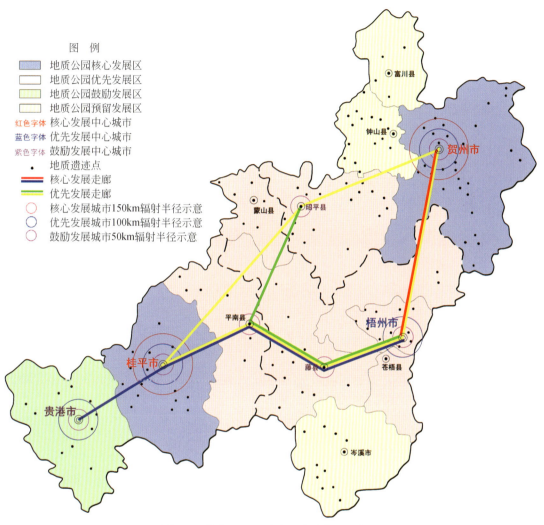

图例

- 地质公园核心发展区
- 地质公园优先发展区
- 地质公园鼓励发展区
- 地质公园预留发展区
- 红色字体 核心发展中心城市
- 蓝色字体 优先发展中心城市
- 紫色字体 鼓励发展中心城市
- · 地质遗迹点
- 核心发展走廊
- 优先发展走廊
- ○ 核心发展城市150km辐射半径示意
- ○ 优先发展城市100km辐射半径示意
- ○ 鼓励发展城市50km辐射半径示意

富川县

钟山县

贺州市

蒙山县 昭平县

平南县 梧州市

桂平市 藤县 苍梧县

贵港市

岑溪市

图 5-7 桂东地区地质公园旅游布局示意图